U0255773

本书编写人员

朱伟杰

无锡市雪浪合金科技有限公司

总经理　硕士

张　兵

惠州市吉邦精密技术有限公司

总经理　硕士

潘玉洪

中国铸造协会精密铸造分会顾问

高级工程师

海　潮

原中国航发铸造技术专家

研究员级高级工程师

中铸协精铸分会 副秘书长

吴光鹏

航空工业贵州安吉航空

精密铸造有限责任公司

总经理　研究员级高级工程师

凌李石保

江苏中超航宇精密铸造科技有限公司

副总经理

上海交通大学　博士后

姜　淼

嘉善鑫海精密铸件有限公司

总经理　高级工程师

包学春

石家庄盛华企业集团有限公司

总经理　高级工程师

李文权

江苏红阳全月机械制造有限公司

总经理

朱晓蕾

英国利兹大学　硕士

无锡市雪浪合金科技有限公司

经理

骆建权

浙江遂金特种铸造有限公司

总工程师

熔模精密铸件缺陷成因及其防治

RONGMU JINGMI ZHUJIAN
QUEXIAN CHENGYIN
JIQI FANGZHI

朱伟杰　张　兵　潘玉洪　等 编著

化学工业出版社

·北京·

内 容 简 介

本书结合作者团队多年来的生产实践经验，从当前熔模精密铸造技术实际应用出发，深入阐述了熔模精密铸造过程中以及各类典型铸件中遇到的各种内在、外在质量问题（缺陷），分析其形成原因并提出对应解决措施，包括铸件表面缺陷与预防、常见型壳与型芯缺陷、铸件性能检测与缺陷防止等内容。全书以图片的形式向读者直观展示了铸件缺陷的特征和形貌，既涉及中温模料、硅溶胶型壳，以及不锈钢、耐热钢和专业用钢等高合金钢铸件；又包括低温模料、水玻璃型壳，以及结构钢和低合金钢等铸件缺陷，可以为读者提供全面的借鉴。

本书可供熔模铸造生产现场的工程技术人员、检验员、管理人员、生产工人和用户，以及大专院校师生、研究院所相关人员阅读，也可以作为铸造企业技术人员的培训教材。

图书在版编目（CIP）数据

熔模精密铸件缺陷成因及其防治／朱伟杰等编著. 北京：化学工业出版社，2024. 10. －－ISBN 978-7-122- 45977-0

Ⅰ. TG249. 5

中国国家版本馆 CIP 数据核字第 20248JT770 号

责任编辑：刘丽宏
文字编辑：陈小滔　袁　宁
责任校对：李雨函
装帧设计：刘丽华

出版发行：化学工业出版社
　　　　　（北京市东城区青年湖南街 13 号　邮政编码 100011）
印　　装：河北鑫兆源印刷有限公司
787mm×1092mm　1/16　印张 16¾　彩插 1　字数 392 千字
2024 年 11 月北京第 1 版第 1 次印刷

购书咨询：010-64518888
售后服务：010-64518899
网　　址：http: //www. cip. com. cn
凡购买本书，如有缺损质量问题，本社销售中心负责调换。

定　　价：88. 00 元

序

　　熔模精密铸造是高端制造业的重要基础工艺，可以达到非常高的产品表面精度及表面光洁度，是可以无余量及少余量成形产品的节能制造方法之一，也是所有铸造工艺中技术含量最高、工艺最复杂、产品附加值最高的且不可替代的方法之一，但由于其工艺工序多，周期长，手工操作占比高，很多企业又都是多品种小批量生产，所以产品一次合格率往往不高。如何发现问题、分析问题和解决问题一直是精铸生产一项非常重要的工作。

　　本书编者们收集了大量的缺陷产品图片，查阅了大量的技术资料，和一线员工合作做了大量的验证工作，经过归纳整理，给大家提供了这本非常有价值的学习资料。也非常希望这本书能够帮助到大家，成为精铸生产的必备工具书。

　　学习是进步的基础！希望所有从事精密铸造技术工作的同仁们一起努力，为精密铸造行业的进步共同奋斗！

中国铸造协会精密铸造分会　秘书长　张耘

二〇二三年十二月十二日

前　言

熔模精密铸造（精铸）是高端制造业的重要基础，是一种近净成形的绿色、环保的先进工艺，可以达到非常高的尺寸精度和非常低的表面粗糙度，被广泛应用于航空、航天、军工、汽车、石油化工、轨道交通、医疗器械、五金工具等国计民生的众多领域，特别是在高温合金、结构复杂的铸件，如以空心涡轮叶片和大型复杂整体机匣等铸件为代表的"高、精、尖"熔模铸件生产中具有不可替代的作用。

熔模铸件的技术要求高、成形难度大、结构复杂，因此，"铸件与缺陷是一对孪生的兄弟"；只要生产铸件，就会产生铸件缺陷；目前的铸件废品率仍然较高，只是缺陷的数量多少、程度轻重和影响大小不同而已。

为此，对铸件缺陷的研究越来越受到广泛的重视，提高铸件质量、降低生产成本、扩大铸件应用领域势在必行。以 2022 年为例，我国熔模精密铸件销售额约 270 亿元人民币（36.95 亿美元，全球为 157 亿美元），即使考虑到 1％的铸件废品率，也可获得 2.7 亿元人民币的利润。

随着我国熔模铸造产业的发展，特别是加入 WTO 以后，铸造行业的国际贸易合作越来越密切，在国际社会中达成对熔模精密铸件缺陷的一致性判定迫在眉睫。

本书探讨了各种缺陷产生的原因及其防治，可为工程技术人员、质量人员、管理人员和生产工人等准确识别、判定缺陷类型，分析缺陷产生的各种原因，采取相应的防治措施提供参考，从而降低产品废品率，推动熔模精密铸造产业提质增效，促进国际贸易的发展。

本书的最大特点是：通俗易懂，图文并茂；及时应用，行之有效。对于量大面广的热裂纹、气孔和缩孔类缺陷，提供了常见缺陷解析案例，使读者从中得到启迪、学到知识，不断提高自己解决铸件缺陷的技能和能力，为熔模铸造行业的腾飞做出新的、更大的贡献。

本书历时五年，历经作者多次深入地研讨、修改与补充，汇聚了参编单位和作者的多年实践经验和智慧，最终得以完成。

本书的编写得到许多单位和专家的支持和帮助。参与本书编写的单位有无锡市雪浪合金科技有限公司、惠州市吉邦精密技术有限公司、贵州安吉航空精密铸造有限责任公司、江苏中超航宇精铸科技有限公司、嘉善鑫海精密铸件有限公司、石家庄盛华企业集团有限公司、江苏红阳全月机械制造有限公司和浙江遂金特种铸造有限公司等。参与本书编写的人员有朱伟杰、张兵、潘玉洪、海潮、吴光鹏、凌李石保、姜淼、包学春、李文权、朱晓蕾和骆建权等。在编写过程中，得到了潘年丰高级工程师、周象岱副总经理和徐贵强工程师等同事的大力支持，他们为本书的编撰做了大量的、有意义的工作。在定稿期间，聘请了中铸协精铸分会前秘书长周泽衡高级工程师参加会议，并采纳了他的一些宝贵建议。在此，致以真诚的谢意。

本书最后由朱伟杰、张兵、潘玉洪和海潮四人共同汇总、定稿。

本书力争编入更多的铸件缺陷，但仍然会有一些典型的缺陷未被列入，这为今后补充、修改本书留出了空间。本书尊重所有引用资料的知识产权。恳请读者多提宝贵意见，使本书更好地为熔模精密铸造业界的发展服务，在我国奔向世界铸造强国的进程中发挥应有的作用。

编著者

二〇二三年十二月九日

于深圳

目 录

第一章　铸件缺陷分析概述

第一节　铸件缺陷名称及分类法

为了便于读者尽快地找到熔模铸件缺陷的产生原因和防治措施，本节提供了铸件缺陷分类法和缺陷编码结构图。

一、铸件缺陷分类法

本书的铸件缺陷分类采用了四级分类法。

第一级：英文字母，表示缺陷类别，如，A 多肉类缺陷，B 孔洞类缺陷，C 裂纹、冷隔类缺陷，D 表面类缺陷，E 残缺类缺陷，F 形状、尺寸不合格类缺陷，G 夹杂类缺陷，H 组织不合格类缺陷。

第二级：用阿拉伯数字表示缺陷分组。

第三级：用阿拉伯数字表示缺陷子组。

第四级：用阿拉伯数字表示具体缺陷。

二、铸件缺陷编码结构图

结构图如下：

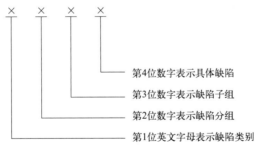

示例：A111—A 多肉类缺陷，1 有固定形状多肉类缺陷，1 条状多肉类缺陷，1 阳脉纹；E212—E 残缺类缺陷，2 严重残缺，1 跑火，2 内腔跑火。

三、缺陷分类法的创新性

① 为今后补充、修订预留了很大的空间。

② 方便了读者，节约了查找时间，便于运用。

第二节　缺陷分析的"49字"箴言

一、缺陷分析的目的

（1）有利于企业发展。企业的发展更加注重质量和效益，从增量向提质转变，打造质量效益型的企业。企业深知：降低铸件的不良率、废品率，减少废品损失，是提高企业经济效益的有效途径。

以某熔模铸造厂为例，其年销售 3.5 亿元。如果降低 1% 的废品率，企业可以获利 350 万元。由此可见，降低废品率有利于提高企业的经济效益，有利于增强企业的市场核心竞争力，有利于企业的不断良性发展。

（2）有利于维护客户。让客户满意，留住老客户；客户信息共享，增加新客户。一切为客户着想，促成交易。不仅使客户受益，同时企业随之受益，达到"双赢"。

（3）有利于提升能力。缺陷分析是工程技术人员、管理人员和检验人员必须掌握的技能之一。

从事铸造生产的人员，无法回避又必须解决的难题之一就是消除或减少铸件缺陷。只有在生产现场不断地发现缺陷、不断地分析缺陷、不断地解决缺陷，才能不断地积累经验，不断地提升解决缺陷的实际能力，从而提升团队发现问题、分析问题、解决问题的能力，提高企业的铸件质量，降低成本，扩大铸件的应用范围；提高企业的技术水平和管理水平。

总之，分析缺陷、减少缺陷、消除缺陷意义重大，有利于降低能源消耗和废弃物排放，有利于大力发展绿色铸造。

二、缺陷分析的方法

缺陷分析方法较多，有直观分析法、传统分析法、望闻问切法、内外因法和借鉴法。

（1）直观分析法：把铸件缺陷目视特征作为缺陷分析的重要依据，进而分析原因，找出主要原因，再采取相应的防治措施。

（2）传统分析法：铸造生产过程中的可变因素非常多，达到数百种。利用七种工具（调查表、分层法、排列图、直方图、因果分析图、散布图和控制图）统计分析，找出缺陷产生的主要原因，采取相应的对策。

（3）望闻问切法：中医用语。望，指观气色；闻，指听声息；问，指询问症状；切，指摸脉象；再对症下药。

借助中医的望闻问切法鉴别缺陷，找出缺陷产生的主要原因，再采取相应的防治措施。

（4）内外因法：内因是产生缺陷的依据，外因是产生缺陷的条件；探讨外因是如何通过内因起作用的。进而，找出缺陷产生的主要原因，再采取对策。

（5）借鉴法：借鉴现有的资料库（书籍、论文集等），也包括企业和个人通过实践经验总结而建立的资料库，用于解决铸件缺陷；同时在实践中不断丰富自己的资料库。

三、缺陷分析的工具

缺陷分析常用工具有五种：4WEI、5W2H、8D、PDCA、SDCA。现分述如下：

（1）4WEI：指人、机、料、法、环和信息，它们是影响铸件质量的六个最活跃因素。要稳定铸件质量或控制铸件质量波动在允许范围内，必须对上述六个因素，尤其是"人"进行系统、有效的管控。

（2）5W2H：指何事、何人、何时、何地、何因，怎么做、做到怎么样。

（3）8D：指 D1 成立小组，D2 描述问题，D3 确定临时纠正措施，D4 确定和验证根本原因和遗漏点，D5 确定和验证针对根本原因和遗漏点的永久性纠正措施，D6 实施和确认，D7 防止再发生，D8 承认小组及个人的贡献。

（4）PDCA：指计划、执行、检查、处理。

（5）SDCA：指标准化、执行、检查、处理。

PDCA 是提高铸件质量的推动力，SDCA 是防止铸件质量下滑的制动力。两者联用有利于提高和稳定铸件的质量。

四、缺陷分析的"49 字"箴言

缺陷分析"49 字"箴言：

描述缺陷是前提；鉴别缺陷很重要；分析原因要全面；找出主因是关键；采取措施应合理；生产验证必进行；总结经验定标准。

1. 描述缺陷是前提

深入现场、收集数据很重要。铸件出现废品或不良品时，要立即深入现场、查看现物（废品或不良品）、了解现状（"三现主义"），必要时现场处理，避免损失进一步扩大（"四现主义"）。

生产现场能够为鉴别、分析缺陷提供大量的、准确的第一手资料。收集与缺陷有关的信息、原始记录与管理等资料。收集信息和资料时，要做到两点：

一是力求全面。绝不可贪图省时、省力而"以点代面"；

二是实事求是。绝不可以为了验证自己的"判断结果"而收集"证据"。

深入现场收集与缺陷有关的各种资料和信息，尽可能详细地掌握缺陷的特征，调查缺陷的大小、形状、发生的部位、发生的频率等并加以统计和归纳；然后和过去的资料对比。把缺陷描述得越详细、越全面，越有利于鉴别缺陷，这是鉴别缺陷的前提条件。

应把收集到的原始数据和资料进行统计、归纳和分析；否则，毫无用途。

【案例 1-1】　某一客户订货 25 件（每件约 16.5kg），交货期一个月（属于该公司的新产品）。厂家用 500kg 中频感应炉熔炼，每炉浇注 15 件（其余金属液浇注其它铸件）；浇注 6 炉，合格 24 件；找了 1 件不良品进行焊补，凑够 25 件。为了赶上交货期，空运到客户。客户发现了焊补的铸件，提出"换货"要求。

从上面可以看出，连续浇注 6 炉，产出 90 件铸件，合格 24 件，合格率仅为 26.7%。

2. 鉴别缺陷很重要

依据现场收集到的缺陷资料，利用缺陷分析方法和工具对缺陷的目视特征进行鉴别。缺陷鉴别不清，就无法找到产生缺陷的主要原因，更不能提出有效的对策。

鉴别缺陷时，除目视外，必要时应该采用一定的检测手段，主要有金相分析、化学法、酸浸法、低倍显微镜观察法、无损探伤法和电子探针 X 射线分析法等方法，来详细、准确地描述缺陷。如：

（1）金相分析：例如铸件产生脆断。产生脆断的主要原因：一是铝化合物，二是碳硼化合物。到底是哪个呢？金相分析如图 1-1 所示：断口的晶界上出现沿晶界分布的铝化合物，而没有发现碳硼化合物。为了进一步证实是铝化合物，又检测了化学成分，残留铝为 0.27%，是正常残留铝 $0.03\%\sim0.07\%$ 的 4～9 倍。

(a) 脆断宏观断口   (b) 断口电镜照片   ×7200

图 1-1　金相分析

（2）化学法：例如铸件黏砂，是化学黏砂还是机械黏砂？从铸件的黏砂处取 3～5g 试样放在浓盐酸中，结果如表 1-1 所示。

表 1-1　化学法鉴别缺陷

类别	机理	气泡	盐酸颜色	残留物
机械黏砂	金属液渗入型壳的表面层而发生，是金属与砂子机械地混合在一起	不断地有气泡产生，并上浮逸出	由透明变成淡黄，甚至是棕红色	金属铁没有了，器皿的底部残留型砂
化学黏砂	石英砂与氧化了的金属液发生化学反应，生成复杂的硅酸盐	盐酸中产生的气泡很少	盐酸的颜色改变不大	器皿底部有蜂窝状的残留物

（3）酸浸法：例如铸件的相近两处有凹陷，是凹陷还是缩陷？

从外观看两处缺陷的外表面均呈较光滑的凹陷，约 $15cm^2$，很相似；缺陷处的横剖面差别不大[如图 1-2(a)]。把铸件的凹陷处磨平，放在 70～80℃的盐酸水溶液（1∶1）中，酸浸 20min，取出洗净、吹干，观察凹陷处。如图 1-2(b) 所示。

（4）低倍显微镜观察法：例如在铸件的凹角处有多个孔洞，从缺陷外观和产生部位无法鉴别是凹角缩孔还是侵入气孔，如图 1-3 所示。

把铸件需鉴别的部位磨好、抛光，借助高倍放大镜或金相显微镜进行观察。这里面既有侵入气孔也有凹角缩孔。

左：正常铸件；右：凹陷铸件　　　　　左下：缩陷；右：凹陷；上：缩裂
(a)　　　　　　　　　　　　　　　　(b)

左下：缩陷，凹陷的里面，看出明显的缩孔
(金属液收缩引起的缩陷)；
右：凹陷，凹陷的里面，组织致密
(型壳鼓胀引起的铸件凹陷)；
上：缩裂，凹陷的里面，看出明显的缩孔，
表面有裂纹(金属液收缩引起的缩裂)。

图 1-2　酸浸法鉴别缺陷

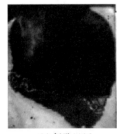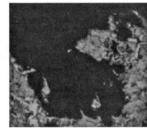

(a) 气孔×16　　　　　　　(b) 缩孔×16

图 1-3　低倍显微镜观察法

（5）无损探伤法如图 1-4 所示。

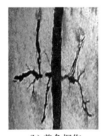

(a) 荧光探伤　　　　(b) 着色探伤　　　　(c) 磁粉探伤

图 1-4　无损探伤法

（6）电子探针 X 射线分析法：如岩相分析、电子衍射及光谱分析等，可以准确地测定缺陷的位置、范围和化学成分。麻点通常出现在含 $Cr<20\%$、含 $Ni<10\%$ 的不锈钢铸件上。其表现为在铸件的表面上有许多灰黑色的圆形浅凹坑，凹坑的直径约有 $0.3\sim1.0mm$，坑深约 $0.3\sim0.5mm$（图 1-5）。铸件未清理前，凹坑中充填熔渣物质。

岩相分析：在缺陷处的熔渣物质中有硅酸铁、硅酸锰，以及硅酸铬等化合物存在。

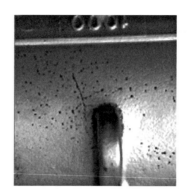

图 1-5　麻点

电子衍射：黑色麻点是由磁铁矿（Fe_3O_4）及铁铬尖晶石（$FeO \cdot Cr_2O_3$）组成。

光谱分析：在缺陷处金属成分中硅含量增加，而锰含量极少。

总之，准确、完整描述缺陷的目视特征，是鉴别缺陷的必要前提条件。

【案例 1-2】　是缩孔还是气孔？

某企业的老工程师问我："浇注时气体从浇冒口咕嘟咕嘟往外冒，我们采取几次措施都没有解决，你认为怎么解决？"

他搬来有缺陷的铸件，露出缺陷的截面，如图 1-6。

图 1-6　缺陷截面

我说："有气体，已经从浇冒口跑出去了。这个缺陷是典型的缩孔。应该从浇注系统考虑对该处的补缩。"

据此很快消除了此件的缩孔。

3. 分析原因要全面

利用传统分析七种方法中的因果分析图（鱼刺图）、头脑风暴法（5 个为什么），以及人机料法环信息（4WEI）等，详细、全面、深入地分析缺陷产生的各种原因。

【案例 1-3】　某公司铸造碳钢，化学成分中的含硅量 75％炉次超差，为什么？

鱼刺图分析见图 1-7。

采用头脑风暴法分析缺陷产生的原因时，不仅要有各类缺陷形成机理的有关知识，还要请具有丰富的现场技术工作经验者或"三老（老工程师、老领导、老工人）"参加会议，要

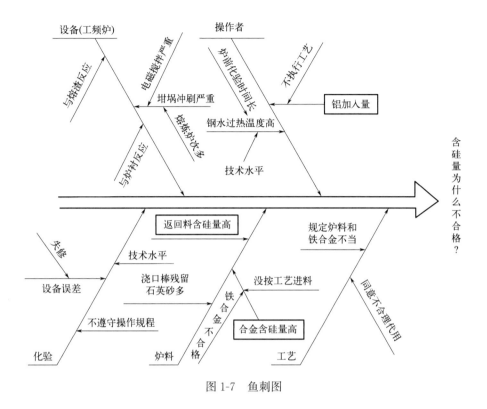

图 1-7 鱼刺图

听取更多人的意见；还应该参考生产资料和文献资料等。

利用鱼刺图，采用头脑风暴法从操作者、设备、炉料、工艺和化验五个方面找出硅含量不合格的原因 23 条。要清楚了解不合格发生在什么地方，发生在什么时间，是怎么样发生的，是经常发生还是偶尔发生，为什么发生，等等。不合格的原因很多，要尽可能将各种产生原因都找出来，明确这些原因对于不合格有什么样的影响，影响有多大。

找出不合格的原因，为解决碳钢化学成分不合格问题奠定了基础。

4. 找出主因是关键

碳钢化学成分不合格的原因找到 23 条，哪些原因是主要原因呢？从众多的原因中，按照对缺陷影响程度的大小排序（用排列图、直方图等），找出产生缺陷的主要原因：一是回炉料用量多，而且含硅量超标；二是铁合金含硅量超标（采购不合格的硅铁）；三是铝的加入量超标。

第一次选择前两项不合格原因（暂时搁置第三项原因）进行 PDCA 循环试验。解决后，针对第三项进行第二次 PDCA 循环试验。通过两个 PDCA 循环就解决了困扰企业多年的碳钢化学成分不合格的问题。找准主要原因，采取对策后可达到事半功倍的效果。

只有找到产生缺陷的主要原因，采取相应的纠正措施，才能减少、杜绝类似缺陷的再次发生。就像一个好的医生，准确诊断病因，就能够做到药到病除。同理，准确判断缺陷种类，找准产生缺陷的主要原因，就能够集中有限的资源，以最快捷的途径、最短的时间、最高的效率解决缺陷问题。

【案例 1-4】 多次修改铸件结构，试验十余次，仍然没有解决缺陷问题。

某工程师认为企业最近一个碳钢熔模铸件突然产生大量的热裂纹（废品率约 60％），是铸件结构不合理造成的。于是他连续修改几次铸件结构，反复试验了十余次，耗时一个多月，收效甚微。

其实他没有仔细观察该件产生热裂纹的部位，没有检查相关的生产记录，没有分析该件产生热裂纹的原因，更没有找到产生热裂纹的主要原因。只能适得其反。

5. 采取措施应合理

针对主要原因，采取相应对策。利用最基本、最常用的 PDCA 循环，每次循环解决 1～2 个问题，如图 1-8 所示。

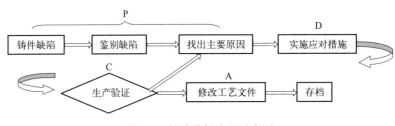

图 1-8　缺陷分析流程示意图

使用 PDCA 循环时，应充分考虑纠正措施在理论上是正确的，在工艺上是可行的，在经济上是合理的；并且要充分利用现有的条件，必要时再增加资源。

6. 生产验证必进行

生产验证是检验对策是否正确的唯一途径和标准。怎么验证？

（1）三结合：在生产现场进行实验，或多或少会影响正常生产秩序，因此必须实行车间领导、铸造工程师和工人参加的"三结合"攻关小组制度。这样有利于验证的有序进行与协调，有时能收到意想不到的效果。

（2）三老：充分发挥"三老"（老工程师、老领导和老工人）的作用，他们会为验证工作提供很大帮助。

"三老"工作数十年，具有丰富的专业知识，均有一技之长，积累了宝贵的实践经验；充分发挥、挖掘这些人的聪明才智，有利于验证工作的顺利、深入开展，有利于提高铸件质量和工作质量，有利于"以老带新"和"传帮带"，有利于提高企业的竞争力，有利于更快地解决问题，提高企业的经济效益。

如何用好"三老"？

——成立现场服务小组，其主要职能：

一是纠正。分析、解决现场出现的铸件缺陷；必要时增加其他人员。

二是验证。对生产过程中的产品设计和编制工艺进行过程验证；使其更加完善，预防缺陷的发生。

三是培训。对员工进行技术水平和质量意识培训，提高员工的技术水平和质量意识。不断灌输"产品质量是制造出来的，不是检验出来的"的理念。

纠正措施要做到"三心",即:解决熔模铸件缺陷问题是个复杂、多变的过程,要有解决缺陷的决心;在生产验证过程中要细心;要有坚持不懈、直到解决缺陷的恒心。

7. 总结经验定标准

若通过切实可行的措施解决了或减少了铸件缺陷,应对取得的成果、经验制定/修订相应的工艺文件,使其成为标准文件,有利于员工在操作中认真执行。

工程技术人员应该做到六个字,即:实干、能说、会写。

实干:到生产现场解决生产过程中出现的各种技术、质量问题,不断地积累经验、增长才干,为提高产品质量、降低消耗、促进技术进步、提高企业经济效益做出实实在在的贡献。

能说:对取得的成绩能有理、有据地说清楚,使同事理解,使领导认可,为制定/修订新的工艺文件奠定基础。

会写:把取得的成果写成书面报告(尤其是给单位领导的报告要有提高效益的数据),用数据证明成果的可信度。再将成果报告写成科技论文并发表,用于同行相互交流,以便增加社会效益。

第二章　熔模铸件常见缺陷

熔模铸件常见缺陷有如下几类：

A. 多肉类缺陷。铸件表面各种多肉类缺陷的总称。

B. 孔洞类缺陷。在铸件表面和内部产生的不同大小、形状的孔洞类缺陷总称。

C. 裂纹、冷隔类缺陷。裂纹即铸件表面和内部由于各种原因而形成的条纹状裂缝；冷隔即在铸件上穿透或不穿透的、边缘呈圆弧状的缝隙。

D. 表面类缺陷。铸件表面上产生的各种缺陷总称。

E. 残缺类缺陷。铸件由各种原因造成的外形缺损缺陷的总称。

F. 形状、尺寸不合格类缺陷。铸件的形状或尺寸不符合铸件图要求。

G. 夹杂类缺陷。铸件中各类金属或非金属夹杂物的总称。

H. 组织不合格类缺陷。铸件的金相组织和叶片晶粒组织不符合技术条件的规定。

第一节　A 多肉类缺陷

多肉类缺陷具体分为如下表所列几种：

缺陷类别	缺陷分组	缺陷子组	具体缺陷	缺陷名称
A	A1 有固定形状多肉类缺陷	A11 条状多肉类缺陷	A111	阳脉纹
			A112	飞翅
		A12 点状多肉类缺陷	A121	毛刺
			A122	蠕虫状毛刺
		A13 球状多肉类缺陷	A131	金属珠
	A2 无固定形状多肉类缺陷	A21 其它多肉类缺陷	A211	鼓胀
			A212	冲砂

一、A111 阳脉纹

1. 概述

（1）特征：有突出于铸件表面的纤细网状或脉状、顶端呈现圆弧状的条纹，称为"阳脉纹"或"正脉纹"。阳脉纹是毛翅的一种表现形式。

（2）成因：型腔有纤细网状或脉状裂纹，浇注时金属液进入裂隙中；型腔裂隙中的空气很难排出，在金属液的作用下，气体受热膨胀，压力升高，使脉纹的顶端呈现圆弧状。

（3）部位：分布在铸件的局部或整个表面上。

（4）图例：见图 2-1、图 2-2。

图 2-1　平面上的阳脉纹

图 2-2　圆弧面上的阳脉纹

2. 产生原因

（1）型壳的常温强度低。型壳的常温强度是指型壳在制壳和脱蜡过程中的强度。

① 粉料、型砂质量不合格。粉料、型砂的杂质含量较高，或含水量、粉尘量较高，导致型壳内表面层产生裂隙、裂纹。

② 粉料、型砂选用不当。型壳各层间的粉料和型砂的粒度相差太大，由于各层间的收缩率不同，而使型壳一、二层的薄弱处产生了分层、裂隙、裂纹。

③ 制壳工艺参数不当或控制不当。硅溶胶型壳的常温强度主要取决于黏结剂的干燥程度，干燥工艺参数（湿度、温度、风速、干燥时间）选用不当或失控时会使强度降低；水玻璃型壳的常温强度主要取决于水玻璃的硬化程度，硬化工艺参数（浓度、温度、硬化时间）选用不当或失控时会使强度降低。

④ 型壳脱蜡工艺或操作不当，产生或加大了裂隙。树脂基模料（也称"中温蜡"）采用蒸汽脱蜡时，蒸汽压力低、升温速度慢、脱蜡时间长。

蜡基模料（也称"低温蜡"）采用热水脱蜡时，脱蜡槽中的水温低、脱蜡时间长，或脱蜡时型壳排蜡不畅等。

（2）型壳的高温强度低。型壳的高温强度是指型壳焙烧和浇注时的强度。

① 型壳焙烧工艺不当，或操作失控，或焙烧炉不能满足工艺要求。型壳的焙烧工艺选择不当或焙烧温度过高、升温过快，或焙烧操作不当，或焙烧炉不能满足工艺要求，均导致型腔表面层产生分层、裂隙、裂纹。

② 浇注操作不当。浇注速度过快，对型壳内腔的动压力呈现平方增加。

（3）压力头过高。压力头越高，静压力越大，金属液越容易渗入型壳内表面层的裂隙中形成脉纹。

（4）铸件设计不当。铸件有大的平面，或大的圆弧面，促使型壳内表面层产生分层、裂隙、裂纹。

3. 防治措施

（1）提高型壳的常温强度

① 严格控制粉料、型砂的质量。粉料、型砂的杂质含量应满足工艺要求，同时含水量

和含粉尘量应≤0.3%（质量分数）。

② 合理选用型壳各层的粉料和型砂。合理选用涂料种类，如碳钢可以选用石英粉，不锈钢和高合金钢应选用锆英石粉；粉料的粒度应一致，最好选用级配粉。

各层撒砂材料的种类应与各层的粉料一致或相近；型砂的粒度应合理，如面层砂的粒度100/120目，过渡层砂的粒度30/60目，加固层砂的粒度16/30目。

③ 选择合理的制壳工艺参数并严加控制。

a. 硅溶胶型壳制壳工艺参数，见表2-1。

表2-1　硅溶胶型壳制壳工艺参数

层次	环境温度/℃	湿度/%	风速/（m/s）	工作时间/h
面层	22~26	60~70	0~1	4~6
过渡层			6~8	>8
背层及以后各层		40~60		>12

注：本书中提供的工艺参数均为参考值，各单位选用时可适当调整。

b. 水玻璃型壳的制壳硬化工艺参数，如表2-2。

表2-2　结晶氯化铝硬化剂的工艺参数

项目 层别	浓度 (质量分数)/%	温度 /℃	硬化时间 /min	干燥时间 /min	备注
面层	31~33	20~25	5~15	30~45	硬化干燥后冲水
背层	31~33	20~25①	5~15	15~30	不冲水

① 为了加速硬化反应，背层硬化剂温度可逐层升高，但是最外层温度≤45℃。

结晶氯化铝硬化水玻璃型壳的硬化速度较慢，可在硬化剂中加入质量分数为0.1%的JFC，以提高硬化剂的渗透能力；型壳的强度高。

④ 改进脱蜡工艺。脱蜡的关键：脱蜡前，型壳需要存放12~24h；脱蜡过程要"高温、快速"。常用的脱蜡方法和工艺参数，如表2-3。

表2-3　型壳脱蜡工艺参数

脱蜡方法	蒸汽脱蜡	热水脱蜡
工艺参数	最大压力0.75MPa；脱蜡温度170℃；达到压力0.75MPa的时间≤14s；温度达到160℃，脱蜡时间≤10min	脱蜡液中加入适量的草酸，脱蜡液温度95~98℃，脱蜡时间15~20min，不超过30min；脱蜡前模组存放时间≥24h

必须严格执行脱蜡操作规程。

（2）提高型壳的高温强度

① 提高型壳的常温强度就能有效地提高型壳的高温强度；还可以采用如下的工艺方法，如：

a. 吹气处理。在每层撒砂后，用压缩空气吹去黏附不牢的、多余的型砂；吹气处理适用于去除小孔、沟槽、内角，以及文字等部分堆积的厚砂层或浮砂。

b. 使用快干硅溶胶。快干硅溶胶型壳具有较高的常温强度、较高的高温强度、较低的残留强度。

c. 添加聚合物。添加聚合物或纤维增强硅溶胶配制涂料，有助于防止涂料层开裂，并能适应较快的干燥速度，环境湿度可以降到35%，风速也可更大些。

② 改进型壳的焙烧工艺。焙烧型壳工艺参数：控制型壳温度宜高不宜低。硅溶胶型壳的焙烧温度950～1200℃，焙烧时间一般为0.5h；水玻璃型壳的焙烧温度850～950℃，焙烧时间一般为0.5～2h。确保焙烧炉满足工艺要求，并遵守操作规程。

③ 改进浇注工艺。控制浇注时型壳的温度宜高不宜低，并与金属液的浇注温度相匹配。

控制浇注速度，大件的浇注速度采用"先快后慢"，小件采用"先慢后快"。

（3）降低压力头高度。在保证铸件质量的前提下，尽可能降低压力头高度，避免金属液动、静压力头对正脉纹产生影响。

（4）改进铸件结构设计。铸件应尽量避免大的平面或大的圆弧面，必要时可以采取工艺筋、工艺孔等措施。

二、A112 飞翅

1. 概述

（1）特征：垂直于铸件的表面上，有厚薄不均匀的薄片状金属突起物。

（2）成因：型壳有裂纹，浇注后金属液在动、静压力的作用下，进入型壳的裂纹；在铸件的表面上形成多余、不规则的薄片状金属毛翅。

（3）部位：出现在型壳有裂纹之处。

（4）图例：见图2-3、图2-4。

图2-3　圆弧面上的飞翅

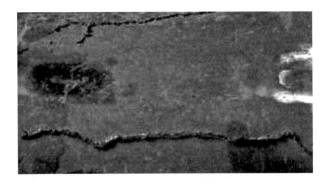

图2-4　平面上的飞翅

2. 产生原因

（1）型壳常温强度低。见"阳脉纹"的"产生原因"之（1）。

（2）型壳高温强度低。见"阳脉纹"的"产生原因"之（2）。

（3）压力头过高。见"阳脉纹"的"产生原因"之（3）。

（4）铸件结构设计不合理。见"阳脉纹"的"产生原因"之（4）。

3. 防治措施

（1）提高型壳常温强度。详见"阳脉纹"的"防治措施"之（1）。

（2）提高型壳高温强度。详见"阳脉纹"的"防治措施"之（2）。

（3）降低压力头高度。见"阳脉纹"的"防治措施"之（3）。

（4）改进铸件结构设计。见"阳脉纹"的"防治措施"之（4）。

三、A121 毛刺

1. 概述

（1）特征：铸件的表面上有许多刺状凸起的金属，也称"黄瓜刺"。

（2）成因：当型壳的第一、二层涂层中存在着"蚁孔"时，浇注过程中，金属液在动、静压力的作用下进入"蚁孔"内，冷凝后铸件上就形成了毛刺。

（3）部位：在铸件的局部或全部表面上。

（4）图例：见图 2-5、图 2-6。

图 2-5　铸件上的毛刺

图 2-6　型壳上的"蚁孔"

2. 产生原因

（1）面层涂料中的粉液比低。水玻璃涂料中的粉液比过低，当粉液比≤0.8∶1 时，导致型壳中的空隙数量多，空隙程度加大，型壳焙烧后，在型壳的内表面上形成了密集的"蚁孔"。

（2）面层砂的粒度大，而面层涂料的黏度低。在涂料质量相同的情况下，铸件上产生毛刺的主要原因在于没有合理地选用一、二层型砂的粒度（尤其是第一层型砂的粒度更为重要）。当面层砂的粒度大，而面层涂料的黏度低时，型壳更容易产生"蚁孔"。硅溶胶型壳面层砂粒度大于 100/120 目、水玻璃型壳面层砂大于 40/70 目时，易产生毛刺。

（3）蜡模的润湿性差，或涂料涂挂性差。蜡模的润湿性差（生产实践表明，蜡模除油不净，是导致蜡模润湿性差的主要原因），或涂料的涂挂性差，导致涂料在蜡模上流布不均匀，涂层厚薄不一致，造成铸件局部或全部产生毛刺。

（4）撒砂方法选用不当。撒砂是用来固定涂料，使型壳具有足够的常温强度和高温强度，提高型壳的透气性和退让性，撒砂还能防止型壳在硬化时产生裂纹和其它表面缺陷。当面层涂料太薄时，如果选用机械撒砂的沸腾法，涂料层就容易被高速气流驱使的砂粒击穿，而使型壳面层产生"蚁孔"。

（5）浇注工艺不当，或操作不妥。浇注时，金属液与型壳的温度越高，两者互相作用的时间越长；浇注时的速度越快，金属液的动压力越大。

（6）压力头过高。压力头越高，金属液的静压力越大。加剧金属液穿透型壳面层中存在着的"蚁孔"，铸件产生毛刺。

3. 防治措施

（1）保证面层涂料中合理的粉液比。配制面层涂料时，首选涂料的粉液比，其次是涂料温度和相应的黏度；三者之间有密切的关系，即"粉液比是关键，黏度随着温度变"。配制面层粉料时，应合理选择级配粉，以更好地保证涂料中的粉液比和性能。

（2）选用合理的挂砂方案。撒砂粒度从面层到背层逐渐变粗，面层撒砂过粗会击穿涂料层打坏蜡模，造成型壳面层产生蚁孔等表面缺陷。

硅溶胶型壳面层砂选用 100/120 目锆砂，过渡层 30/60 目莫来砂，背层 16/30 目莫来砂。水玻璃型壳面层砂选用 40/70 目石英砂，过渡层 20/40 目石英砂，背层 12/20 目石英砂。控制型砂的含水量、含粉量及撒砂时间。

（3）提高蜡模的润湿性和涂料的涂挂性。蜡模涂挂前必须清洗掉表面的分型剂和蜡屑，提高蜡模的润湿性。

低温蜡的清洗工艺：在水中加入 0.5%（质量分数）的清洗剂（如 JFC），或中性肥皂水，温度 18～25℃，反复上下运动清洗数次。

中温蜡的清洗工艺：蜡模/模组放入清洗剂中一定时间（根据蜡模或模组而定），提起后放入清水中不断地转动清洗一定时间（以洗净为准）。

注意：清洗剂和洗过蜡模/模组的清水，转入本单位的污水处理系统进行统一处理；或转交有资质的污水处理公司进行处理。

在面层涂料中加入适量的表面活性剂；或采用预湿剂 [$w(SiO_2)$ 为 25% 的硅溶胶溶液]，提高面层涂料的涂挂性。

（4）选择合理的浇注工艺。适当地降低浇注时金属液和型壳的温度，减少金属液与型壳面层之间的相互作用时间；浇注时必须做到"三同时"，即金属液温度、型壳温度和浇包温度同时满足工艺要求。

采用"引流准、注流稳、收流快"的浇注方法。

注意：蜡模间的间距与型壳的涂层参数有关。

面层操作主要有浸面层涂料、撒面层砂。浸面层涂料的关键是务必使模组的各个部位都能均匀地、完整地涂上涂料；撒砂不仅要选用合适的面层砂粒度、控制好撒砂时间，还要选择合适的撒砂方法，对于面层撒砂来说，宜采用雨淋撒砂。

（5）选用合理的浇注工艺，并严格执行。

（6）选用合适的压力头高度。

四、A122 蠕虫状毛刺

1. 概述

（1）特征：铸件的表面上有许多分散的或密集的凸起物，有的呈条状突起，宛如一条蠕动着的小虫附在铸件的表面上，故称作"蠕虫状毛刺"。

（2）成因：型腔表面存在"蠕虫状孔洞"，浇注过程中金属液进入孔中，铸件冷凝后形成"蠕虫状毛刺"。

（3）部位：分布在铸件的局部表面上。

（4）图例：见图 2-7、图 2-8。

 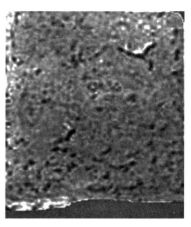

图 2-7　铸件上的蠕虫状毛刺　　　　图 2-8　型壳上的蠕虫状孔洞

2. 产生原因

（1）面层涂料中的粉液比太低。当水玻璃涂料中的石英粉与水玻璃的粉液比≤0.6∶1时，型壳的内表面主要形成"蠕孔"，其次是"蚁孔"。

（2）面层涂料的黏度低，面层砂的粒度大。见"毛刺"的"产生原因"之（2）。

（3）蜡模的润湿性差，或涂料的涂挂性差。见"毛刺"的"产生原因"之（3）。

（4）浇注工艺不当或浇注操作不妥。见"毛刺"的"产生原因"之（5）。

3. 防治措施

（1）保证面层涂料中合理的粉液比。见"毛刺"的"防治措施"之（1）。

（2）选用合理的挂砂方案。见"毛刺"的"防治措施"之（2）。

（3）改善蜡模的涂挂性。见"毛刺"的"防治措施"之（3）。

（4）选择合理的浇注工艺，遵守操作规程。见"毛刺"的"防治措施"之（4）。

延伸：毛刺与蠕虫状毛刺的联系与区别

1. 两者的联系

毛刺与蠕虫状毛刺产生的主要原因基本一致，只是形成蠕虫状毛刺的涂料粉液比更低，缺陷的程度进一步加剧；因此，毛刺的防治措施适用于蠕虫状毛刺。

2. 两者的区别

缺陷程度不同：毛刺的缺陷程度较轻，蠕虫状毛刺缺陷程度较重。

五、A131 金属珠

1. 概述

（1）特征：铸件的拐角或凹槽处有球形或条状的金属珠。

（2）成因：由于涂挂操作不良，在型腔的拐角或凹槽处留有球形或条状的气孔，浇注过程中金属液进入孔隙，产生了金属珠。

（3）部位：常出现在铸件的拐角或凹槽处。

（4）图例：见图 2-9、图 2-10。

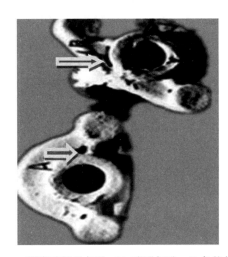

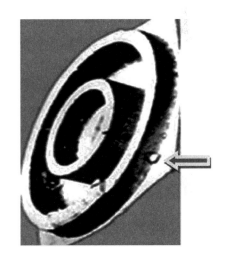

图 2-9 型壳残留的气孔（A 球形气孔；B 条状气孔）　　图 2-10 铸件上的金属珠

2. 产生原因

（1）铸件结构不合理。蜡模的结构不合理，如存在拐角和凹槽时，不利于涂挂操作，很容易在这些部位积存小气泡，如图 2-9 所示。浇注时，金属液在动、静压力的作用下，进入气泡内形成了金属珠。

（2）面层涂料含气量大。使用高速沾浆机配制面层涂料时，将会在涂料中卷入很多的气体；如果涂料回性时间短，涂料中的气体没有充分逸出，就残留在涂料中；制壳时这些气泡就很容易积存在蜡模的拐角和凹槽等处。

（3）蜡模的润湿性差，或面层涂料的涂挂性差。蜡模的润湿性差或面层涂料的涂挂性差，在蜡模浸入涂料后，涂料在蜡模上流布不均匀，涂层厚薄不一致；尤其是蜡模的拐角和凹槽等处涂挂不良，积存气泡，导致铸件产生金属珠。

（4）涂挂操作不当。模组浸面层涂料和撒砂时操作不当，使蜡模的拐角和凹槽等处留有气泡和浮砂。

3. 防治措施

（1）改进铸件设计，拐角和凹槽应圆滑过渡。改进铸件设计，尤其是铸件的拐角和凹槽等处应圆滑过渡，使其满足制壳工艺要求，以利于涂挂。

见"毛刺"的"防治措施"之（4）。

（2）尽量消除面层涂料中的气体。配制涂料时要让各组元均匀分散，相互充分混合和润湿，即耐火材料不成团并与黏结剂充分混合。硅溶胶涂料选用低速连续式沾浆机搅拌配制。配制涂料时先加硅溶胶，再加润湿剂搅拌均匀，在搅拌的过程中缓慢加入耐火材料，注意防止粉料结块，最后加入消泡剂。面层涂料全部是新料时，应连续搅拌＞24h才能使用；部分新料时，应连续搅拌＞12h。配制水玻璃涂料可选用高速搅拌机，把称量后的水玻璃和润湿剂加入搅拌机中不停地搅拌，在搅拌的状态下，缓慢加入耐火材料，再加入消泡剂，加完后继续搅拌≥1h，再回性处理＞4h，使卷入涂料中的气体充分逸出后，才能使用。

（3）改善面层涂料与蜡模之间的润湿性。见"毛刺"的"防治措施"之（3）。

（4）改进涂挂操作，消除蜡模的拐角和凹槽处积存的气泡。涂挂蜡模拐角和凹槽等处的面层时，用毛笔刷涂或用压缩空气通过 ϕ1mm 的细管轻轻吹上述部位，以除去该处的气泡。尤其是涂挂前两层型壳时，更要注意操作，要消除拐角和凹槽处的气泡。

六、A211 鼓胀

1. 概述

（1）特征：铸件局部鼓胀，鼓胀处伴有毛刺，或表面光滑。

（2）成因：型壳鼓胀并有裂纹时，金属液在动静压力的作用下，进入型壳鼓胀及裂纹处，铸件鼓胀处伴有毛刺；反之，铸件鼓胀处呈光滑的表面。

（3）部位：常出现在铸件的局部表面。

（4）图例：见图 2-11、图 2-12。

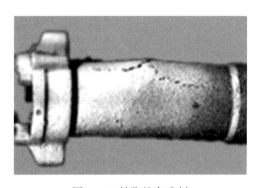

图 2-11　鼓胀处有毛刺　　　　　　　　　　图 2-12　鼓胀处没有毛刺

2. 产生原因

（1）型壳常温强度低。见"阳脉纹"的"产生原因"之（1）。

（2）型壳高温强度低。见"阳脉纹"的"产生原因"之（2）。

（3）压力头过高。见"阳脉纹"的"产生原因"之（3）。

（4）铸件结构设计不合理。见"阳脉纹"的"产生原因"之（4）。

3. 防治措施

（1）提高型壳常温强度。见"阳脉纹"的"防治措施"之（1）。

（2）提高型壳高温强度。见"阳脉纹"的"防治措施"之（2）。

（3）适当降低压力头高度。见"阳脉纹"的"防治措施"之（3）

（4）改进铸件结构设计。见"阳脉纹"的"防治措施"之（4）。

延伸：正脉纹、毛刺、鼓胀三者的联系与区别

1. 三者的联系

正脉纹、毛刺和鼓胀三者的主要产生原因基本一致，只是正脉纹的缺陷程度进一步加剧，就会产生毛刺；毛刺缺陷程度进一步加剧，就会产生鼓胀；因此，防止产生正脉纹的各项措施，同样适用于毛刺和鼓胀。

2. 三者的区别

缺陷程度不同：正脉纹的缺陷程度较轻，毛刺缺陷程度较重，鼓胀缺陷程度更严重。

七、A212 冲砂

1. 概述

（1）特征：型腔或型芯的局部表面被金属液冲掉，在铸件的相应表面上形成了粗糙的、不规则的金属突起物。

（2）成因：型腔或型芯强度低，或面层局部有分层、鼓胀等，在浇注过程中被金属液冲掉，其相应部位形成了金属突起物；被冲掉的型壳材料在铸件的其他部位产生砂眼。

（3）部位：常产生在浇口附近处。

（4）图例：见图 2-13。

图 2-13　冲砂

2. 产生原因

（1）型壳面层局部强度低，或有分层或鼓胀。涂料的配比、黏度不当，涂挂操作不均匀，硬化不充分等，使型壳的湿强度低；水玻璃型壳的 1、2 层硬化工艺参数不当，或空干、晾干过度；硅溶胶型壳 1、2 层的制壳工艺参数不当，型壳干燥过度等。

（2）型壳析出茸毛。水玻璃型壳脱蜡后存放时间过长等会使型壳析出茸毛，降低面层强度，易出现面层起皮、鼓胀。

（3）型壳面层与过渡层涂料之间分层。面层撒砂后，间隔较长时间再浸过渡层涂料，或面层砂有较多的水分、粉尘等，造成面层砂与过渡层涂料结合不牢。

（4）面层型壳材料质量差。采用煅烧高岭土熟料（商品名为"莫来砂、粉"）作为型壳的面层材料时，应保证其质量。

（5）其它产生原因

① 浇注系统设计不当，使金属液直接冲刷型腔。

② 浇注速度太快，增强了金属液对型腔的冲刷。

3. 防治措施

（1）提高型壳湿强度。选用合适的涂料粉液比、黏度，涂挂均匀，充分硬化。

硅溶胶型壳应严格控制硬化工艺参数（制壳间的湿度、温度、风速和干燥时间）。

水玻璃型壳应严格控制结晶氯化铝硬化工艺参数（密度保持在 $1.16 \sim 1.17 \text{g/cm}^3$、pH 值保持在 $1.4 \sim 1.7$ 之间），在面层晾干后准备做下一层时，用水冲型壳以去除型壳表面残留的硬化剂，再经稍稍晾干后制作下一层。

（2）严格控制型壳存放时间。严格控制水玻璃型壳脱蜡后的存放时间，避免型壳析出茸毛。

（3）提高型壳质量，消除分层。面层撒砂后，及时浸过渡层涂料；面层砂中的含水量、含粉尘量均 $<0.3\%$，促使面层砂与过渡层涂料牢固结合。

（4）合理选用面层型壳材料。采用煅烧高岭土熟料作为型壳的面层材料，应保证其质量。

（5）其他措施

① 改进浇注系统设计，避免金属液直接冲刷型腔。

② 适当地降低浇注速度，避免金属液对型腔的过度冲刷。

第二节 B孔洞类缺陷

孔洞类缺陷子分类及名称见下表：

缺陷类别	缺陷分组	缺陷子组	具体缺陷	缺陷名称
B	B1 气孔	B11 气体来源于铸件内部	B111	析出气孔
		B12 气体来源于铸件外部	B121	卷入气孔
			B122	侵入气孔
			B123	皮下气孔
		B13 其它	B131	气缩孔
	B2 缩孔	B21 外部缩孔	B211	外露缩孔
			B212	凹角缩孔
		B22 内部缩孔	B221	内部缩孔
			B222	缩松
			B223	疏松

一、B111 析出气孔

1. 概述

（1）特征：铸件的表面或内部有细小、密集或分散、光亮、略有氧化色的小孔眼，直径为 0.5～2mm。往往在一炉的全部铸件或大部分铸件中存在这种气孔。

（2）成因：金属液随着温度的上升溶解度增加，溶解更多的气体；金属液温度降低溶解度下降，析出多余的气体；当气体不能逸出时，就会在铸件中形成析出气孔。

（3）部位：铸件最后凝固处、热节处、浇冒口处较多；有时铸件的整个截面都有。

（4）图例：见图 2-14、图 2-15。

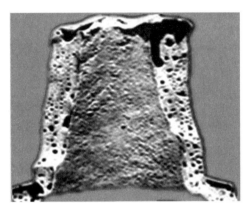

图 2-14　气孔在铸件的内部

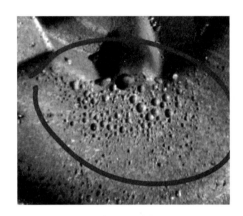

图 2-15　气孔在铸件的外部

2. 产生原因

（1）金属液溶解了大量的气体

① 炉料不干净。金属液含有水分、油垢和铁锈时，这些物质在高温下能分解出气体，如 1％的铁锈在高温下能生成比炉料体积大 20 倍的气体；一个单位体积的水被加热到 100℃，变成水蒸气，在压力保持不变的情况下，体积增大 1700 倍。这些都增大了金属液的含气量。另外，多次熔炼的回炉料使用过多，也会增加金属液的含气量。当炉料中配有 25％～45％的废钢时，金属液的含气量急增。

② 与金属液接触的物料含有潮气。如渣棒、样勺和浇包，以及熔炼时加入的铁合金等烘烤不充分，含有潮气等，也会使金属液的含气量增加。

（2）熔炼工艺不当，使气体在金属液中的溶解度增加

① 气体在金属液中的溶解度增加。熔炼时覆盖剂没覆盖全金属液表面，使金属液与空气长时间直接接触，增加了金属液吸附气体的时间，使气体在金属液中的溶解量增加。

② 熔炼时间过长。气体在金属液中的溶解分为吸附过程和扩散过程。覆盖剂没覆盖全金属液的表面，使吸附气体增加；但这些气体分子要扩散到整个金属液中去是需要一定时间的，如果熔炼时间短，扩散就不能充分地进行，就不能达到平衡状态下的含气量。

③ 熔炼温度高。有时为了提高金属液的流动性而使金属液的温度过高。如前所述，温度越高，气体在金属液中的溶解度越大。

④ 脱氧不充分，静置时间不够。氧在金属液中主要是以化合物（能溶解于金属液或不能溶解于金属液）状态存在，如 FeO、MnO、SiO_2、Al_2O_3 等，还有各种硅酸盐，再有以 CO、CO_2 气体状态存在。虽然金属液中含氧量不多，但当氧化物与碳在金属液内部发生化学作用时，就能产生大量的气体。如：有 0.001% 的氧化物发生作用，所产生 CO 气体的体积却可以占金属液体积的 40%。因此脱氧不充分的金属液是不能浇注的。

金属液静置时间短，不利于夹杂物和气体的上浮与排出。

（3）铸件冷却缓慢。铸件冷却缓慢使气体析出过多，而没有及时排出。

（4）浇注工艺不当。浇注工艺不当，或浇注系统设计不当，或浇注条件不当，不利于气体的排出。

（5）型壳的透气性差，不利于排出气体。

3. 防治措施

（1）减少气体进入金属液的机会

① 炉料要洁净。使用前潮湿的炉料应烘干，表面不洁净的炉料需喷丸处理，即要求炉料无水、无油垢、无锈，并妥善保管。

配料时，应限制多次熔炼回炉料的使用比例。

② 烘烤好与金属液接触的物料。如渣棒、样勺在使用前应烘烤，熔炼时加入的各种合金和浇包应烘烤充分。铁合金经 700℃ 烘烤，浇包烘烤至暗红色。

（2）选择合理的熔炼工艺，减少气体在金属液中的溶解度

① 熔炼过程中，始终使覆盖剂盖全金属液的表面，尽量减少气体与金属液表面直接接触的机会。

② 尽量缩短熔炼时间，减少不必要的金属液过热度。

③ 脱氧充分，并静置一定的时间。

熔炼生产中，脱氧的目的是：降低金属液中的氧并排出金属液中的脱氧产物。脱氧的程度取决于脱氧元素的脱氧能力强弱和脱氧产物从金属中完全排出的程度。脱氧的方法有两种：扩散脱氧和沉淀脱氧。熔模铸造生产中常采用沉淀脱氧，就是把脱氧剂直接投入到金属液内。常用的脱氧剂是锰铁、硅铁和铝；加入的顺序和加入量为：先加锰铁 0.1%～0.2%，再加硅铁 0.05%～0.07%、硅钙粉 0.2%～0.3%，再用铝 0.04%～0.06% 进行终脱氧。脱氧后，金属液要静置 2～3min，以利于夹杂物上浮。也可以进行二次脱氧，即在炉中终脱氧以后，在浇包中加入金属液重量的 0.03%～0.05% 的铝进行补充脱氧。

④ 采取必要的工艺措施，使金属液在浇注前尽量排除气体。

a. 在金属液中加入适量的钛，使钛和氮生成稳定的化合物 TiN，从而去除所溶解的氮。

b. 加入稀土元素，因为稀土元素有良好的脱氧作用，只要选择合适的加入工艺（主要是加入量、加入方法），就能达到预期的效果。

c. 必要时可采用真空除气法。即在浇注前把金属液放在真空罐中一段时间，这时由于外界气氛中的气体分压降低，就会使金属液内部的气体析出压力大于外界气氛中的分压力，从而为气体析出创造了条件。另外，外界压力低，有利于气泡核的形成和气泡的上浮，可以

使气体迅速排出。

d. 在铸件不易排气的位置粘接小蜡条与浇口杯连接，人工在型壳上制作一个排气通道，提高气体逸出的效率。

此外，还可采用超声波振动、机械振动、加熔剂处理等排气方式。

⑤ 阻止气体的析出。

a. 增加铸件的冷却速度。增加铸件的冷却速度会使气体来不及析出而过饱和地溶解在金属中，而且冷却越快，析出的气体量越少，从而避免产生气孔。生产实践表明：同一个铸件，放置冷铁的部位气孔很少产生或不产生，就是这个道理。

b. 压力下凝固。金属液注入型壳后，若提高外界气氛的压力，就会阻碍气体的析出和气泡核的形成，从而迫使气体过饱和地残留在金属中。

（3）加快铸件冷却速度。加快铸件冷却速度或在压力下凝固，阻止气体的析出。

（4）选择合理的浇注工艺。浇注工艺不当，或浇注系统设计不当，或浇注条件不当，不利于气体的排出。

（5）提高型壳的透气性，以利于排出气体。

二、B121 卷入气孔

1. 概述

（1）特征：在铸件的表面上，有尺寸较大的、不同形状的、表面光滑的、常被氧化的孔洞。

（2）成因：浇注过程中金属液卷入气体，其中一部分通过型壳逸出，一部分在铸件的表面上形成了卷入气孔。

（3）部位：在铸件的个别部位，有单个或几个气孔。

（4）图例：见图 2-16。

图 2-16　卷入气孔

2. 产生原因

（1）浇注系统设计不当。由于浇注系统设计不当，使金属液进入型腔时产生严重的涡流，卷入气体。内浇口或横浇口设计不当，如内浇口或横浇口的直径太小、长度太长，凝固得太快，而将整个浇注系统隔绝，使型腔内的金属液静压力降低，不利于排气。

（2）浇注速度太快，卷入了气体。浇注速度太快，使金属液充型的速度大于气体从型腔中逸出的速度，而卷入气体。另外，浇注速度太快，也容易使金属液在型壳内形成涡流，而卷入气体。卷入的气体既有型腔内的气体，也有型腔外的气体。

（3）型壳的透气性差。型壳的透气性差，使卷入的气体来不及从型壳中逸出，而残留在铸件中。

3. 防治措施

（1）改进浇注系统设计。改进浇注系统设计，使金属液能平稳地进入型腔而不产生涡流。使内浇口或横浇口不要凝固过快，以增加排气的能力。

（2）控制浇注速度，使金属液平稳地进入型腔。

（3）提高型壳的透气性

① 使用粒度较粗的、粒度较集中的圆形砂。

② 在保证型壳质量的前提下，减少型壳的层数。

③ 在型壳的加固层中加入适量的木灰、木屑等。

④ 在保证型壳强度的前提下，适当地降低涂料的黏度。

⑤ 减少型砂中的粉尘等。

三、B122 侵入气孔

1. 概述

（1）特征：铸件上产生的尺寸较大、孔壁光滑、呈圆形或扁平形或梨形的气孔。如果是梨形，它的小头所指的方向是气孔侵入的方向。

（2）成因：浇注时金属液对型壳或型芯产生剧烈的热作用，使其中的水分、黏结剂和有机物等产生大量气体。这些气体一部分从型壳逸出，其余进入铸件形成了侵入气孔。

（3）部位：产生在铸件的局部表面上。

（4）图例：铸件的局部表面上，有圆形的、梨形的、扁平形的侵入气孔，见图 2-17。

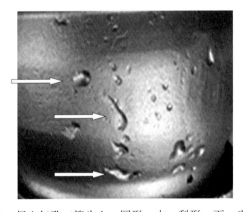

图 2-17　侵入气孔（箭头上：圆形；中：梨形；下：扁平形）

2. 产生原因

(1) 型壳焙烧不良。型壳的焙烧温度低或时间短，使型壳焙烧不良，型壳中残存水分、盐或有机物等。浇注时，这些物质被金属液迅速加热而产生了大量的气体。

(2) 型壳的透气性差。透气性是指气体通过型壳壁的能力。型壳的透气性主要取决于型壳的紧实程度。因此，黏结剂的性质与含量、耐火材料的粒度与质量等是影响型壳透气性的主要因素。耐火材料中的粉尘较多，不利于型壳的透气性。增加型壳的层数，不利于型壳的透气性。

(3) 金属液与型壳的表面发生化学反应。金属液脱氧不良而残留的氧化亚铁，或金属液与型壳发生化学反应生成的氧化亚铁，都能与金属液中的碳发生化学反应，产生气体；这些气体或通过型壳逸出，或进入金属液中，当气体不能上浮被排除时，就会形成气孔。

(4) 浇注工艺不当。金属液的浇注温度低，其黏度大，不利于已经进入金属液中的气体上浮并逸出；浇注时速度慢，金属液的静压力低，不利于迫使已经形成的气体通过型壳逸出。

(5) 浇注系统设计不当或浇注位置选择不合理。浇注系统设计不当或浇注位置选择不合理，不利于已经进入金属液中的气体顺利地上浮并逸出。

3. 防治措施

(1) 选择合理的焙烧工艺，使型壳焙烧充分。型壳焙烧的主要作用之一：从型壳中去除易挥发的物质（如残留模料、水分、盐及碳氢化合物等），进一步提高型壳的质量。

硅溶胶型壳的焙烧温度为 950～1200℃，焙烧时间为 0.5h。水玻璃型壳的焙烧温度为 850～950℃，焙烧时间为 0.5～2h。生产经验表明：焙烧充分的型壳呈现白色、粉红色。

焙烧好的型壳应及时浇注使用，如果存放时间过长，浇注前需再次焙烧。焙烧应<3 次。

(2) 增加型壳的透气性。根据型壳的工作条件，在满足其它性能要求的前提下，可以用较粗的、粒度较集中的圆形砂作为型壳的撒砂材料，或适当减少型壳的层数，或适当降低涂料的黏度，或在型壳的加固层中适量地加入木灰、木屑等，都能有效地增加型壳的透气性；同时，清除型砂中的粉尘也有利于增加型壳的透气性。

生产经验表明：型壳的透气性从里向外不断地增加，加固层砂的透气性要高于面层砂的透气性，以利于产生的气体顺利地通过型壳逸出。

(3) 提高金属液的质量

① 尽量减少气体进入金属液的机会。见"析出气孔"的"防治措施"之（1）。

② 选择合理的熔炼工艺，尽量减少气体在金属液中的溶解度，并且要充分脱氧。见"析出气孔"的"防治措施"之（2）。

(4) 选择合理的浇注工艺。快速浇注能迅速增加金属液的动压力，迫使已经产生的气体顺利地通过型壳逸出；但是，通过加快浇注速度来防止气体侵入是有限的，浇注速度过快，可能引起冲砂，或卷入气体。适当地提高金属液的浇注温度，使其黏度下降，有利于侵入金属液中的气体上浮逸出。

气体侵入金属液是从浇注开始，到金属液结壳这段时间内产生的。如果金属液结壳快，气体能侵入金属液的这段时间就短，气体侵入的机会就少。同理，薄壁件金属液结壳较快，就不容易形成侵入气孔；相反，厚壁件金属液结壳较慢，虽然气体已经侵入，但有可能逸出，也不容易形成侵入气孔。这些就需要针对具体铸件，根据生产经验来灵活运用。

（5）改进浇注系统设计和选择合适的浇注位置，必要时开设排气孔，以利于气体排出。

四、B123 皮下气孔

1. 概述

（1）特征：皮下气孔是侵入气孔的一种表现形式。在铸件的表皮下有大小不等、深浅不一的分散性气孔。

（2）成因：金属液与型壳之间发生化学反应，产生的气体侵入铸件的皮下，也称"反应气孔"。

（3）部位：产生在铸件的局部或全部的皮下，在进行机械加工后才能被发现。

（4）图例：见图 2-18、图 2-19。

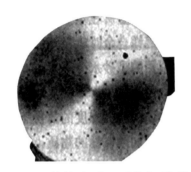

图 2-18　铸件平面加工后的皮下气孔

图 2-19　铸件圆弧面加工后的皮下气孔

2. 产生原因

（1）型壳焙烧不良。见"侵入气孔"的"产生原因"之（1）。

（2）型壳的透气性差。见"侵入气孔"的"产生原因"之（2）。

（3）金属液与型壳的表面发生化学反应。见"侵入气孔"的"产生原因"之（3）。

（4）浇注工艺不当。见"侵入气孔"的"产生原因"之（4）。

（5）浇注系统设计不当或浇注位置选择不合理。见"侵入气孔"的"产生原因"之（5）。

3. 防治措施

（1）选择合理的焙烧工艺，使型壳焙烧充分。见"侵入气孔"的"防治措施"之（1）。

（2）增加型壳的透气性。见"侵入气孔"的"防治措施"之（2）。

（3）提高金属液的质量。见"侵入气孔"的"防治措施"之（3）。

（4）选择合理的浇注工艺。见"侵入气孔"的"防治措施"之（4）。

（5）改进浇注系统设计和选择合适的浇注位置，必要时开设排气孔，以利于气体排出。

五、B131 气缩孔

1. 概述

（1）特征：铸件上有气孔与缩孔和缩松并存的孔洞。

（2）成因：气孔的底部伴有缩孔和缩松，或在缩孔中又出现了气孔。

（3）部位：常出现在铸件的热节或壁厚不均匀的交界处。

（4）图例：见图 2-20。

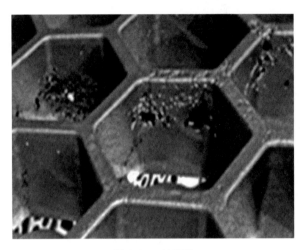

图 2-20　气缩孔

2. 产生原因

（1）铸件设计不合理。见"外露缩孔"的"产生原因"之（2）。

（2）浇注系统设置不合理。见"外露缩孔"的"产生原因"之（1）。

（3）回炉料用量过多或不洁净。见"析出气孔"的"产生原因"之（1）。

（4）熔炼工艺不当。见"析出气孔"的"产生原因"之（2）。

（5）浇注操作不当。见"卷入气孔"的"产生原因"之（2）。

3. 防治措施

（1）改进铸件设计。见"外露缩孔"的"防治措施"之（2）。

（2）改进浇注系统设置。见"外露缩孔"的"防治措施"之（1）。

（3）回炉料用量适当并洁净。见"析出气孔"的"防治措施"之（1）。

（4）选择合理的熔炼工艺。见"析出气孔"的"防治措施"之（2）。

（5）浇注操作适当。见"卷入气孔"的"防治措施"之（2）。

六、B211 外露缩孔

1. 概述

（1）特征：在铸件最后凝固的表面出现表面粗糙不平、形状不规则，可以看到发达的树枝状结晶的大而集中的孔洞，称其为外露缩孔。

（2）成因：在铸件最后凝固的地方得不到金属液的充分补缩，而形成了缩孔。

（3）部位：缩孔露在铸件的外部，叫外露缩孔，常出现在铸件内浇口的端面上。

（4）图例：见图 2-21。

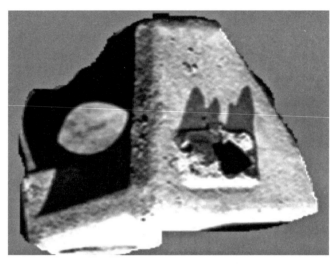

图 2-21　外露缩孔

2. 产生原因

（1）浇注系统设计不合理，浇冒口的补缩能力不足。浇注系统设计不合理，不利于铸件在冷凝过程中的顺序凝固或充分补缩。所谓铸件顺序凝固就是根据金属液的凝固特点和铸件的结构特征，制定合理的工艺措施来有效地控制金属液的凝固过程，以明显的顺序性向浇冒口的方向凝固，用较晚凝固部分的金属液充分补缩相邻的稍早凝固的部分，中间不受阻碍，最后用浇冒口中的金属液补缩与它靠近的铸件上最晚凝固的部位，把缩孔转移到铸件本体之外的浇冒口中去，然后切掉浇冒口，从而获得致密完整的铸件。

如果浇注系统设计不合理，铸件不能实现顺序凝固和有效补缩，就会在铸件最后凝固处产生外露缩孔。

（2）铸件结构设计不合理，壁厚不均匀，热节多、大

① 铸件的截面尺寸变化太大，薄截面凝固的速度比相连的厚截面快，从而影响了铸件的顺序凝固，使铸件难以得到充分补缩。

② 铸件有得不到补缩的孤立的厚截面。

③ 铸造圆角太小或太大。太小，使铸件厚薄过渡太快，不利于补缩；太大，又形成了新的热节，同样也不利于补缩。

④ 对于"以铸代锻""以铸代焊"的零件，没有根据零件的技术条件，结合铸造工艺特点加以重新设计，不利于补缩。

（3）金属液的液态收缩率和凝固收缩率大

① 金属液的液态收缩率越大，则铸件形成缩孔的容积也越大。在浇注系统具有补缩能

力的情况下，虽然降低浇注温度可以减少液态收缩，但是它也降低浇注系统的补缩能力，甚至可能因为浇注温度过低而使浇注系统过早地凝固，失去补缩作用，导致缩孔的体积增大。如果适当地提高浇注温度，虽然使铸件的液态收缩增大，但是能提高浇注系统的补缩能力，往往有利于补缩而使铸件缩孔的体积减小。

② 金属液的凝固收缩率越大，铸件形成缩孔的容积也越大。金属液在熔炼过程中脱氧不充分，在凝固期要析出气体，如果这些气体不能聚集上浮或进入铸件内已形成的缩孔中，就会分散在树枝状结晶之间的小孔中，从而减少凝固收缩，使缩孔的体积减小，但却使缩松区扩大。

（4）浇注条件不当，浇注速度越快，缩孔的体积就越大。在浇注过程中，如果铸件不发生局部凝固，浇注的速度越快，则金属液的散热时间就越短，浇注完毕时，型腔中金属液的温度相应就高，增加了金属液的液态收缩，使缩孔的体积增大；更重要的是，浇注的速度越快，浇注的时间越短，先浇入的金属液所产生的收缩，对后浇入金属液的补缩量也越少，铸件内最终产生缩孔的体积就会相应地增大。

（5）型壳的冷却能力越差，缩孔的体积越大。型壳的冷却能力越差，型腔内金属液的冷却和凝固速度就越慢，先浇入的金属液所产生的收缩对后浇入金属液的补缩量也越少，最终的缩孔体积就越大；如果能有效地控制铸件的冷却速度，使它的凝固时间等于浇注时间，则铸件凝固后就不会产生缩孔，这就是连续铸锭的原理。

（6）补缩的压力头高度不够。补缩的压力头高度不够，使金属液的流动速度减慢，补缩的效果不好，在铸件得不到充分补缩的部位产生了缩孔。

3. 防治措施

防止铸件产生缩孔的基本原则是：使铸件形成顺序凝固，把缩孔、缩松残留在浇注系统中。其主要措施如下：

（1）正确设计浇注系统。正确设计浇注系统以利于铸件的顺序凝固和进行充分补缩。熔模铸造的浇注系统主要包括：浇口杯、直浇口、横浇口和内浇口。必要时附设撇渣口、缓冲口和出气口等。

① 浇口杯。浇口杯起盛接金属液和使整个浇注系统建立一定压力，以进行充填与补缩的作用，它的顶面与蜡模的距离一般为70～100mm。

② 直浇口。直浇口是制壳操作的支柱，一般情况下兼作冒口。为了保证补缩，直浇口的截面积是内浇口总面积的1.4倍。

③ 横浇口。横浇口起分配金属液、挡渣和补缩的作用。如果起补缩作用，其截面积是直浇口截面积的1.1～1.3倍；如果不起补缩作用，其截面积是直浇口截面积的0.7～1.0倍。

④ 内浇口。内浇口是直浇口或横浇口与铸件连接的通道。它不仅影响型腔的充填、铸件的凝固、补缩、铸造应力以及因之而引起的缩孔、缩松、热裂和变形等铸造缺陷，还影响到铸件的清理、加工和表面质量，所以内浇口的设计是熔模铸造浇注系统设计中最关键的环节。内浇口设计包括：位置、数量、形状、长度、截面尺寸等。分述如下：

a. 位置。设置内浇口的位置要从两个方面考虑：

从充型考虑，要避免金属液直接冲击型芯和型腔的薄弱环节，防止金属液因飞溅、喷射而引起的涡流，避免金属液使型壳局部过热而软化变形；从补缩考虑，设在铸件的热节处，以利于顺序凝固。

b. 数量。内浇口的数量要兼顾制模、制壳、脱蜡、浇注、清理、补缩和防止铸件变形与热裂等方面，一般以一个为宜，但形状复杂、热节分散、致密性要求高时，可以开设 2 个或更多。

c. 形状。内浇口的形状按照金属液注入铸件的部位形状而定，可以是矩形、圆形、方形或扇形等。

d. 长度。如果是易割浇口，以 8～12mm 为宜。如果是气割浇口，以 10～15mm 为宜。

e. 截面尺寸。内浇口的截面尺寸可以用两种方法确定：

其一为热节圆比例法，即用热节圆截面积或直径来决定内浇口的截面积：$D_内 = K D_节$，一般取 $K = 0.7 \sim 0.9$；

其二为当量热节法，把铸件热节换算成一个或几个简单的单元（如圆柱体），令此单元与铸件重量和热节处凝固模数相等，然后用此比例法求出内浇口的尺寸。

如果内浇口太大时，冒口颈的金属液一直保持到最后凝固，因这时已经没有其它的金属液进行补缩，所以在冒口颈和铸件的连接部位产生缩孔。

（2）改进铸件的结构，以利于铸件的顺序凝固和补缩

① 首先分析铸件的结构，再按常规考虑其加工余量、铸造斜度等作为初步设计，进而分析铸件上有几个热节，以便划分补缩区域。

② 如认为补缩不畅时，可调整铸件的工艺余量，把铸件的局部加厚或减薄，尽量使铸件的壁厚均匀，过渡处应增加圆角，使铸件的补缩充分。

③ 采取补贴法。在上述措施不见效时，可采取补贴法，即为了建立朝向浇冒口递增的温度梯度，而在铸件上靠近浇冒口的一端加厚，这个加厚部分叫补贴，其作用是增加补缩通道，提高直浇口或浇冒口的补缩能力。对于顶注的铸件，当壁厚一定时补贴的宽度随高度的增加而增大；当铸件的高度一定时，壁厚越薄，所需补缩的宽度越大。但这种方法增加了加工余量，如过多地采用补贴法，将失去熔模铸造的意义。

（3）减少金属液的收缩率

① 在满足铸件性能要求的前提下，尽量选择液态收缩和凝固收缩小的金属液。当铸件的结构和金属液成分已经确定下来，金属液的结晶温度范围、热导率、结晶温度、结晶潜热、铸件壁厚等因素对于控制凝固过程也就基本确定。但是，型壳材料的蓄热系数、浇注条件、型壳的预热和浇注后的冷却等则是生产中常常被用于控制凝固过程的工艺因素。

② 选择适当的浇注温度。金属液的温度过高，使其液态收缩增加，如果补缩不充分，就会增加缩孔的体积。浇注温度过低，使浇注系统过早地凝固，失去补缩的作用，从而也会增加缩孔的体积。

③ 在熔炼过程中充分脱氧，减少气体对凝固收缩的影响。

（4）选择合适的浇注方法。如高温熔炼，低温浇注；对于大模组宜采用"先快后慢，再补浇"的方法，以利于铸件的顺序凝固和浇冒口对铸件的补缩。在顶注时，采用高的浇注温度和慢的浇注速度；底注时，则采用低的浇注温度和快的浇注速度。

（5）改善铸件的局部散热条件。如合理组模，每组多件时，使蜡模之间保持适当距离；

每组单件时，则尽量使热节处于模组的边缘。再如，铸件的凹角处散热条件较差，必要时，在制壳过程中采用加冷铁（以黄铜和不锈钢为宜，因碳钢在型壳焙烧时，产生氧气使其结合不牢）等工艺措施，改善铸件（或型壳）局部冷却条件，提高补缩能力，减少和消除缩孔。

（6）适当增加压力头高度。补缩的压力头越高，补缩的效果越好。但一般铸件的补缩距离随着铸件厚度的增加，相对有效补缩距离缩短。所以，有时只靠增加冒口的直径和高度是无法实现有效补缩的。因为冒口过高，只补缩了本体的下半部，铸件中仍有二次缩孔。为此，常采用保温冒口和加覆盖剂配合。覆盖剂能最大限度地延缓冒口中金属液的凝固时间，防止铸件表面结壳形成二次缩孔。

七、B212 凹角缩孔

1. 概述

（1）特征：在铸件的凹角处形成不规则的缩孔。

（2）成因：在铸件最后凝固的凹角处，得不到金属液的充分补缩，而形成了缩孔。

（3）部位：出现在铸件最后凝固的凹角处。

（4）图例：见图 2-22～图 2-24。

图 2-22 凹角缩孔

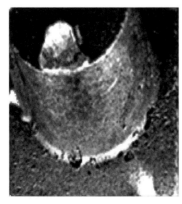

图 2-23 凹角缩孔外观

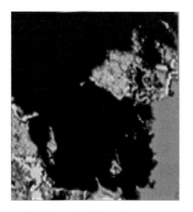

图 2-24 凹角缩孔剖面×16

2. 产生原因

（1）铸件凹角处圆角设计不合理。铸造圆角太小或太大。太小，使铸件厚薄过渡太快，不利于补缩；太大，又形成了新的热节，同样也不利于补缩。

（2）铸件凹角处的散热条件差。铸件的凹角处散热条件较差，如图 2-25。铸件和型壳的凹角处冷却缓慢，产生了凹角缩孔。

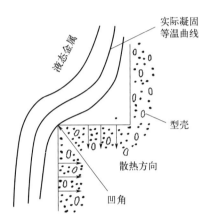

图 2-25　凹角冷却示意图

（3）浇注系统设计不当，R 角区域缺乏有效补缩设计，未形成补缩通道。

3. 防治措施

（1）改进铸件的结构。改进铸件的结构，适当加大铸造圆角，以利于铸件的顺序凝固和充分补缩。

（2）改善铸件凹角处的散热条件，使凹角处充分补缩。合理组模，每组多件时，使蜡模之间保持适当距离；每组单件时，则尽量使热节处于模组的边缘。再如，制壳过程中，采取在型壳的凹角处加冷铁（以黄铜和不锈钢为宜，因碳钢在型壳焙烧时，产生氧气使其结合不牢）等工艺措施，加速型壳凹角处的冷却，提高补缩能力，减少和消除凹角缩孔。

（3）改进浇注系统，改进浇注工艺。改进浇注系统，如适当地增加内浇口的截面或位置或数量，满足补缩要求。浇注采用高温熔炼、低温浇注，先快后慢再补浇方法，以利于铸件凹角处顺序凝固和充分补缩。

八、B221 内部缩孔

1. 概述

（1）特征：在铸件热节处的内部，出现形状不规则、表面粗糙的缩孔。

（2）成因：铸件在金属液收缩时，热节内部冷凝较晚，得不到充分补缩而产生了缩孔。

（3）部位：孤立热节处，或补缩通道不畅处。

（4）图例：见图 2-26。

2. 产生原因

（1）铸件结构设计不合理。见"外露缩孔"的"产生原因"之（2）。

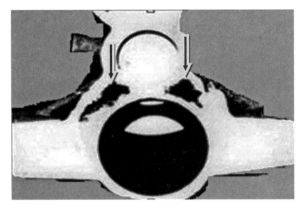

图 2-26　内部缩孔

（2）浇注系统设计不合理，浇冒口的补缩能力不足。见"外露缩孔"的"产生原因"之（1）。

（3）金属液的收缩率大。见"外露缩孔"的"产生原因"之（3）。

（4）浇注工艺不当。见"外露缩孔"的"产生原因"之（4）。

（5）局部散热条件差。见"外露缩孔"的"产生原因"之（5）。

（6）金属液的压力头高度不够。见"外露缩孔"的"产生原因"之（6）。

3. 防治措施

（1）改进铸件结构设计。见"外露缩孔"的"防治措施"之（2）。

（2）改进浇注系统设计，提高浇冒口的补缩能力。见"外露缩孔"的"防治措施"之（1）。

（3）减少金属液的收缩率。见"外露缩孔"的"防治措施"之（3）。

（4）改进浇注工艺。见"外露缩孔"的"防治措施"之（4）。

（5）改善铸件局部散热条件。见"外露缩孔"的"防治措施"之（5）。

（6）适当增加金属液的压力头高度。见"外露缩孔"的"防治措施"之（6）。

九、B222 缩松

1. 概述

（1）特征：在铸件最后凝固的部位，存在肉眼可见的很多细小、分散、形状很不规则、孔壁粗糙的孔洞，叫缩松。

（2）成因：铸件同时凝固，在其最后凝固的部位，得不到金属液的补缩而形成的分散、细小的孔洞。

（3）部位：在铸件的最后凝固处，如热节、浇冒口附近等。

（4）图例：见图 2-27、图 2-28。

2. 产生原因

（1）铸件结构不合理或浇注系统设计不当，不利于顺序凝固和补缩。浇注系统设计不合理，或铸件结构不合理，铸件不能实现顺序凝固和有效补缩，就会在铸件最后凝固处产生缩松。

见"外露缩孔"的"产生原因"之（2）、（1）。

图 2-27　轴向缩孔与缩松

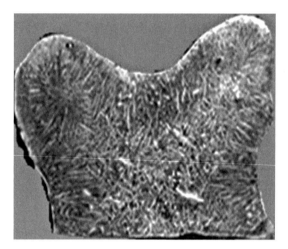

图 2-28　晶间缩松

（2）型壳散热条件差。型壳的散热条件不好，使铸件的冷却缓慢；造成铸件截面的温度梯度小，几乎达到同时凝固，而不能得到充分补缩。

见"外露缩孔"的"产生原因"之（5）。

（3）金属液的浇注工艺不当。浇注时金属液的温度过高，使铸件的冷却缓慢，易形成缩松；浇注时金属液的温度过低，降低了金属液的流动性和补缩能力，也易形成缩松。选择合适的浇注温度需要结合生产实践而定。

见"外露缩孔"的"产生原因"之（4）。

（4）金属液的凝固温度范围宽，或金属液的含气量较大。金属液的热导率越大，铸件截面上的温度梯度越趋于平缓，凝固区域也越宽；铸件处于凝固区域的时间越长，树枝晶就越发达，使铸件与浇注系统相通的液相区不断地缩小，补缩的通路变窄，金属液流动的阻力增大，补缩困难，使铸件内增加了缩松倾向。

当熔炼、浇注时，脱氧不充分或除气不良，会使金属液中的含气量较大。在固相＋液相的凝固区域里，枝晶界面或夹杂是形成气泡核的部位，一旦形成气泡将阻碍金属液的补缩，产生缩松。

3. 防治措施

防止铸件产生缩松的基本原则是：使铸件形成顺序凝固。其主要措施如下：

（1）改进铸件的结构，以利于铸件的顺序凝固和进行充分的补缩。正确设计浇注系统，如适当增加压力头高度，压力头越高，金属液的流动越快，补缩的效果越好。

见"外露缩孔"的"防治措施"之（2）、（1）。

（2）选用导热性良好的型壳材料，或改善铸件冷却条件，加快铸件冷却速度。使铸件沿截面的温度梯度加大，形成顺序凝固，有利于补缩。

见"外露缩孔"的"防治措施"之（5）。

（3）在熔炼、浇注过程中，充分脱氧、除气，以减少气体对凝固收缩的影响。

（4）选择合适的浇注工艺。浇注温度过高，使其液态收缩增加；过低，使浇注系统过早地凝固，失去补缩的作用，从而也增加缩孔的体积。对于大型模组宜采用"先快后慢，再补浇"的办法，以利于铸件的顺序凝固和浇冒口对铸件的补缩。生产中还常采用：顶注时用高的浇注温度和慢的浇注速度；底注时用低的浇注温度和快的浇注速度。

见"外露缩孔"的"防治措施"之（4）。

十、B223 疏松

1. 概述

（1）特征：在铸件缓慢凝固区域，存在肉眼看不到的、用低倍放大镜才能看到的枝晶间的微小疏松孔洞。疏松，也称为显微疏松。

（2）成因：在铸件最后凝固的枝晶间，缓慢凝固区域得不到金属液的充分补缩而形成的微小孔洞。

（3）部位：铸件最后凝固的枝晶间，或枝晶内。

（4）图例：见图 2-29。

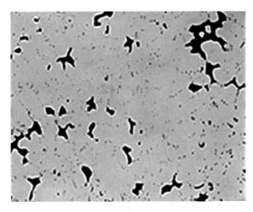

图 2-29　组织疏松×100

2. 产生原因

（1）铸件结构不合理或浇注系统设计不当。见"缩松"的"产生原因"之（1）。

（2）型壳散热条件差，铸件几乎同时凝固，不能充分补缩。见"缩松"的"产生原因"之（2）。

（3）金属液的浇注工艺不当。见"缩松"的"产生原因"之（3）。

（4）金属液的凝固温度范围宽，或金属液的含气量较大。见"缩松"的"产生原因"之（4）。

3. 防治措施

（1）改进铸件的结构，正确设计浇注系统。见"缩松"的"防治措施"之（1）。

（2）改善型壳散热条件。见"缩松"的"防治措施"之（2）。

（3）严格控制金属液的浇注温度。见"缩松"的"防治措施"之（4）。

 【常见缺陷解析案例 2-1】 熔模铸件气孔缺陷成因及其防治

1 概述

气孔是熔模精密铸件常见的缺陷之一。

气孔是气体在铸件内部或表面形成的表面光滑的孔洞。按照气体的来源，气孔一般可以分为析出气孔、针孔、侵入气孔、皮下气孔和卷入气孔。

铸件产生气孔，不仅增加了产品成本，还影响了正常的生产周期和交货期，严重影响了公司的效益和信誉。因此，防治气孔缺陷是熔模精密铸造工作者的主要任务之一。

2 析出气孔

2.1 什么是析出气孔

溶解在金属液中的气体，在金属液冷却凝固的过程中，由于溶解度的降低要析出气体，如果析出来的气体没有逸出铸件而在其内部形成气孔，该气孔就叫作析出气孔，如图 2-30。

图 2-30 析出气孔

2.2 析出气孔的特征

铸件内部或表面有细小、密集和光亮的孔洞。

往往在一炉的全部铸件或大部分铸件中都存在这种气孔，在铸件最后凝固处、冒口附近或铸件的"死角"处较多。

2.3 析出气孔产生的机理

2.3.1 气体在金属液中的溶解

金属液溶解气体的过程，可以分为吸附和扩散两个过程。

吸附：气体分子撞击到金属液的表面上，某些气体（如氢气、氮气、氧气等）分子由于与金属原子间有一定亲和力，它们就会在金属表面离解为原子，然后在化学键的作用下被吸附到金属表面，这种吸附方式叫作"化学吸附"。这是金属液吸收气体的主要过渡阶段。

扩散：被化学吸附在金属表面的气体原子，继续渗入到金属内部，这个过程叫做"扩散"。气体扩散到金属内部并保留在其中，就叫作溶解。

在一定的温度、压力条件下，金属溶解气体的饱和浓度叫做该条件下气体的溶解度。

气体的溶解度与压力、温度、金属和气体的种类有关，对于一定成分的金属来说，影响气体溶解度的主要因素是压力和温度。

金属液中气体危害主要来源于氧气、氢气和氮气。对于这些双原子气体而言，如果不考虑金属蒸气压的影响，气体的溶解度与温度和压力的关系可以用下式表示：

$$S = m\sqrt{P}e^{-\frac{Es}{2RT}}$$

式中　S——气体溶解度，$cm^3/100g$；

$\quad\quad m$——常数，取决于金属和气体的性质；

$\quad\quad P$——外界气氛中气体的分压力，$mmHg$；

$\quad\quad e$——自然对数的底，2.718；

$\quad\quad Es$——气体的溶解热，Cal/g；

$\quad\quad R$——气体常数，8.314J/（mol·K）；

$\quad\quad T$——绝对温度，K。

由上式可知：当温度不变时，气体的溶解度与压力的平方根成正比；当压力不变时，气体的溶解度与温度的关系取决于溶解热的符号，大多数金属溶解气体时都吸收热量，所以溶解度随温度升高而增加。如图 2-31 和图 2-32。

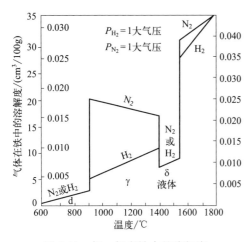

图 2-31　氢、氮在铁中的溶解度

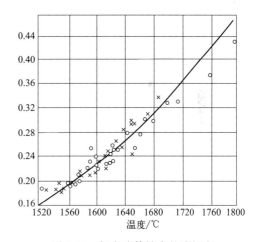

图 2-32　氧在液体铁中的溶解度

从图 2-31 和图 2-32 中可以看出，金属由固态转变为液态时，金属吸气的可能性最大，这个突变与铸件中的气孔有密切的关系。

2.3.2　气体在金属中析出，以及析出气孔产生的机理

金属液随着温度的升高而溶解更多的气体，这个过程是可逆的，即已经溶解了气体的金属液在温度降低时，气体会从金属液中析出来成为分子状态的气体。当金属液为1600℃时，氧的溶解度为0.23%，1535℃时为0.17%，而在室温时仅为0.04%，氮、氢的溶解度也随温度的降低而急剧下降。

如果气体借助于金属液中的夹杂物或大量结晶体的表面建立核心，金属液内过饱和的气

体就向气泡扩散，核心不断长大，在气泡经过的路径上气体不断向气泡中扩散，小气泡汇合成大气泡，其上升的速度越来越快，气泡上升的速度符合斯托克斯定律：

$$V_{浮}=\frac{2g(\gamma_{金}-\gamma_{气})r^2}{9\eta}$$

式中　$V_{浮}$——上浮速度；

　　　g——重力加速度；

　　　η——金属液动力黏度系数；

　$\gamma_{金}$、$\gamma_{气}$——分别为金属和气体的重度；

　　　r——气泡的半径。

由上式可知：气泡越大，金属与气体的重度差越大，金属液的黏度越小，上浮的速度就越大，越有利于气泡的排除。

如果气泡能顺利地逸出铸件，就不会形成气孔；如果气泡遇到型芯等因素的阻挡，或由于冷却过程中金属液的黏度不断增高而不能上浮，就会在铸件中形成析出气孔。

2.4　析出气孔的成因

2.4.1　金属液溶解了大量的气体

① 炉料不干净。

炉料不干净，含有水分、油垢和铁锈，这些物质在高温下能分解成气体，如 1% 的铁锈在高温下能生成比炉料体积大 20 倍的气体。一个单位体积的水被加热到 100℃，变成水蒸气，在压力保持不变的情况下，体积增大 1700 倍；加热到 1000℃ 的高温，能分解为原子氢和原子氧；继续加热到金属液浇注的温度，这时产生的气体体积比原来水的体积增大 7000 倍。这些都增大了金属液的含气量。

另外，多次熔炼的回炉料使用过多，也会增加金属液的含气量。炉料中配有 5% 的废钢时，铸件无气孔缺陷；当炉料中配有 25%～45% 的废钢时，铸件气孔急增。

② 与金属液接触的渣棒、样勺和浇包，以及熔炼时加入的铁合金等烘烤不充分，含有潮气等，也会使金属液的含气量增加。

2.4.2　熔炼工艺不当，使气体在金属液中的溶解度增加

① 熔炼时覆盖剂没覆盖全金属液表面，使金属液与炉气长时间直接接触。这增加了金属液吸附气体的机会，使气体在金属液中的溶解度增加。

② 熔炼时间过长。

气体在金属液中的溶解分为吸附过程和扩散过程。覆盖剂没覆盖全金属液的表面，使吸附气体增加；但这些气体分子要扩散到整个金属体积中去是需要一定时间的。如果熔炼时间短，扩散就不能充分地进行，就不能达到平衡状态，使实际含气量低于平衡状态下的含气量，如图 2-33。

③ 熔炼温度高。

有时为了提高金属液的流动性而使金属液的温度过高。温度越高，气体在金属液中的溶解度越大。

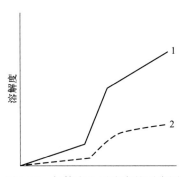

图 2-33 气体在金属液中的平衡图

注：曲线 1 是指平衡时气体在金属液中的溶解度；

如果缩短熔炼时间，其实际的吸气量如曲线 2 所示，

可以减少吸气量。

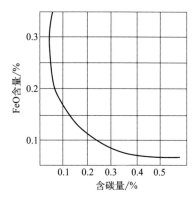

图 2-34 金属液中 FeO 的含量与碳的关系

④ 脱氧不充分，静置时间不够。

氧在金属液中主要是以化合物（能溶解于金属液或不能溶解于金属液）状态存在，如 FeO、MnO、SiO_2、Al_2O_3 等，还有各种硅酸盐，再有以 CO、CO_2 气体状态存在。

金属液中 FeO 的含量随着含碳量的增加而降低，其关系曲线如图 2-34。

虽然金属液中含氧量不多，但当氧化物与碳在金属液内部发生化学反应时，却能产生大量的气体。如：

$$FeO+C \Longrightarrow Fe+CO \uparrow$$

如果有 0.001% 的氧化物发生作用，所产生 CO 气体的体积却可以占金属液体积的 40%，因此脱氧不充分的金属液是不能浇注的。

脱氧充分的金属液静置的时间短时，不利于夹杂物和气体的上浮与排除。

2.5 防治措施

2.5.1 减少气体进入金属液的机会

① 炉料要妥善保管，使用前潮湿的炉料应烘干，表面不洁净的炉料需喷丸处理，即要求炉料无水、无油垢、无锈。

配料时，应限制多次熔炼回炉料的使用比例。

② 与金属液接触的渣棒、样勺在使用前应烘好，熔炼时加入的各种合金和浇包应烘烤充分。铁合金经 700℃ 烘烤，浇包烘烤至暗红色。

2.5.2 选择合理的熔炼工艺，减少气体在金属液中的溶解度

① 在熔炼过程中，始终使覆盖剂盖全金属液的表面，尽量减少气体与金属液表面直接接触的机会。

② 尽量缩短熔炼时间，减少不必要的金属液过热度。

③ 脱氧充分，并静置一定的时间。

熔炼生产中，脱氧的目的是：降低金属液中的氧含量并排除金属液中的脱氧产物。脱氧的程度取决于脱氧元素的脱氧能力强弱和脱氧产物由金属中排出的完全程度。

脱氧的方法有两种：扩散脱氧和沉淀脱氧。熔模铸造生产中常采用沉淀脱氧，就是把脱

氧剂直接投入到金属液内。

常用的脱氧剂是锰铁、硅铁和铝。加入的顺序为：

先加锰铁，反应式如下：

$$[Mn]+(FeO)\Longrightarrow[Fe]+(MnO)$$

根据计算，在金属中有 0.1%Mn 时，与之平衡的氧可达 0.173%，所以锰铁为弱脱氧剂，同时其脱氧能力随着温度的升高而降低；但是，由于 MnO 可以与其他的氧化物形成低熔点物质，有利于夹杂物的去除，所以用作预脱氧。

再加硅铁，硅铁是强脱氧剂，反应式如下：

$$[Si]+2[O]\Longrightarrow SiO_2$$

生成的 SiO_2 与 MnO 结合成复盐，$MnO\text{-}SiO_2$ 很容易上浮。脱氧后，金属液要静置 $2\sim3min$，以利于夹杂物的上浮。

为使金属液充分脱氧，熔模铸造生产中常采用在浇包中加入金属液重量的 0.03%～0.05% 的铝进行补充脱氧或称二次脱氧。当铸件中铝的残留量≥0.03%～0.05%时，铸件中的析出气孔基本消除。

2.5.3 采取必要的工艺措施，使金属液在浇注前尽量排除气体

① 加入某种元素，使其和金属液中的气体形成不溶于金属液的稳定化合物。如在金属液中加入适量的钛，使钛和氮生成稳定的化合物 TiN，如图 2-35，从而去除所溶解的氮。

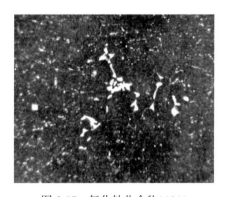

图 2-35　氮化钛化合物×100

② 加入稀土元素，因为稀土元素有良好的脱氧作用，只要选择合适的加入工艺（主要是加入方法、加入量），就能达到预期的效果。

③ 必要时可采用真空除气法。即在浇注前把金属液放在真空罐中一段时间，这时由于外界气氛中的气体分压降低，就会使金属液内部的气体析出压力大于外界气氛中的分压力，从而为气体析出创造了条件。另外，外界压力低，有利于气泡核的形成和气泡的上浮，可以使气体迅速地排出。

此外，还可采用超声波振动、机械振动、加熔剂处理等排气方式。

2.5.4 阻止气体的析出

① 增加铸件的冷却速度。

增加铸件的冷却速度会使气体来不及析出而过饱和地溶解在金属中，从而避免产生气

孔，如图 2-36。

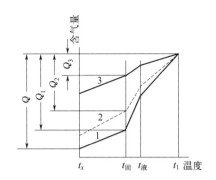

图 2-36　冷却速度对含气量的影响

1—缓慢冷却（平衡曲线）；2—中速冷却；3—快速冷却

图 2-36 中，实线表示溶解度与温度的关系。当温度为 t_1 时，气体在金属液中的溶解度为 Q，如果铸件缓慢冷却，则按实线析出气体，凝固完毕时析出的气体量为 Q_1，如果冷却较快，气体原子来不及扩散，则会按虚线或点画线析出气体，这样凝固完毕时析出的气体量分别如 Q_2 或 Q_3，而且冷却越快，析出的气体量越少。由此可见，提高铸件冷却速度可以减少气体的析出，正如同一个铸件，放置冷铁的部位气孔很少产生或不产生，就是这个道理。

② 压力下凝固。金属液注入型壳后，若提高外界气氛的压力，就会阻碍气体的析出和气泡核的形成，从而迫使气体过饱和地残留在金属中。

2.5.5　改进浇注工艺

适当地提高金属液的浇注温度，提高浇注速度，以利于气泡的上浮与排除。

2.5.6　改进浇注系统

以利于气泡的上浮与排除。

3　针孔

针孔一般为针头大小的分布在铸件表面上的析出气孔，如图 2-37。它是铝合金铸件中常见的一种气孔，是析出气孔的另外一种表现形式。

针孔的产生机理、成因和防治与析出气孔相同（略）。

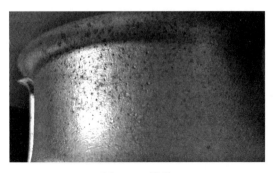

图 2-37　针孔

4 侵入气孔

4.1 概述

4.1.1 什么是侵入气孔

浇注时，由于金属液对型壳（或型芯）产生剧烈的热作用，使其中的水分、黏结剂和有机物等产生大量的气体。这些气体一部分通过透气的型壳逸出；一部分进入金属液中，如果这部分气体未能逸出，在铸件中产生的气孔就叫侵入气孔。如图 2-38、图 2-39。

图 2-38　侵入气孔 1　　　　　　　　　　图 2-39　侵入气孔 2

4.1.2 特征

在铸件的局部产生，气孔的尺寸较大，孔壁光滑，呈圆形、扁平形或梨形。如果是梨形，它的小头所指的方向是气孔侵入的方向。

4.1.3 部位

在一炉铸件中，侵入气孔是个别铸件在局部产生的，常靠近型壳或型芯的表面处。

4.1.4 机理

浇注时，金属液对型壳（或型芯）产生剧烈的热作用，使其迅速地加热到接近金属液的温度。由于其中水分的蒸发，有机物等的燃烧和挥发，产生了大量的气体［图 2-40（a）、（b）］。随着气体量的增加和气体温度的升高，气体压力猛烈增大，部分气体通过型壳逸出，另一部分气体就进入金属液中，如图 2-40(c)。当铸件凝固，维持图 2-40(d) 时，就会

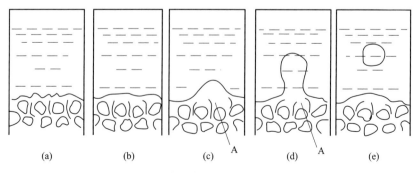

| (a) | (b) | (c) | (d) | (e) |

图 2-40　侵入气孔形成过程示意图

在接近铸件的表面处形成梨形的气孔。当铸件冷凝较慢，进入金属液中的气泡上浮，如图 2-40(e)，气体可能逸出，或以圆形气孔形式残留在铸件中。

4.2　产生原因

4.2.1　型壳焙烧不良

型壳的焙烧温度低或时间短，使型壳焙烧不良，型壳中残存水分、盐或有机物等。浇注时，这些物质被金属液迅速加热而产生了大量的气体。

4.2.2　型壳的透气性差

透气性是指气体通过型壳的能力。型壳的透气性主要取决于型壳的紧实程度，因此，黏结剂的性质与含量、耐火材料的粒度与质量等是影响型壳透气性的主要因素。

生产实践证明，耐火材料中的粉尘较多，型壳的加固层不规则，都会降低型壳的透气性。有时生产中为了增加型壳的高温强度，而增加型壳的层数，其实，对提高型壳强度有利的因素，往往对提高型壳的透气性来说是不利的因素。

4.2.3　金属液与型壳的表面发生化学反应

一般认为金属液脱氧不良而残留的氧化亚铁或金属液与型壳发生化学反应而生成的氧化亚铁，都能与金属液中的碳发生如下反应：

$$[FeO] + [C] \rightarrow [Fe] + CO \uparrow$$

另外金属液与型壳中的水汽反应：

$$[Fe] + H_2O(气) \rightarrow [FeO] + 2[H]$$

使金属液中富集氧化亚铁和氢。

上述反应产生的气体，或通过型壳逸出，或进入铸件中，当不能上浮被排除时，就形成了气孔。

4.2.4　浇注工艺不当

当金属液的浇注温度低时，其黏度大，不利于已经进入铸件中的气体上浮并逸出。浇注时速度慢，金属液的静压力增加慢，不利于迫使已经形成的气体通过型壳逸出。

4.2.5　浇注系统设计不当或浇注位置选择不合理

不利于已经进入铸件中的气体顺利地上浮并逸出。

4.3　防治措施

4.3.1　选择合理的焙烧工艺，使型壳焙烧充分。

型壳焙烧的主要任务之一是：从型壳中驱除易挥发的物质（如残留模料、水分、盐及碳氢化合物等），进一步提高型壳的质量。生产经验表明：型壳焙烧的好坏可以从其外观特征来判断。

焙烧好的型壳应及时浇注使用，如果存放时间过长，浇注前需再次焙烧。

4.3.2　增加型壳的透气性

根据型壳的工作条件，对其性能要求是：强度高、透气性好、热物理性能好、热稳定性和高温下化学稳定性好等。在满足其它性能要求的前提下，可以用较粗的、粒度较集中的圆形砂，适当减少型壳层数，在型壳的加固层中适当加入木灰、木屑等，都能有效地增加型壳的透气性。同时，清除型砂中的粉尘也有利于增加型壳的透气性。

生产经验表明：希望型壳的透气性由里向外不断地增加，当采用面层、加固层砂时，加固层砂的透气性要高于面层砂的透气性，以利于产生的气体顺利地通过型壳逸出。

4.3.3 提高金属液的质量

如前所述，提高金属液的质量主要是：

① 尽量减少气体进入金属液的机会；

② 选择合理的熔炼工艺，尽量减小气体在金属液中的溶解度。

4.3.4 选择合理的浇注工艺

如快速浇注，迅速增加金属液的静压力，迫使已经产生的气体顺利地通过型壳逸出；但是，通过加快浇注速度来防止气体的侵入是有限的，浇注速度过快，可能引起冲砂。

提高金属液的浇注温度，使其黏度下降，有利于侵入金属液中的气体上浮并逸出。

众所周知，气体侵入金属液是从浇注开始，到金属液结壳这段时间内产生的，所以，如果金属液结壳快，气体能侵入金属液的这段时间就短，气体侵入的机会就少。同理，薄壁件金属液结壳较快，就不容易形成侵入气孔；相反，厚壁件金属液结壳较慢，虽然气体已经侵入，但有可能逸出，也不容易形成侵入气孔。这些就需要针对具体铸件，根据生产经验来灵活运用。

4.3.5 改进浇注系统设计和选择合适的浇注位置

必要时开设排气孔，以利于气体排出。

说明：卷入气孔见 B121；皮下气孔见 B123。

 【常见缺陷解析案例 2-2】 熔模铸件缩孔类缺陷成因及其防治

1 概述

缩孔、缩松类缺陷是熔模精密铸件常见的缺陷之一。

1.1 特征

熔模铸造的生产特点是：当灼热的钢液浇注到高温的型壳中，铸件不断冷却凝固直到室温，将产生液态收缩、凝固收缩和固态收缩三种收缩；其中液态收缩和凝固收缩就决定了在铸件最后凝固的地方产生缩孔和缩松。

在铸件最后凝固的地方出现表面粗糙不平、形状不规则，可以看到发达的树枝状结晶的大而集中的孔洞，把它叫作集中缩孔。

缩孔露在铸件的外部，叫外露缩孔，如图 2-41；在铸件的内部形成的缩孔，叫内部缩孔，如图 2-42；在铸件凹角处产生的缩孔，叫凹角缩孔，如图 2-43。

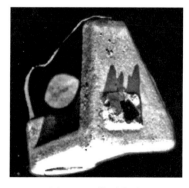

图 2-41 外露缩孔

图 2-42 内部缩孔

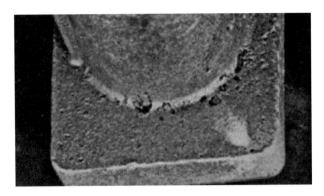

图 2-43　凹角缩孔

综上所述，外露缩孔、内部缩孔、凹角缩孔产生的主要原因基本相同，只是表现的形式不同。

1.2　部位

缩孔产生在铸件最后凝固并且得不到充分补缩的部位，它常产生在铸件的热节、壁厚处。缩孔产生的部位还与内浇口在铸件上开设的部位、铸件上各部分不同的散热条件、浇注系统对铸件散热的影响以及同一模组上各铸件相互位置对散热的影响等因素有关。可以用画凝固等温线或画内切圆法估计缩孔的部位；也可以解剖铸件，确定铸件是否产生缩孔及其部位；更可以利用计算机软件——铸造工艺分析系统，洞观金属液充型凝固过程，预测铸件产生的缩孔、缩松缺陷。

1.3　机理

1.3.1　铸件从浇注温度冷至室温的收缩

铸件从浇注温度冷至室温，将会经历液态收缩、凝固收缩和固态收缩三个阶段，以 ZG270-500 为例，如图 2-44。

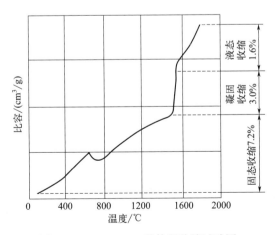

图 2-44　ZG270-500 的体积收缩试验图

① 液态收缩：金属液从浇注温度降到液相线温度时，金属液处于液态，在此期间发生的收缩叫液态收缩。它的液态体收缩率可以用下列公式表示，即：

$$\varepsilon V_{液} = \alpha V_{液}(t_{浇} - t_{液}) \times 100\%$$

式中 $\varepsilon V_{液}$——液态体收缩率；

        $\alpha V_{液}$——金属液从浇注温度 $t_{浇}$ 降到液相线温度 $t_{液}$ 的平均体收缩系数，碳钢一般取 $1.6 \times 10^{-4}/℃$；

    $t_{浇} - t_{液}$——金属液在浇注时的过热度，℃。

$\alpha V_{液}$ 与金属液的温度和化学成分有关，如图 2-45。

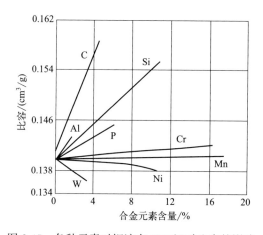

图 2-45   各种元素对钢液在 1600℃时比容的影响

② 凝固收缩：

当金属液从液相线温度降到固相线温度时，在此期间发生的收缩叫凝固收缩。它的凝固体收缩率 $\varepsilon V_{凝}$ 与含碳量有关，如表 2-4。对于中碳钢一般取 $\varepsilon V_{凝} = 3\%$。

表 2-4   含碳量对钢的凝固体收缩率的影响

含碳量/%	0.10	0.35	0.45	0.70
$\varepsilon V_{凝}$/%	2.0	3.0	4.3	5.3

③ 固态收缩：

金属液从固相线温度降到室温所发生的收缩叫固态收缩，其固态体收缩率和线收缩率可用下式表示，即：

$$\varepsilon V_{固} = \alpha V_{固}(t_{固} - t_{室}) \times 100\%$$
$$\varepsilon = \alpha(t_{固} - t_{室}) \times 100\%$$

式中 $\varepsilon V_{固}$、ε——固态体收缩率、线收缩率；

      $\alpha V_{固}$、α——固态体收缩系数、线收缩系数；

        $t_{固}$——固相线温度，℃；

        $t_{室}$——室温，℃

金属液的固态线收缩率一般取其体收缩率的 1/3，常取 2.4%，它与含碳量有关，如

表 2-5；它与其它元素的关系如图 2-46 所示。

表 2-5　钢的固态线收缩率与含碳量的关系

含碳量/%	珠光体前收缩率 ε 珠前 /%	共析膨胀率 $\varepsilon r \rightarrow \alpha$ %	珠光体后收缩率 ε 珠后 /%	固态线收缩率 ε /%
0.08	1.42	0.11	1.16	2.47
0.14	1.51	0.11	1.06	2.46
0.35	1.47	0.11	1.04	2.40
0.45	1.39	0.11	1.07	2.35
0.55	1.35	0.09	1.05	2.31
0.90	1.21	0.01	0.98	2.18
备注	Mn= 0.55%~0.80%；Si= 0.25%~0.40%			

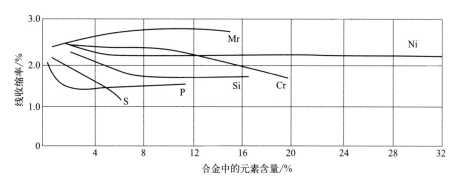

图 2-46　元素对钢的固态线收缩率的影响

综上所述，钢从浇注温度冷至室温，它的总体收缩率为：

$$\varepsilon V_{总} = \varepsilon V_{液} + \varepsilon V_{凝} + \varepsilon V_{固}$$

以 ZG270-500 为例，当金属液的过热度为 100℃ 时，测定结果为：$\varepsilon V_{液} = 1.6\%$，$\varepsilon V_{凝} = 3\%$，$\varepsilon V_{固} = 7.2\%$。

则 $\varepsilon V_{总} = 1.6\% + 3\% + 7.2\% = 11.8\%$。

当然在实际生产中，金属液在冷凝的过程中，如果有气体析出，形成缩松等缺陷，使内部组织不够致密时，体收缩率要减小。另外，铸件在冷凝过程中，要受到型壳、型芯以及铸件本身结构的影响，实际的收缩率比自由收缩率要小。

1.3.2　缩孔形成的机理

金属液浇入型腔，其大部分热量是通过型壳传导出去，使型壳与金属液之间形成温度梯度，如图 2-47。随着温度的降低，金属液的最外层温度首先降到液相线以下，表面就有薄层金属液最先凝固，并且凝固层逐渐向内发展、加厚，最终达到铸件的整个截面都凝固完毕。

现以圆柱体铸件为例，如图 2-48。

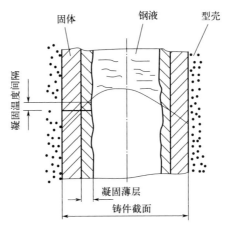

图 2-47　铸件上的温度梯度

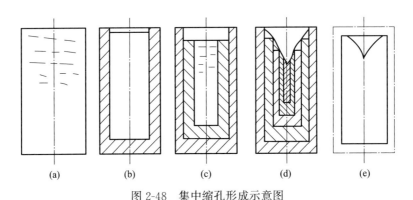

图 2-48　集中缩孔形成示意图

（a）金属液浇入型腔，并与型腔的高度齐平；（b）由于型壳散热，与型腔接触处的金属液温度首先降到液
相线以下，凝固成一层很薄的外壳，外壳中间的金属液因降温而产生液态收缩，使液面下降；（c）随着
温度的降低，外壳逐渐加厚，由于液态收缩和凝固收缩造成的体收缩大于已凝固外壳的固态收缩，所以，
在重力的作用下，液体与顶面脱开，逐渐下降，出现了较大的孔洞；（d）铸件完全凝固，在其上部保留了一
个近似倒圆锥形的集中缩孔；（e）由于铸件在冷却中的固态收缩，铸件的外形和该缩孔的体积都稍有缩小。

2　成因

2.1　浇注系统设计不合理

浇注系统设计不合理，不利于铸件在冷凝过程中的顺序凝固和充分补缩。

所谓铸件顺序凝固就是根据金属液的凝固特点和铸件的结构特征，制定合理的工艺措施
来有效地控制金属液的凝固过程，以明显的顺序性向浇冒口的方向凝固，用较晚凝固部分的
金属液充分补缩相邻的稍早凝固的部分，中间不受阻碍，最后用浇冒口中的金属液补缩与它
靠近的铸件上最晚凝固的部位，把缩孔转移到铸件本体之外的浇冒口中去，然后切掉浇冒
口，从而获得致密完整的铸件。

如果浇注系统设计不合理，铸件不能实现顺序凝固和有效补缩，就会在铸件最后凝固处
产生缩孔，如图 2-49。

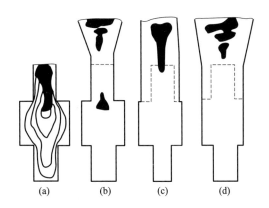

图 2-49　冒口对铸件产生缩孔的影响

（a）用画等温线法确定，铸件凝固后，中、上部有缩孔；（b）铸件安置冒口，上部缩孔转移到冒口中，但中部仍残留缩孔；

（c）加粗冒口，中部缩孔也转移到冒口中去，但铸件的上部仍有伸入的缩尾；

（d）冒口适当加粗和上部加斜度，铸件中完全消除缩孔。

2.2　铸件结构设计不合理

① 铸件的截面尺寸变化太大，薄截面凝固的速度比相连的厚截面快，从而影响了铸件的顺序凝固，使铸件难以得到充分补缩。

② 得不到补缩的孤立的厚截面。

③ 铸造圆角太小或太大。太小，使铸件厚薄过渡太快，不利于补缩；太大，又形成了新的热节，同样也不利于补缩。

④ 对于"以铸代锻""以铸代焊"的零件，没有根据零件的技术条件，结合铸造工艺特点加以重新设计，不利于补缩。

2.3　金属液的液态收缩率和凝固收缩率大

① 金属液的液态收缩率越大，则铸件形成缩孔的容积也越大。

对于在凝固过程中不发生体积膨胀的金属液，以及在冷却过程中得不到补缩的情况下，由上述公式可知：$\varepsilon V_{液}$ 与 $\alpha V_{液}$ 和（$t_{浇}-t_{液}$）均成正比。如果不具备上述两个条件，就要具体问题具体分析。

例如，在浇注系统具有补缩能力的情况下，虽然降低浇注温度（过热度）可以减少液态收缩，但是它将降低浇注系统的补缩能力，甚至可能因为浇注温度过低而使浇注系统过早地凝固，失去补缩作用，导致缩孔的体积增大。如果适当地提高浇注温度（过热度），虽然使铸件的液态收缩增大，但是能提高浇注系统的补缩能力，往往有利于补缩而使铸件缩孔的体积缩小。

② 金属液的凝固收缩率（$\varepsilon V_{凝}$）越大，则铸件形成缩孔的容积也越大。另外，由于金属液在熔炼过程中的脱氧不充分，在凝固期要析出气体，如果这些气体不能聚集上浮或进入铸件内已形成的缩孔中，就会分散在树枝晶之间的小孔中，从而减少凝固收缩，并使缩孔的体积减小，但却使缩松区扩大。

2.4　浇注条件不当，如浇注速度越快，缩孔的体积就越大

在浇注过程中，如果铸件不发生局部凝固，浇注的速度越快，则金属液的散热时间就越

短，浇注完毕时，型腔中金属液的温度相应就高，增加了金属液的液态收缩，使缩孔的体积增大；更重要的是，浇注的速度越快，浇注的时间越短，先浇入的金属液发生液态收缩和凝固收缩，后浇入金属液的补缩量也越少，铸件内最终产生缩孔的体积就会相应地增大。

2.5　型壳的冷却能力越差，缩孔的体积越大

型壳的冷却能力越差，型腔内金属液的冷却和凝固速度就越慢。先浇入金属液产生的收缩被后浇入金属液所补缩的量越少，最终的缩孔体积就越大；如果能有效地控制铸件的冷却速度，使它的凝固时间等于浇注时间，则铸件凝固后就不会产生缩孔，这就是连续铸锭的原理。

2.6　型壳的局部散热条件差

如铸件的凹角处凝固较晚，当得不到补缩时，就会形成凹角缩孔。

2.7　补缩的压力头高度不够

压力头高度不够会使金属液的流动速度减慢，补缩的效果不好，在铸件得不到补缩的部位就产生了缩孔。

3　防治措施

防止铸件产生缩孔的基本原则是：使铸件形成顺序凝固，把缩孔、缩松残留在浇注系统中。其主要措施与本章第二节六.B211外露缩孔介绍的防治措施相同。浇注时，金属液温度与型壳温度对补缩的影响可参考图 2-50。有效补缩范围与壁厚 e 的关系曲线如图 2-51 所示。

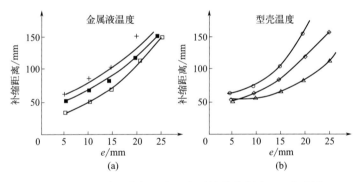

图 2-50　金属液温度与型壳温度对补缩的影响（e 为壁厚）

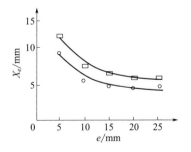

图 2-51　有效补缩范围与壁厚 e 的关系曲线

4　小结

① 减少或排除缩孔缺陷的基本原则是使铸件实现顺序凝固。

② 在实际生产中，要实现铸件顺序凝固，就要从下述几个方面考虑：

a. 铸件本身的结构是否合理。

b. 浇注系统的设计是否正确。

c. 为了弥补上述两项的不足，可调整加工余量或采用补贴法；使铸件上先凝固的部位金属液温度低，散热条件较好，后凝固的部位金属液温度高，散热条件较差。

d. 再从型壳温度、浇注条件等方面加以配合，以实现铸件的顺序凝固。

③ 铸件实现顺序凝固，容易在铸件的不同部位存在较大的温差，从而使铸件出现残余应力，甚至导致铸件产生变形或裂纹。

④ 减少或排除铸件产生缩孔和缩松缺陷的诸多方法是互相联系的，需要认真分析，细致研究，做出多种方案，在生产实践中反复验证，才能达到预期的效果。

5　案例

如某种设备上一个关键熔模铸件（16kg）的使用寿命要求进尺万米以上，实际上进尺3000～4000m 就磨损失效，不仅增加了客户的使用成本，同时影响了工厂的销售和双方的经济效益。

经检验，是熔模铸件磨损面存在严重的缩孔与缩松，降低了其耐磨性，导致早期失效，如图 2-52。

图 2-52　缸体熔模铸件的缩孔和轴向缩松

稀土元素可以提高金属液的流动性和增加补缩能力，降低缩孔和缩松，改善铸造工艺性能和提高铸件的力学性能；稀土元素在钢中有净化、变质和合金化作用。

5.1　确定材质与化学成分

ZG20CrMnMoRe 的化学成分如表 2-6。

表2-6　材质与化学成分

材质	化学成分							
	C	Si	Mn	Cr	Mo	P	S	Re
ZG20CrMnMoRe	0.15~0.25	0.40~0.75	0.90~1.20	1.10~1.40	0.20~0.30	≤0.04	≤0.04	0.15

注：Re为加入量。

5.2　稀土元素的加入工艺

5.2.1　加入方法

在500kg无芯工频感应电炉（酸性炉衬）中，试验了三种加入方法。试验结果表明：采用浇包冲入法较好，它能得到较高的回收率及较稳定的稀土残留量，铸件的力学性能较稳定。试验结果如表2-7所示。

表2-7　稀土加入方法与结果

加入方法	稀土回收率/%	稀土残留量/%
炉中插入法	随着浇注时间的延长而减少	随着浇注时间的延长而减少
炉中投放法	15~25	0.02~0.04
浇包冲入法	50~80	0.08~0.12

5.2.2　加入量

加入量要"适当"。多则钢质变坏；少则起不到应有的作用。

据资料介绍，稀土元素的加入量按S·K·Lu提出的公式估算：

Re加入量＝5.85([O]原始－[O]残留)＋2.93([S]原始－[S]残留)＋Re残留

该公式对生产有一定的指导意义，但是没有考虑到稀土元素的烧损量。稀土元素的加入量应满足四方面的要求：脱氧、脱硫、烧损和残留。

为探索稀土元素的较佳加入量，选用同炉金属液，采用浇包冲入法，分别在浇包中加入不同重量的稀土1#合金（0、0.15%、0.30%和0.40%），得到四种单根成形试样。

试样经900~920℃×1小时正火，650~680℃×2小时回火，920~940℃×14小时表面渗碳，830~850℃×20分钟淬火，180~200℃×1小时回火，其力学性能如表2-8。

表2-8　稀土元素加入量与力学性能一览表

稀土加入量/%		0	0.15	0.30	0.40
强度/(kgf/mm²)	1-a	217	236	243	234
	2-a	212	312	319	288
冲击韧性/(kg·m/cm²)	1-b	1.08	1.58	1.63	1.50
	2-b	3.07	5.17	5.73	3.8

注：1—ZG20CrMnMo；2—ZG20CrMnMoRe。

从提高铸件质量、降低成本、提高经济效益等方面综合考虑，采用浇包冲入法，加入稀土1#合金0.15%为宜。这时稀土元素的回收率为50%~80%，残留量为0.08%~0.12%。

5.3 浇注铸件与试样

采用同炉金属液分别浇注不加稀土元素的 ZG20CrMnMo 铸件和试样，以及加入稀土 1# 合金（浇包冲入法，加入量为 0.15%）的 ZG20CrMnMoRe 铸件和试样。

5.3.1 铸件

浇注 ZG20CrMnMoRe 铸件时，稀土元素与金属液中的气体形成稀土化合物，使金属液凝固前少析出或不析出气体，同时增加补缩能力，从而减少了铸件因气孔产生的缺陷；还增加了铸件的致密性，大大地减轻了缩松程度。如表 2-9。

表 2-9 浇注结果一览表

缸体类别	浇注数	废品数	组织致密性
添加稀土元素	15	0	硝酸腐蚀可见轻微缩松
不添加稀土元素	10	2	硝酸腐蚀可见缩孔、缩松严重

5.3.2 化学成分

如表 2-10。

表 2-10 化学成分

材质	化学成分/%							Re 残留量
	C	Si	Mn	Cr	Mo	S		
						加 Re 前	加 Re 后	
ZG20CrMnMo	0.24	0.35	1.00	1.32	0.23	0.029		0
ZG20CrMnMoRe		0.57				0.029	0.015	0.102

5.3.3 力学性能

试样经正火、回火处理后，分别加工成弯曲、冲击和磨损试样的毛坯。再经渗碳、淬火、回火处理后（热处理工艺同前），加工成试样，其力学性能如表 2-11，磨损试验结果如表 2-12。

表 2-11 力学性能结果一览表

材质	力学性能			
	抗弯强度/MPa		冲击韧性/($J \cdot cm^{-2}$)	
	真渗碳	假渗碳	真渗碳	假渗碳
ZG20CrMnMo	187	218	1.2	2.2
ZG20CrMnMoRe	198	288	1.8	6.4

表 2-12 试样磨损试验结果一览表

材质	ZG20CrMnMo	ZG20CrMnMoRe
硬度 HRC	59~61	60~62

转数	5000	20000	40000	5000	20000	40000
失量/g	0.2087	1.7770	3.7872	0.1557	1.2368	3.2678
减少尺寸/mm	0.0825	0.3360	0.8810	0.0500	0.2250	0.7170

注：上述数据为五块试样的平均值。

力学性能试验表明：ZG20CrMnMoRe 比 ZG20CrMnMo 的抗弯强度有所提高；冲击韧性提高很大，真渗碳（代表渗碳层组织）提高 50%，假渗碳（代表心部组织）提高近 3 倍。

磨损试验说明：ZG20CrMnMoRe 比 ZG20CrMnMo 耐磨性提高 10%～20%。

5.3.4　矿山寿命试验

实测缸体寿命是在××铁矿进行了装机试验。

试验条件：岩石硬度　$F=12\sim16$；

　　　　　风压　　　　$5\sim6 kgf/cm^2$；

　　　　　水压　　　　$5\sim7 kgf/cm^2$。

寿命试验结果如表 2-13。

表 2-13　进尺记录表

时间	6月	7月	8月	9月	10月	11月	12月	1月	2月	3月	合计
1#	1000	1148.5	766	2267.5	1112.5	2016	1882	1228.3	965.5	745.5	13131.7
2#	1020	1183	233	1237	134.2	1357.5	1389	635.5	1514	774.7	10675.7

经过十个多月的矿山寿命试验，2 个 ZG20CrMnMoRe 的试验缸体进尺都超过万米，是原 ZG20CrMnMo 缸体寿命的 2 倍以上，收到了预期的效果。

此后，在添加稀土 1# 合金的基础上，又通过减小缸体的壁厚尺寸，减少机加工（车削和磨削）余量等措施，不仅提高了熔模铸件缸体的合格率，而且使缸体的使用寿命大幅度提高，是原来的 3 倍以上。这项试验成果，已纳入正常生产工艺。

第三节　C 裂纹、冷隔类缺陷

裂纹、冷隔类缺陷的子分类及名称见下表：

缺陷类别	缺陷分组	缺陷子组	具体缺陷	缺陷名称
C	C1 裂纹类	C11 铸造应力产生的裂纹	C111	热裂纹
			C112	冷裂纹
			C113	缩裂
		C12 热处理应力产生的裂纹	C121	热处理裂纹
	C2 其它类	C21 冷隔与脆断	C211	冷隔
			C212	脆断

一、C111 热裂纹

1. 概述

（1）特征：宏观：热裂纹是在高温下形成的，裂纹表面与空气接触并被氧化而呈暗褐色或黑色，裂纹呈不规则弯曲状。微观：热裂纹沿晶界发生与发展，裂纹的两侧有脱碳层并且裂纹附近的晶粒粗大，伴有魏氏组织。

（2）成因：铸件在收缩时受到机械阻碍产生了收缩应力，在固相转变时产生了相变应力，以及铸件壁厚不均、存在温差产生的热应力，这三种应力统称为铸造应力。

当铸件在高温时产生的铸造应力超过此时合金材料的强度极限时出现的裂纹称为热裂纹。

（3）部位：在铸件的壁厚差较大、存在尖角或沟槽等应力集中处。

（4）图例：见图 2-53～图 2-56。

图 2-53　宏观热裂纹

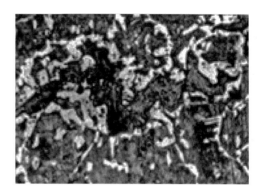

图 2-54　微观热裂纹×100

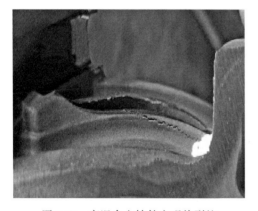

图 2-55　高温合金铸件宏观热裂纹

图 2-56　高温合金铸件宏观热裂纹 X 射线底片显示

2. 产生原因

铸件产生热裂纹的根本原因：一是合金强度低，二是铸造应力大。具体如下：

（1）合金强度低

① 金属液的熔炼质量不能达到要求。如金属液的含硫量过高，或夹杂物过多，均造成合金高温强度低，易导致铸件产生热裂纹。

② 选材不当，合金的热裂倾向性大。

（2）铸造应力大

① 铸件的结构不合理。

a. 结构不合理，如壁厚相差较大、热节较多且较大、壁厚薄的转角处圆角太小或呈尖角/沟槽等时，产生应力集中，易导致铸件产生热裂纹。

b. 铸件的壁厚不匀，导致铸件冷却速度不一样。薄壁处先冷凝，并且有一定的强度，它对厚壁处的冷凝收缩起到阻碍作用。当阻力超过此时厚壁处合金的强度极限时，就产生热裂纹。

② 型壳退让性差。影响型壳退让性的因素有：黏结剂的类型和性能、耐火材料、硬化剂种类和制壳工艺等。

产生热裂纹不仅与型壳退让性的大小有关，更重要的是与型壳退让性产生的时间有关。如水玻璃型壳：当采用石英砂（粉）作为耐火材料制壳时，在加热至573℃时由β-石英转变为α-石英，这时随着多晶转化体积骤然膨胀，线膨胀值达1.4%（如图2-57），对型壳的热稳定性影响最大；至于573℃以上的多晶转化，由于进行得很缓慢，需要较长的时间，程度也较轻微，故对型壳的热稳定性影响不大。

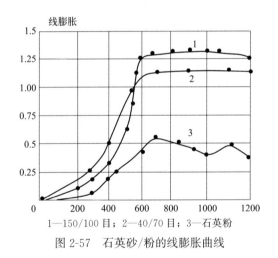

1—150/100 目；2—40/70 目；3—石英粉

图 2-57　石英砂/粉的线膨胀曲线

③ 浇注系统设计不合理。

浇注系统设计不合理，浇冒口可能造成铸件收缩时的热阻碍和机械阻碍，使铸件靠近内浇口附近产生很大的应力，铸件靠近内浇口处凝固较晚，冷却较慢容易引起热裂纹。

内浇口设置在铸件肥厚处，使铸件顺序凝固，利于补缩；却使铸件上的热量分布不均匀，产生较大的温度梯度，铸件收缩不一致，易产生热裂纹。

④ 浇注工艺不当。浇注时，型壳的温度太低，退让性差；或浇注速度过快，使铸件承受过大的铸造应力。

3. 防治措施

防止产生热裂纹的主要措施：

（1）提高合金强度

① 合理选材。一般情况下，铸件的材质由客户确定；如果双方可以协商，选材时尽量选择热裂倾向性小的合金材料。

② 保证熔炼质量。在材质不变的情况下，只能保证熔炼质量。如硫是金属中有害的元素之一，当含硫量过高时，硫化物以链状共晶形式分布，塑性很低，易引起热裂纹。在熔炼时加入适量的强脱硫剂，如稀土元素等，其脱硫效果明显。

随着分布在金属晶界上低熔点夹杂物的增多，金属强度和塑性下降较多，促使产生热裂纹。熔炼时应选用干净、清洁的炉料，采用合理的熔炼工艺，严格执行操作规程，才能保证熔炼质量。

（2）减少铸造应力

① 改进铸件结构。

a. 铸件断面尺寸平稳过渡，壁厚尽量均匀，必要时，增设工艺孔或工艺筋等；防裂纹工艺筋 δ（筋的厚度）$=0.25\sim0.35\delta_1$（δ_1 为设筋处的铸件壁厚），$\delta>2\text{mm}$。

b. 适当地增大铸造圆角，避免铸件存在尖角、棱角等易引起应力集中之处。

为避免铸件在转角处产生裂纹，应将其设计成圆角，熔模铸造的最小圆角是 1mm。

② 提高型壳的退让性。提高型壳的退让性，以减少收缩阻碍，有利于减少热裂倾向；在型壳满足高温强度的情况下，应尽量减少型壳的层数；也可将加固层黏结剂的密度适当调低；或在型壳第三层以后的各层中加入适量的木屑等，以增加型壳的退让性。

产生热裂纹更与型壳退让性产生的时间有关。当采用石英砂（粉）作为耐火材料制壳，浇注时必须使型壳温度高于 573℃（573℃以上的多晶转化，进行缓慢，程度较轻，对型壳的热稳定性影响不大），使石英型壳具有较好的退让性。

确保浇注时的金属液温度与型壳温度合理搭配，提高型壳的退让性。

③ 改进浇注系统设计。改进浇冒口或内浇口的设计，使铸件均匀冷凝，减少铸件的铸造应力。

分散内浇口使金属液从几处进入型腔，能分散热应力，减少铸件收缩时的热阻碍和机械阻碍，防止或减少产生热裂纹。

改变内浇口位置，使铸件同时凝固，铸件各处的温度均匀，冷凝较一致，可以减少或防止铸件产生热裂纹。

④ 选择合理的浇注工艺。对于薄壁件宜采用较高的浇注温度和较快的浇注速度，使铸件温度很快趋向均匀，防止局部过热；同时使铸件冷凝较慢，减少铸件的收缩应力，从而减少或防止产生热裂纹。

对于厚壁件宜采用较低的浇注温度和较慢的浇注速度，使铸件温度很快趋向均匀。如果厚壁件也采用高的浇注温度和快的浇注速度，则金属液的收缩大、晶粒粗化，更易使铸件产生热裂纹；严重时使铸件同时形成热裂纹和缩孔（如果两个缺陷在同一个部位，即为缩裂）。

有的单位在型壳第三层及以上的各层中加入适量的木屑等或在保证型壳高温强度（以浇注时不跑火为限）的情况下，减少型壳的层数，提高型壳退让性，减少或消除铸件热裂纹。

二、C112 冷裂纹

1. 概述

（1）特征：铸件上有较直的、穿晶的，甚至延伸到铸件的整个端面的、有金属光泽的裂纹。

（2）成因：铸件凝固后，在较低的温度下产生的铸造应力大于此时的材料强度极限时，就会产生冷裂纹。

（3）部位：在铸件的壁厚差较大、存在尖角/沟槽等处。

（4）图例：见图 2-58～图 2-60。

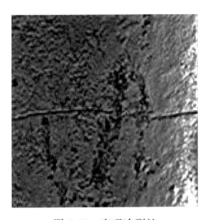
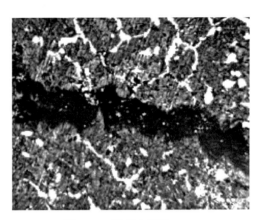

图 2-58　宏观冷裂纹　　　　　　　　图 2-59　微观冷裂纹×100

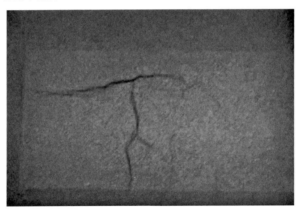

图 2-60　宏观冷裂纹 X 射线底片显示

2. 产生原因

（1）铸件结构设计不当。铸件断面尺寸急剧变化，壁厚差过大；或铸件有尖角、棱角、沟槽等时，这些部位容易产生应力集中；当铸件冷却收缩产生的铸造应力超过此处合金强度极限时，铸件易产生冷裂纹。

（2）铸件冷却速度过快。铸件冷却速度过快，产生的铸造应力大，当超过此时合金强度极限，铸件冷却时易产生冷裂纹。

（3）金属液的熔炼质量差。金属液的化学成分中磷的含量高，容易使铸件产生冷裂纹。

（4）铸件受机械损伤。清理铸件时，受到机械的外力损伤，容易使铸件产生冷裂纹。

3. 防治措施

（1）改进铸件结构。改进铸件结构设计，使其截面尺寸平滑过渡、壁厚尽量均匀；消除铸件的尖角、棱角，或增设工艺筋等，避免应力集中；降低铸件冷却时的铸造应力。

（2）控制铸件的冷却速度。采取措施降低铸件的冷却速度，以减小铸造应力。

（3）提高熔炼质量。采用含磷少的炉料；采用合理的熔炼工艺，减少杂质的含量，提高金属液的质量。

（4）改善清理铸件操作。去除浇冒口时，不能采用冲击力过大的方法；铸件矫正前应预热，矫正后应退火。

三、C113 缩裂

1. 概述

（1）特征：铸件上有收缩引起的不规则裂纹，裂纹的下面是缩孔，可以看到明显的树枝状结晶。

（2）成因：铸件在凝固收缩时产生了收缩拉应力，当应力大于此时的合金强度极限时，就会产生缩裂。

（3）部位：常出现在铸件冷却较晚的壁厚不均匀、热节过多或过大、凹角处。特别是在变截面并容易产生收缩拉应力的部位。

（4）图例：见图 2-61、图 2-62。

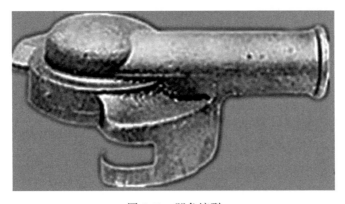

图 2-61 凹角缩裂

2. 产生原因

（1）浇注系统及铸件结构设计不合理。见"外露缩孔"的"产生原因"之（1）、（2）。

（2）型壳退让性差。铸件在冷凝过程中，收缩受到型壳阻碍时产生了收缩应力；当收缩应力大于铸件此时的强度极限，又得不到金属液的充分补缩时，产生了缩裂。影响型壳退让性的因素有：黏结剂的类型和性能、耐火材料、制壳工艺和硬化条件等。

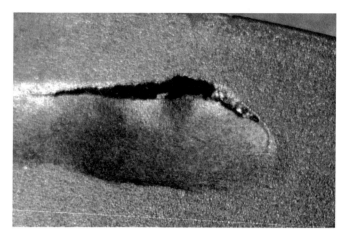

图 2-62　平面缩裂

需要特别指出的是，产生缩裂不仅与型壳退让性的大小有关，更重要的是与型壳退让性产生的时间有关。见"热裂纹"的产生原因之（2）。

3. 防治措施

（1）改进铸件结构设计，合理设置浇注系统，以利于铸件顺序凝固和补缩，如：

① 有效补缩；

② 消除收缩拉应力。

（2）提高型壳的退让性，以减少收缩阻碍，有利于减少缩裂倾向；在型壳满足强度要求的情况下，应尽量减少型壳的层数；对个别情况特殊的铸件，可将加固层涂料的黏度适当调低，或在型壳第三层以后的各层中加入适量的木屑等，提高型壳的退让性。

四、C121 热处理裂纹

1. 概述

（1）特征：铸件热处理后产生穿透或不穿透的、有氧化色的裂纹。

（2）成因：铸件在淬火过程中产生的应力大于此时的材料强度极限时，产生了热处理裂纹。

（3）部位：在铸件的壁厚差较大、存在尖角/沟槽等处。

（4）图例：见图 2-63、图 2-64。

2. 产生原因

（1）铸件选材不当

① 碳是影响铸件淬裂的重要因素，碳含量增加，其 Ms 点（马氏体开始形成的温度，称为马氏体开始转变点）降低，淬裂倾向性大。

② 合金元素对淬裂倾向性的影响主要体现在对淬透性、Ms 点等的影响。一般来说，淬透性增加，淬裂性也增加。

③ 过热敏感性强的材料，其淬裂的倾向性大，易产生淬裂。

图 2-63　宏观热处理裂纹

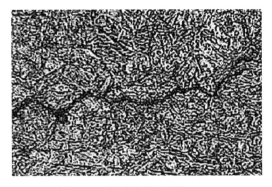

图 2-64　微观热处理裂纹×500

（2）结构不合理

① 断面尺寸急剧变化的铸件，热处理时产生较大的应力而容易淬裂。

② 当铸件有尖角、棱角、沟槽等时，这些部位容易产生应力集中，从而导致淬裂。

③ 铸件形状因素造成其冷却速度极不均匀，产生较大的应力差，导致淬裂。

（3）工艺参数不当或操作有误或热处理炉不良。当加热温度、保温时间、加热介质、冷却介质、冷却方法和操作方式等选择不当时，如铸件加热速度过快或冷却速度过快，或加热时过热或过烧；其中任何一项出现差错，都可能导致铸件热处理时产生裂纹。热处理炉不能满足铸件热处理需要时也容易导致铸件产生裂纹。

（4）铸件未进行预先热处理，残留较大的内应力。在铸件热处理过程中，原有的残留应力进一步增大，导致铸件产生淬裂。

（5）铸件残留微小的裂纹，热处理过程中使裂纹加深、扩大。淬火冷却过程中，只有当马氏体转变达到一定的数量时，裂纹才能产生。而此时的温度较低，大约低于 250℃；在这种温度下产生的裂纹，在裂纹的两侧不能产生脱碳和出现明显的氧化；应该是铸件淬火前残留的微裂纹，在铸件热处理过程中，进一步扩大并有脱碳氧化现象。

3. 防治措施

（1）合理选材

① 在满足铸件基本性能如强度、硬度等的前提下，应尽量选用较低的含碳量，以保证不易淬裂。

② 选用对 Ms 点影响较小的材料（即淬透性好的材料，其淬裂性也强）时，为了避免淬裂，可以采用冷却能力较弱的冷却介质，防止铸件淬裂。

③ 尽量选用过热敏感性弱的材料，其淬裂的倾向性不大，不易产生淬裂。

（2）改进铸件结构

① 铸件断面尺寸均匀，壁厚均匀，必要时增设工艺孔、工艺筋等，减少热处理时产生的应力。

② 避免尖角、棱角、凹槽等，这些部位应采用圆角平缓过渡，尽量减少、减小产生应力集中之处。

③ 避免同一铸件冷却时产生过大的差异，以减少各处的应力差，避免淬裂。

（3）选择合理的热处理工艺参数，严格执行操作规程，并确保热处理炉满足工艺要求。根据铸件的材质，选择合理的热处理工艺参数。

避免铸件加热升温过快或冷却过快，避免铸件加热时过热或过烧。适当降低升温速度或采用分段升温；改变冷却介质，降低冷却速度。

确保热处理设备的正常运转；确保热工仪表的准确性，并在有效期内；严格执行操作规程。

（4）铸件淬火前，应进行预先热处理，消除铸件中残留的内应力。常用正火进行预先热处理。

（5）必要时，加强铸件在热处理前的检验。例如，对铸件在热处理前进行探伤或 X 射线检查，合格品才能进行后续的热处理。

五、C211 冷隔

1. 概述

（1）特征：铸件上有未完全熔合的接缝，其交接边缘呈圆弧状。

（2）成因：浇注时，两股金属液的交汇处没有熔合在一起。

（3）部位：金属液交汇处。

（4）图例：见图 2-65～图 2-67。

图 2-65　碳钢铸件的冷隔

2. 产生原因

（1）浇注时金属液的充型能力低。浇注时金属液的温度低，或型壳的温度低，或两者都低；这将影响金属液的流动性和充型能力，易在金属液的汇合处产生冷隔。

（2）浇注系统设计不合理。浇注系统设计不合理，使金属液在型壳中充型时间太长；或压力头高度不够，降低金属液的充型能力；或浇注系统的横截面尺寸小，不利于金属液充型。

（3）浇注操作不当

① 浇注时产生断流，或金属液充型过程中产生紊流或分流，使汇合处没有完全熔合。

② 浇注时的速度太慢，降低了金属液的充型能力。

③ 浇注过程中金属液产生二次氧化，降低了金属液的流动性和充型能力等。

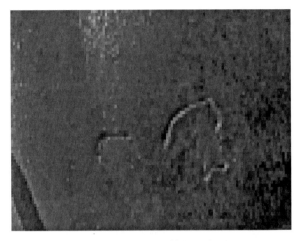

图 2-66　高温合金铸件的冷隔

图 2-67　叶片冷隔照片

3. 防治措施

（1）提高浇注时的金属液充型能力。适当地提高浇注时的金属液温度、型壳温度，并保证浇包温度，使三者同时满足工艺要求。

（2）改进浇注系统设计。适当地增加压力头高度；增加浇注系统的横截面与内浇口数量、位置等，以缩短浇注时金属液在型腔中的充型时间，提高金属液的充型能力。

（3）改进浇注操作

① 浇注时使金属液连续、平稳地进入型腔；并且避免断流现象，避免紊流或分流。

② 适当提高浇注速度，提高金属液的充型能力。

③ 浇注时，浇包中事先放入覆盖剂，防止金属液的二次氧化；必要时在可控气氛下浇注，提高金属液的流动性和充型能力等。

六、C212 脆断

1. 概述

（1）特征：铸件的断口晶粒粗大、呈银灰色且有金属光泽。

（2）成因：铸件强度的薄弱处受到外力作用，而产生的断裂。

（3）部位：铸件强度的最薄弱处。

（4）图例：见图 2-68、图 2-69。

2. 产生原因

熔炼时，铸件化学成分不合格：

① 炉料和炉衬中含硼量较高，融入金属液，形成低熔点网络状的硼化物共晶，合金产生"硼脆"。

② 铸件中的残留铝量过高，形成沿晶界析出的氮化铝，引起合金脆性断裂。

③ 含磷量超标，引起合金的冷脆性。

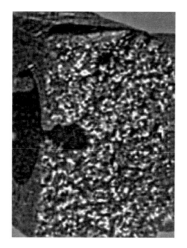
图 2-68　宏观断口

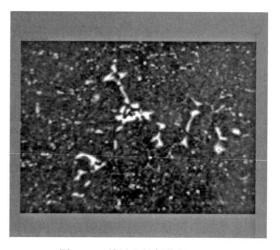
图 2-69　晶界上的氮化铝×100

3. 防治措施

提高熔炼质量，保证化学成分：

① 改进筑炉工艺，补炉时，严格控制硼酸用量，使金属液中的含硼量≤0.005%。

② 严格控制终脱氧用铝量，可采用硅、钙、铝联合脱氧代替单一的铝脱氧；残留铝为0.03%～0.065%。

③ 选用含磷量较低的优质炉料。

 【常见缺陷解析案例 2-3】　熔模精密铸件热裂纹缺陷成因与防治

1　概述

热裂纹是熔模精密铸件常见的缺陷之一。

1.1　什么是热裂纹

熔模精密铸件的生产特点是灼热的金属液浇注到高温的型壳中，铸件冷却凝固直到室温，将产生三种应力，即铸件在收缩时受到机械阻碍产生了收缩应力，在固相转变时产生了相变应力，以及由于铸件壁厚不均、存在温差产生了热应力，这三种应力统称为铸造应力。

当铸件在高温时产生的铸造应力超过此时合金材料的强度极限，即抗拉强度时产生的裂纹称为热裂纹。它常发生在铸件最后凝固并且容易产生应力集中的部位，如热节、拐角或靠近内浇口等处。它分为内裂纹和外裂纹。内裂纹产生在铸件内部最后凝固的地方，有时与晶间缩孔、缩松较难区别。外裂纹（如图 2-70）在铸件的表面可以看见，它开始于铸件的表面，由大到小逐渐向内部延伸，严重时裂纹将贯穿铸件的整个断面。

铸件产生热裂纹，不仅增加了产品成本，还影响了正常的生产周期和交货期，严重影响了公司的效益和信誉。因此，如何防治热裂纹缺陷是熔模精密铸造工作者的重要课题之一。

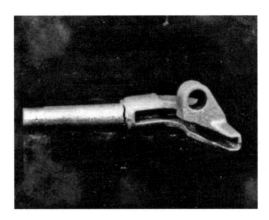

图 2-70 铸件的热裂纹

1.2 热裂纹的特征

1.2.1 宏观特征

由于热裂纹是在高温下形成的，因此裂纹的表面与空气接触并被氧化而呈暗褐色甚至黑色，同时热裂纹呈弯曲状而不规则。

1.2.2 微观特征

热裂纹沿晶界发生与发展，裂纹的两侧有脱碳层并且裂纹附近的晶粒粗大，伴有魏氏组织。

1.3 热裂纹形成的温度范围

熔模铸钢件的热裂纹到底是在什么温度下发生的，长期以来说法不一。到目前为止归纳起来仍有两种：

其一，热裂纹是在凝固温度范围内接近于固相线温度时形成的，此时合金处于固-液态；

其二，热裂纹是在稍低于固相线温度时形成的，此时合金处于固态。

有人对碳钢铸件热裂纹形成的强度范围进行了研究。用 X 射线拍摄的办法，将铸件形成热裂纹的温度范围记录下来（如图 2-71）。不管碳钢铸件含碳量多少，形成热裂纹的温度范围都在固相线附近。

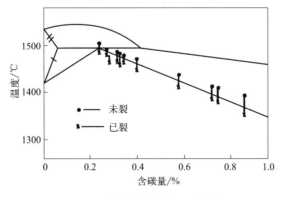

图 2-71 热裂纹形成的温度范围

1.4 热裂纹的形成机理

由于对热裂纹形成的温度范围有两种说法，因此对热裂纹形成机理就相应地派生出两种观点。

其一：液膜理论。铸件在冷凝过程中，当接近固相线时，合金的大部分结晶，但在结晶体周围还有少量未凝固的液体，形成一层液膜。此液膜越接近固相线越薄。当铸件收缩受到阻碍时，液膜被拉伸。当拉伸量和拉伸速度超过某一限度时，液膜就被拉裂，使铸件产生热裂纹。如图 2-72。

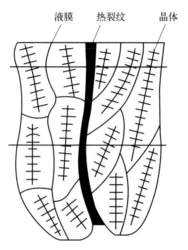

图 2-72　液膜被拉断形成热裂纹

其二：强度理论。铸钢在高温时的强度与塑性都很低（如图 2-73、图 2-74）。当铸件所承受的应力（主要是收缩应力和热应力）超过该温度下合金的强度和塑性极限时就会产生热裂纹。

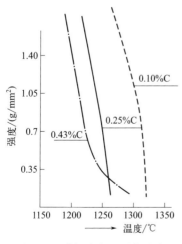

图 2-73　碳钢在高温下的强度

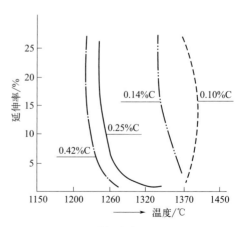

图 2-74　碳钢在高温下的塑性

注：图 2-73、图 2-74 的试样直径为 25.4mm，所有温度均为表面温度。

用液膜理论可以解释铸件在冷凝末期，即接近固相线时产生的热裂纹；但无法解释铸件在凝固以后产生的热裂纹。

用强度理论解释铸件在凝固以后产生的热裂纹就很使人信服；同时，也可以用它来解释铸件在凝固末期产生的热裂纹，即晶粒之间存在液膜时，而该处的强度和塑性又极低，当铸件所承受的应力超过此时的材料强度和塑性极限时，就产生了热裂纹。

2　产生原因

热裂纹是在高温条件下，由于铸件冷凝时收缩受到阻碍而产生的；因此产生熔模铸件热裂纹的主要原因是：

① 铸件在高温时的强度和塑性低。

② 铸件的铸造应力大。

3　防治措施

3.1　提高铸件在高温时的强度与塑性

3.1.1　合理选材

选材是一项极为复杂的技术和经济问题。所谓合理选材就是选用的材质应该同时满足铸件的使用性、工艺性和经济性。对于铸件而言，其工艺性不仅包括加工工艺性，更重要的是铸造工艺性（热裂性、流动性和收缩性等）。如果该材质的铸造工艺性能不佳，热裂倾向性大，那么，浇注出来的铸件产生热裂纹的废品率就高。

3.1.2　保证熔炼质量

在铸钢成分中，最有害的化学成分是硫。当含硫量大于 0.03%，以 0.05% 的临界铝含量脱氧，硫化物以链状共晶形式分布时，合金塑性很低，易产生热裂纹。在熔炼时，可以加入适量的强脱硫剂稀土元素，以减少合金中的含硫量。只要稀土元素的加入工艺合理，其脱硫效果为 40%～50%，并且稀土元素能细化晶粒，改变夹杂物的形态与分布，从而减轻了热裂纹的程度（指裂纹的大小与深浅）和减少了热裂纹的数量。

另外，分布于铸钢晶界的低熔点夹杂物将降低它的强度和塑性，并且随着夹杂物的增多，强度和塑性下降较大，促使形成热裂纹。在熔炼时，应选用干净、清洁的炉料，采用合理的熔炼工艺，加强操作，才能保证熔炼质量。

3.2　提高型壳的退让性，减小铸造应力

3.2.1　铸件的结构

铸件的结构与其形成热裂纹的关系很大。结构不合理，如壁厚相差较大、热节较多而且较大、壁厚薄的转角处圆角太小或呈尖角引起应力集中等，这些均引起热裂纹的产生。

铸件的壁厚不匀，导致铸件的冷却速度不一样。薄壁处先冷凝，并且有一定的强度，它对厚壁处的冷凝收缩起到阻碍作用（使厚壁处收缩时受到拉应力）。当阻力超过此时厚壁处合金的强度极限时，就产生热裂纹。

铸件壁厚薄的转角处圆角太小或呈尖角，引起应力集中，促使热裂纹的产生；圆角太大，又出现新的热节。因此，应通过实验选择适当的铸造圆角。

3.2.2　浇注系统

浇冒口的设置可能造成铸件收缩时的热阻碍和机械阻碍。铸件在靠近内浇口的部位，凝固较晚、冷却较慢；因此，铸件在此薄弱的部位容易出现热裂纹。如果将内浇口分散，使金属液从几处进入型腔，就能分散热应力，减少铸件收缩时的热阻碍和机械阻碍，防止或减少热裂纹的产生。

为了使熔模铸件顺序凝固，以利于补缩，而把内浇口设置在铸件肥厚处。这使铸件上的热量分布极不均匀，产生较大的温度梯度，铸件收缩很不一致，易造成热裂纹。这就需要改变内浇口的位置，使铸件由顺序凝固变为同时凝固。铸件各处的温度均匀，冷凝较一致，可以减少或防止铸件形成热裂纹。这样做可能减少了热裂纹，却可能使铸件产生缩孔和缩松。

3.2.3　浇注工艺

浇注工艺（浇注温度和浇注速度）对铸件产生热裂纹的影响比较复杂。一般来说，对于薄壁件宜采用较高的浇注温度和较快的浇注速度。这可以使铸件温度很快趋向均匀，防止局部过热；同时可以使铸件冷凝较慢，减少铸件的收缩应力，从而减少或防止热裂纹的产生。对于厚壁件宜采用较低的浇注温度和较慢的浇注速度。如果厚壁件也采用高的浇注温度和快的浇注速度，则金属液的收缩大、晶粒粗化，更易使铸件产生热裂纹；严重时将使铸件同时形成热裂纹和缩孔（如果两个缺陷出现在同一个部位，即为缩裂）。

3.2.4　型壳的退让性

铸件在冷凝过程中收缩受到型壳的阻碍时产生了收缩应力，收缩应力的大小直接影响到铸件是否产生热裂纹；因此，提高型壳的退让性非常重要。型壳的退让性好，则铸件收缩时的阻力小，形成热裂纹的可能性小。

有的单位在型壳第三层以上的各层中加入适量的木屑等或在保证型壳高温强度（以浇注时不跑火为限）的情况下，减少型壳的层数，提高型壳退让性，减少热裂纹。

这里需要特别指出的是，产生热裂纹不仅与型壳退让性的大小有关，更重要的是与其退让性产生的时间有关。例如，要使石英型壳具有较好的退让性，就必须使型壳在浇注时的温度高于573℃。反之，金属液注入型腔使型壳温度迅速上升，体积急剧膨胀；铸件冷凝收缩时，产生很大的应力，易形成热裂纹。

4　生产实例

4.1　锁紧圈

锁紧圈（如图2-75）是某设备上的一个熔模精密铸件。材质ZG270-500；采用以石英砂（粉）为耐火材料，以水玻璃为黏结剂的高强度型壳；每组12件（如图2-76）。原浇注时型壳温度为180～200℃，结果因热裂纹而报废的铸件很多，据两个月的不完全统计废品率平均为56.6%，最高一炉的废品率为94.7%。

从图2-75可以看出：锁紧圈在凝固过程中A处是热节，此处冷凝较晚、速度较慢，铸件收缩受到型壳的阻碍，产生了热应力和收缩应力。在浇注时型壳的温度较低，恰在铸件冷凝收缩时，型壳受热急剧膨胀，使应力再次增加；再加上A处有尖角产生应力集中，故此处非常容易产生热裂纹，使铸件废品率很高。

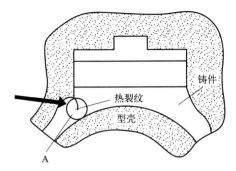

图 2-75 锁紧圈热裂纹示意图（注：A处产生热裂纹）

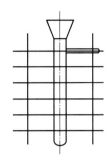

图 2-76 锁紧圈的浇注系统

4.1.1 实验过程与结果

在 500kg 无芯工频感应炉（酸性炉衬）中进行熔炼。炉料选用 45 钢料边和 ZG270-500 返回料（按照工艺要求）。当炉温升至 1580～1600℃（光学高温计，未校正）时，用铝终脱氧。控制钢液的浇注温度为 1540～1560℃。

型壳经 860～880℃×2h 焙烧，出炉后在不同的时间（因无法检测浇注时的型壳温度，而采用时间），即 3min、5min、8min 和 12min 开始浇注锁紧圈。

目视检验结果如表 2-14。

表 2-14 开始浇注时间与锁紧圈热裂纹的数量

化学成分/%					开始浇注时间/min	浇注结果		
C	Si	Mn	S	P		浇注数	热裂纹数	废品率/%
0.40	0.60	0.90	0.031	0.025	3	228	0	0
					5	104	0	0
					8	110	0	0
					12	91	9	9.89

铸件的内部废品率（简称内废率）随着型壳开始浇注时间的延长（型壳温度的降低）而改变，超过 12 分钟时废品率约 10%。

按照锁紧圈的实际使用状态进行热处理，锁紧圈在 880～900℃×1h 正火、840～860℃×20min 淬火、500℃×1h 回火处理后使用。把实验浇注合格的锁紧圈按同样的热处理工艺进行处理，结果见表 2-15。

表 2-15 开始浇注时间与热处理后的热裂纹数

开始浇注时间/min	热处理数	热裂纹数	废品率/%
3	228	0	0
5	104	0	0
8	110	2	1.82
12	82	27	32.93

由此可见，随着开始浇注时间的延长，铸件的热裂纹数增加。原来小的、轻微的热裂纹在热处理过程中也进一步扩大。

按照锁紧圈的实际使用情况，采用模拟方法进行破坏性实验（除去3min和12min开始浇注的锁紧圈，探索5min和8min开始浇注的锁紧圈）。

① 用测扭矩扳手测试锁紧圈承受的力矩，其结果如表2-16。

表2-16 开始浇注时间与承受力矩一览表

开浇时间/min	硬度(HRC)	承受力矩/($\times 10^2$kg·cm)
5	25~35	6; 6.5; 5.5; 6; 6; 6.5; 6; 5.5; 7; 5; 平均6
8	25~35	6; 6; 6.5; 6; 6; 6; 5.5; 6.5; 6; 5.5; 平均6

产品要求承受力矩为180kg·cm；测试结果平均承受力矩为600kg·cm。

② 用10t液压机测试锁紧圈承受的压力（进行此项测试时，必须采取有效措施注意人身安全），其结果如表2-17。

表2-17 开始浇注时间与承受压力一览表

开浇时间/min	硬度(HRC)	承受压力/kg
5	25~35	5495; 6673; 7850; 6280; 7065; 5495; 5865; 6238; 7235; 6385; 平均6458
8	25~35	5103; 4710; 7045; 5943; 6138; 5945; 6065; 6537; 5239; 6058; 平均5878

5min开始浇注锁紧圈的平均承受压力高于8min开始浇注锁紧圈的平均承受压力。

剩余的302个锁紧圈分别送到北京××煤矿和××煤矿中的三个实验点进行现场实验，经使用半年之久，没有一个损坏。

4.1.2 纳入工艺

热壳浇注工艺：钢液浇注温度1540～1560℃，型壳于860～880℃出炉后在≤6/8min时开始浇注（室温低于20℃时，取6min；此外取8min）。

4.1.3 生产验证

锁紧圈采用热壳浇注后，据9个月的生产统计：共交检锁紧圈24343件，因热裂纹废掉879件，废品率为3.61%。据6月份进行的一次使用砂轮磨削检验：共磨检锁紧圈4307件，因热裂纹废掉104件，废品率为2.41%。仅此一件每年可以降低成本数万元。

4.2 左把

左把（如图2-77）是某设备上的一个熔模精密铸件。材质ZG270-500；采用以石英砂（粉）为耐火材料，以水玻璃为黏结剂的高强度型壳；每组4件。原来最高一炉的废品率为97%。

通过改变左把的结构，如图2-78。左把的废品率都在2.57%以下。

4.3 三级整流叶片

某件为ЭN268合金所制作的气压机整流叶片。零件的形状与缺陷的部位如图2-79。

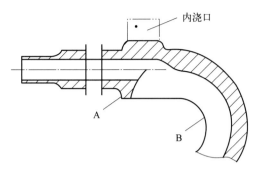

图 2-77　左把开裂示意图

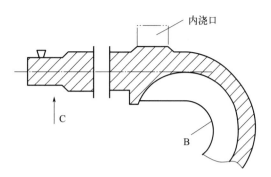

图 2-78　改变后的左把结构示意图

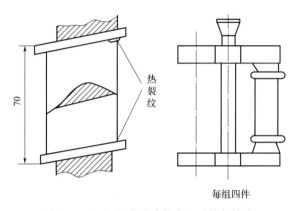

每组四件

图 2-79　三级整流叶片的浇注系统与缺陷

该厂采用了降低型壳强度、提高型壳退让性的方法，即把型壳的厚度减少到以不发生跑火为限，解决了叶片热裂纹问题。

4.4　导套

材质为 ZG35CrMnSi。采用如图 2-80 所示的浇注系统，内浇口开在小法兰盘处，有利于补缩，但该处产生热节。在法兰与套体转接处产生热裂纹。

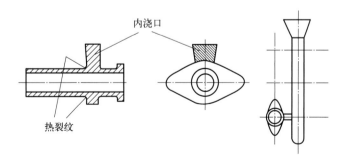

图 2-80　导套及其浇注系统

该厂改变了浇注系统，如图 2-81，就消除了热裂纹。

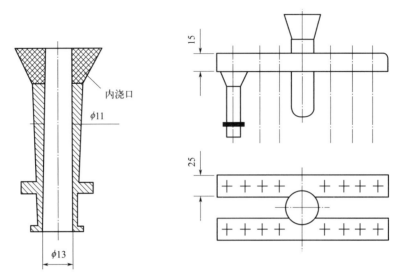

图 2-81　为消除热裂纹采取的浇注系统

4.5　假肢关节

某厂生产的熔模铸件——假肢关节（材质 ZG270-500）开裂严重，该厂加入 0.2% 的混合稀土后，消除了热裂纹。

综上所述，只要采取提高铸件在高温时的强度与塑性、提高型壳的退让性、减小应力等有效措施，就有助于减少或消除熔模精密铸件的热裂纹。

第四节　D 表面类缺陷

表面类缺陷的子分类及名称见下表：

缺陷类别	缺陷分组	缺陷子组	具体缺陷	缺陷名称
D	D1 表面不规则缺陷	D11 表面褶皱	D111	橘子皮
			D112	疤痕
			D113	结疤
		D12 粗糙度超差	D121	表面粗糙
		D13 表面凹坑	D131	麻点
		D14 表面凹槽	D141	阴脉纹
			D142	龟纹
			D143	鼠尾
		D15 表面凹陷	D151	凹陷
			D152	缩陷
	D2 严重的表面缺陷	D21 黏砂	D211	机械黏砂
			D212	化学黏砂
		D22 局部呈翘舌状金属疤块，疤块与铸件间夹有型壳层	D221	夹砂

一、D111 橘子皮

1. 概述

（1）特征：铸件的局部表面，有橘子皮状凸凹不平的缺陷。

（2）成因：型壳内腔局部表面出现橘子皮缺陷，导致铸件产生橘子皮缺陷，是水玻璃型壳常见的缺陷之一。

（3）部位：常常出现在铸件的大凹面。

（4）图例：见图 2-82。

图 2-82　橘子皮

2. 产生原因

（1）涂挂操作不当、硬化不充分。橘子皮缺陷常出现在水玻璃型壳的凹面处。蜡模的大凹面上，浸涂时涂料易产生堆积；当硬化或干燥不充分时会出现大面积、不均匀的硅胶收缩；脱蜡时黏附在蜡模上，没有硬化的涂料被带走，形成橘子皮。

（2）铸件结构不合理。有大的凹面，不易进行涂挂操作而产生涂料堆积。

（3）蜡模润湿性差。蜡模涂挂前没有去除表面上的分型剂等油料和蜡屑等杂质，以及水分和盐类等，使蜡模的润湿性差。面层涂料和蜡模之间常有上述物质富集，当涂料堆积时导致型壳此处硬化不充分；脱蜡时没有充分硬化的涂料被带走，型腔形成橘子皮缺陷。

（4）工艺参数控制不当。工作间和涂料的温度低，而硬化剂的温度高时，型腔面层更易产生橘子皮缺陷。

3. 防治措施

（1）改善蜡模涂挂操作，并确保型壳充分硬化。操作有大凹面的蜡模时，应该严格遵守操作规程。浸涂面层涂料后，仔细观看涂挂是否均匀，必要时用毛刷刷涂堆积的料浆，使其均匀、完整覆盖在蜡模表面上；撒砂后应充分硬化或干燥。

（2）改进铸件结构。尽量避免大的凹面；必要时，增设工艺筋或工艺孔。

（3）改善蜡模润湿性。蜡模涂挂前必须清洗干净，去除蜡模表面残留的油料、蜡屑、水分和盐类等，以利于改善蜡模的润湿性；撒砂后，型壳应充分硬化。

（4）严格控制型壳硬化工艺参数并认真执行。结晶氯化铝的硬化工艺参数如表 2-18；结晶氯化铝硬化剂浓度与密度的关系如表 2-19。

表 2-18 结晶氯化铝硬化剂的工艺参数

项目 层别	浓度 （质量分数）/%	温度 /℃	硬化时间 /min	干燥时间 /min	备注
面层	31～33	20～25	5～15	30～45	硬化干燥后冲水
背层	31～33	20～25①	5～15	15～30	不冲水

① 为了加速硬化反应，背层硬化剂温度可逐层升高，但是最外层温度≤45℃。

表 2-19 结晶氯化铝硬化剂浓度与密度的关系

浓度(质量分数)/%	16.7	28.6	31.03	35.30	37.5	56.10
密度/(g/cm³)	1.082	1.140	1.160	1.170	1.198	1.318

结晶氯化铝硬化水玻璃型壳的速度较慢，反应形成了硅胶和铝胶，所以使用结晶氯化铝硬化型壳的强度高。为了加速硬化，应在硬化剂中加入质量分数为 0.1% 的 JFC，以提高硬化剂的渗透能力。

结晶氯化铝硬化剂的黏度较高，晾干时较难滴除，为了防止硬化剂没有完全滴除造成的型壳分层，一般在面层晾干后准备做下一层时，用水冲型壳以去除型壳表面残留的硬化剂，再经稍稍晾干后制作下一层。

二、D112 疤痕

1. 概述

（1）特征：铸件的局部表面上有大小不等、密集、孔壁光滑的凹坑，是水玻璃型壳常见的铸件缺陷之一。

（2）成因：型腔中残留较多的皂化物、茸毛等，浇注金属液后与其发生反应，产生气体，浸入铸件。

（3）部位：铸件的局部表面。

（4）图例：见图 2-83、图 2-84。

2. 产生原因

（1）型腔中残留过多的皂化物，且焙烧不良。硬脂酸在使用过程中，易与比氢活泼的金属起置换反应，也会与碱或碱性氧化物起中和反应，生成不溶于水的皂化物（硬脂酸盐）；当型腔中残留过多的皂化物又焙烧不充分，浇注时，金属液与皂化物反应，在铸件的表面上形成了疤痕。

（2）型腔中有过多的"茸毛"。型壳脱蜡后，存放时间过长，或存放场地温度高，型壳析出茸毛。浇注时，金属液与皂化物反应，在铸件的表面上形成了疤痕。

3. 防治措施

（1）清除型腔中的皂化物，并对型壳充分焙烧。避免蜡料在使用中与铁质容器接触，应使用不锈钢或塑料制作的容器，以便减少硬脂酸产生的皂化物；型壳脱蜡时，脱蜡液中加入适量的草酸或工业盐酸；脱蜡后，型腔中可能残留蜡料及黏附的皂化物，需用热水（加入0.5％的盐酸）冲洗，并倒置存放。

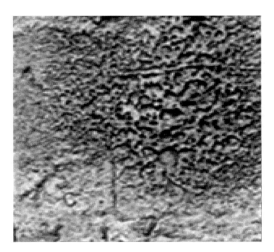

图 2-83　大平面形成的疤痕

图 2-84　圆弧面形成的疤痕

选择合理的焙烧工艺，水玻璃型壳的焙烧温度为 850～950℃，保温时间均为 0.5～2h；并且定期检测焙烧炉，确保其符合工艺使用要求。

（2）清除型腔中的"茸毛"。采用合理的硬化工艺，型壳硬化后，应充分晾干，晾干的时间取决于温度、湿度、硬化剂种类、硬化工艺，以及蜡模结构等因素；型壳晾干时间标准以型壳"不湿不白"为宜。

脱蜡后的型壳存放时间不宜过长，控制存放型壳场地的湿度和温度，避免型壳出现茸毛。

三、D113 结疤

1. 概述

（1）特征：铸件的表面上有大小不等、常呈圆形的小凸起疤块，有时是单个的、有时是密集的，凸起结疤像蛤蟆皮，也称"蛤蟆皮"。

（2）成因：水玻璃型壳的面层涂料中，水玻璃分布不均匀有集聚处，或因水玻璃密度过大，造成硬化不充分。焙烧后型腔残留黄色或黄绿色玻璃体，浇注后这些玻璃体与金属液反应，生成硅酸盐瘤，黏附在铸件的表面上。

（3）部位：常出现在铸件厚大部分、热节及内浇道附近。

（4）图例：见图 2-85。

2. 产生原因

（1）涂料中水玻璃的分布不均匀。涂料中水玻璃的分布不均匀，导致局部集聚，造成此处型壳局部硬化不透。

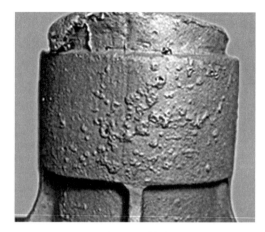

图 2-85　结疤

（2）型壳硬化不充分。涂料中水玻璃的密度过大，或涂料局部堆积，或硬化工艺参数选择不当（硬化剂浓度低、硬化剂温度低、硬化时间短、空干与晾干时间短等）或操作不妥等，导致型壳硬化不充分。

（3）浇注工艺不当或操作不妥。浇注时金属液和型壳的温度过高，延长了金属液与型壳相互作用的时间，导致型壳涂层硬化不充分的地方容易产生疤痕。

（4）铸件结构不合理。铸件局部厚大，或热节大；此处容易产生疤痕。

3. 防治措施

（1）确保涂料中水玻璃分布均匀。用密度一致的水玻璃配制涂料，其密度以 1.26～1.28g/cm³ 为宜。遵循涂料配制方法，即把称量后的水玻璃倒入涂料桶中，加入 0.05％（质量分数）的硅溶胶进行充分搅拌，边搅拌边分多次加入粉料（粉料不能结块），搅拌均匀后再继续搅拌 60～90min。配制好的涂料回性≥4h。

（2）型壳充分硬化。见"橘子皮"的"防治措施"之（4）。

（3）选择合理的浇注工艺并遵守操作规程。适当降低浇注时的金属液温度和型壳温度，减少金属液与型壳相互作用时间。

（4）改进铸件结构。尽量减少铸件局部厚大，或热节；必要时采用工艺措施（工艺孔、工艺筋），改善铸件局部散热条件。

四、D121 表面粗糙

1. 概述

（1）特征：表面粗糙度是指铸件表面微观的不平度。当铸件的表面粗糙度达不到要求时，称之为铸件表面粗糙。

（2）成因：蜡模表面粗糙度，或型壳面层致密度，或铸件清理方式等，都影响铸件表面粗糙度。

（3）部位：产生在铸件的全部表面或局部。

（4）图例：见图 2-86。

图 2-86 表面粗糙的铸件

2. 产生原因

影响铸件表面粗糙度的因素很多，主要有：压型、蜡模、型腔、浇注，以及清理等。

（1）模具型腔粗糙。模具型腔表面粗糙度是压制蜡模表面粗糙度的前提条件。使用糊状/膏状模料压制蜡模时，蜡模的表面粗糙度一般比模具型腔表面粗糙度高 1～2 级。

（2）蜡模表面粗糙。蜡模表面粗糙度是影响铸件表面粗糙度的重要因素。压制蜡模的工艺参数对蜡模表面粗糙度影响很大，如使用的蜡料种类（液态蜡料或糊状/膏状蜡料、新蜡/回用蜡）不符合要求；蜡料搅拌不充分，蜡料的各种成分混溶不均匀；蜡料温度不均匀；蜡料和压型的温度低；注蜡压力小；保压时间短；脱模剂喷涂过多等，均会使蜡模的表面粗糙度高。生产实践表明，在制模过程中尽管使用同一副压型，由于上述不确定因素的影响，压制出来的蜡模表面粗糙度并不一致。

（3）型腔表面粗糙。型腔的表面粗糙度是影响铸件表面粗糙度的关键因素。影响型腔表面粗糙度的主要因素有三：

① 蜡模的润湿性差，涂料的涂挂性差。当蜡模的表面含有油质或其它油污等脏物，或面层涂料中加入润湿剂少或没有添加，或面层涂料没有进行回性处理等，或配制涂料的工艺参数不当，或配制涂料的操作方法不当，或配制涂料的设备选用不当等，都不利于涂料对蜡模的涂挂。

② 面层涂料的粉液比低。配制涂料的粉液比低，即涂料中的黏结剂多、耐火粉料少，导致型壳型腔的表面粗糙。

③ 型壳干燥/硬化不充分。硅溶胶型壳干燥/水玻璃型壳硬化工艺参数选用不当或操作不当，导致型壳干燥/硬化不良，型腔表面粗糙。

④ 面层粉料粒度大、面层挂砂粒度大。配制涂料的面层粉料粒度大，或面层挂砂粒度大，导致型腔表面粗糙。

（4）浇注条件不当

① 金属液的充型能力。金属液复印型壳表面细节的能力，即充型能力，或称为"复型

能力"。有足够高的金属液浇注温度和型壳温度，以及足够的压力头高度，是复型的主要因素。在压力头不变的情况下，当浇注时的金属液温度和型壳温度低时，金属液的充型能力降低。

② 浇注过程中的其它因素。浇注和金属液凝固过程中，高温的铸件表面产生氧化，并且氧化层不均匀；铸件表面的氧化物可能与型壳中的氧化物反应，促使铸件表面不均匀地脱落，增加了铸件表面的粗糙度。

（5）清理。清理的方式方法对熔模铸件的表面粗糙度也有很大的影响，如铸件喷砂处理比抛丸处理的表面粗糙度要低 2 级及以上。

3. 防治措施

（1）设计压型。设计压型时，应充分考虑到压型型腔的表面粗糙度应低于蜡模 1～2 级；加工压型时更应精心操作、严格检验，达到图纸的粗糙度标准要求。

（2）降低蜡模表面粗糙度。根据蜡模的结构、形状和大小，合理选择压制蜡模的工艺参数，如注蜡温度、应力、保压时间等，在不影响蜡模起模的情况下，尽量减少脱模剂的喷涂量，以利于降低蜡模表面粗糙度。

（3）降低型腔表面粗糙度

① 改善蜡模的润湿性、涂料的涂挂性。模组涂挂前必须清洗干净，清除蜡模表面的分型剂和蜡屑等；在面层涂料中加入适量的表面活性剂；对面层涂料进行回性处理（面层涂料配制好后，不能马上使用，必须经过一定时间的回性处理，使黏结剂与耐火材料充分润湿后再使用）等，以改善涂料的涂挂性。

合理选用配制涂料的设备，选择合理的涂料配制工艺参数，及配制涂料的操作方法，以利于涂料对蜡模的涂挂。当面层涂料完整地涂挂蜡模、致密地覆盖在蜡模的表面上时，再撒上与之匹配的型砂。

② 提高面层涂料的粉液比。硅溶胶的黏度低，配制的涂料粉液比较高。

水玻璃黏结剂的黏度高，水玻璃涂料的粉液比较低，可以适当地降低水玻璃的模数至 3.0～3.2，密度 1.26～1.28g/cm^3，并采用级配粉配制面层涂料。

注：级配粉，即按照一定要求配制的粒度分布合理的耐火材料，粒度有粗有细，分布分散，平均粒径适中。用级配粉配制的涂料在高粉液比的情况下，仍然有适宜的涂料黏度和良好的流动性。

③ 保证型壳干燥/硬化的质量。硅溶胶型壳的面层，应该在湿为 60%～70%、温度为 22～26℃、风速≤1m/s 的条件下进行干燥。

结晶氯化铝硬化水玻璃型壳的工艺参数为：

浓度（质量分数）为 31%～33%，温度为 20～26℃，硬化时间为 5～15min，面层干燥时间为 30～45min，背层干燥时间为 15～30min。为了加速硬化反应，背层硬化剂温度可逐层升高，但是最外层温度≤45℃；可在硬化剂中加入质量分数为 0.1% 的 JFC。

结晶氯化铝硬化剂的黏度较高，晾干时较难滴除，为了防止硬化剂没有完全滴除造成的型壳分层，一般在面层晾干后准备做下一层时，用水冲型壳以去除型壳表面残留的硬化剂，再经稍稍晾干后制作下一层。

④ 合理选用面层粉料和撒砂的粒度。

（4）改善浇注条件。提高金属液的浇注温度会增加金属液吸气量，减少结晶成核，对铸件的金属液质量产生不利的影响。常常采用提高浇注时型壳温度的方法来保证金属液的复型能力。硅溶胶型壳的焙烧温度为 950～1200℃，水玻璃型壳的温度为 850～950℃。浇注时的型壳温度可根据企业的具体产品和生产条件自行确定。

铸件在惰性气体或还原性气体保护下冷却，一直到铸件表面达不到氧化的温度，有利于维持铸件的表面粗糙度。

（5）铸件清理。尽量采用喷砂处理或水爆清砂的方法。铸件喷砂处理比抛丸处理的表面粗糙度要低 2 级及以上；但是抛丸处理的效率高，为了降低抛丸处理对铸件的表面粗糙度的影响，抛丸的粒度应小于 0.3mm。

五、D131 麻点

1. 概述

（1）特征：铸件表面上有许多点状小凹坑，直径 0.3～0.8mm，深 0.3～0.5mm。常常产生在含碳少，$w(Cr)$ 为 5%～18% 的合金钢铸件上，未清理前浅凹坑中充满着熔渣物质。

（2）成因：麻点主要是由金属氧化物与型壳材料中的氧化物发生化学反应造成的。

（3）部位：在铸件的局部表面上，或全部表面上。其中薄壁区域出现较多。

（4）图例：见图 2-87。

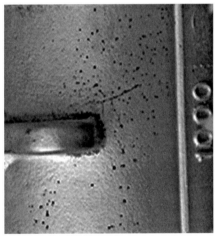

图 2-87　麻点

2. 产生原因

（1）金属液中的金属氧化物过多

① 炉料中的氧化物过多。使用感应炉熔炼时，炉料锈蚀较多、较重，或使用回炉料的比例较大，回用的次数较多，均会增加金属液中的氧化物。

② 金属液脱氧不充分。脱氧剂选择不当，没有达到既能使金属液充分脱氧，又能使脱氧后形成的氧化物熔点低，易于聚集和上浮的目的。脱氧剂的加入量少，影响脱氧效果，使

金属液中残留过多的氧化物。

③ 熔炼工艺不当或操作不当。造成金属液中的氧化物没有去除干净等；炉料熔化过程中，金属液表面裸露的时间长，使合金元素的氧化机会增多。预脱氧后，停电静置时间短，金属液中的氧化物没有及时、完全上浮；终脱氧不充分，浇注过程中产生二次氧化等。

（2）面层耐火材料中的金属氧化物太多。锆砂粉具有导热性好、蓄热能力大、耐火度高等优点，在生产不锈钢熔模铸件时，采用锆砂粉作为型壳面层耐火材料。纯锆砂 $ZrO_2 \cdot SiO_2$ 的耐火度在 2000℃以上，但是随着杂质含量的增加，耐火度相应下降。当锆砂中含有 Ca、Mg 氧化物杂质时分解温度会下降到 1300℃左右；当含有 K、Na 氧化物时，其分解温度会下降到 900℃左右。锆砂分解时析出的无定形的 SiO_2 具有很高的活性，能与金属中的 Cr、Ni、Ti、Mn、Al 等合金元素在高温下发生化学反应，致使在铸件的表面上产生麻点。

（3）型壳焙烧不良。型壳焙烧不良，使型腔中残留的水分、有机物和挥发物等，在浇注时使金属液产生二次氧化，生成大量的气体或新的氧化物，这些氧化物与型壳中的氧化物发生化学反应，容易在铸件的表面上生成麻点。

（4）浇注工艺不当。浇注时金属液和型壳的温度过高，冷却过慢；有利于金属液与型壳面层材料相互作用，容易导致铸件产生麻点。

（5）浇注凝固过程防护不到位。浇注凝固过程中，金属液与型壳及外界的气体发生反应，导致铸件产生麻点。

3. 防治措施

（1）提高金属液的熔炼质量，降低金属液中的氧化物含量

① 选用干燥、洁净的炉料，控制回炉料的使用量及反复使用的次数；避免炉料中的氧化物增多。

② 采取完全脱氧，先加锰铁，后加硅铁脱氧，再加硅钙脱氧，然后停电静置 2min，再加铝终脱氧。生产中的终脱氧也可以采用二次加入法，第一次炉内终脱氧，加入量为 0.10%～0.12%（铝的加入量与炉料的锈蚀有关，炉料锈蚀严重时，加入量取上限，反之取下限）；第二次在浇包中加入补充脱氧，铝的加入量为 0.02%～0.05%。

③ 制定合理的熔炼工艺和浇注工艺，并严格执行，如出钢前的镇静时间要能够使氧化物充分上浮，扒渣要净，及时清除已产生的氧化物；在浇包中加入草木灰等覆盖剂。

（2）合理选用型壳材料，并确保其质量

① 合理选用型壳材料，如锆砂/粉的质量必须满足工艺要求，应严格控制 Fe_2O_3 杂质含量<0.05%；必要时型壳的面层采用中性刚玉粉配制涂料，撒刚玉砂；过高的 Fe_2O_3 含量会加剧产生麻点。

② 对进厂的原材料要进行检验，合格后方可入库。对库存的原材料要定期复验，不合格的面层材料不能投入使用。

（3）选择合理的型壳焙烧工艺，并严格执行。焙烧型壳的目的是从型壳中除去挥发性的物质（如残留的水分、有机物、模料等），进一步提高型壳的质量。型壳焙烧工艺：水玻璃型壳的焙烧温度 850～950℃，时间 0.5～2h；硅溶胶型壳的焙烧温度 950～1200℃，时间 30min。

（4）选用合理的浇注工艺。要严格控制浇注时金属液和型壳的温度在合理的范围。避免金属液与型壳面层材料相互作用的时间过长而产生麻点。

（5）浇注凝固过程进行防护处理。用砂粒覆盖型壳，或在型壳周围形成保护性气氛；必要时在真空条件下浇注。

六、D141 阴脉纹

1. 概述

（1）特征：铸件的表面上有凹陷于铸件表面的纤维网状或脉络状的微细条纹，称为"阴脉纹"或"反脉纹"。

（2）成因：型腔的面层尤其是大平面或大圆弧面上，有轻微的分层和细小的裂纹，内有气体；若型壳透气性差，浇注时裂缝中的空气难以从型壳排出，在金属液高温作用下，它们受热膨胀，压力升高，迫使钢液回缩，使铸件表面出现与型壳脉纹相对应的阴脉纹。

（3）部位：在铸件的局部表面上。

（4）图例：见图 2-88、图 2-89。

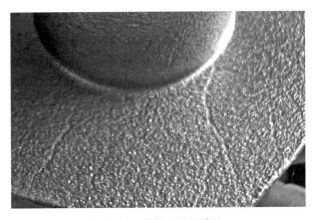

图 2-88　铸件上的阴脉纹

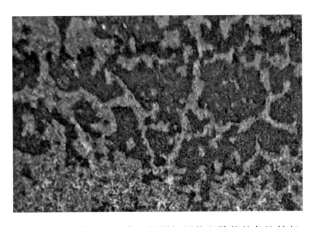

图 2-89　型壳浇注后产生的纤细网状和脉状的条纹鼓起

2. 产生原因

（1）面层分层

① 选材不当。面层耐火材料的热膨胀系数大，而过渡层耐火材料的热膨胀系数小，型壳的面层与背层结合不牢，出现分层。

② 浸涂不及时。面层撒砂后与浸涂过渡层涂料的间隔时间太长，或制壳场地温度过高。

③ 面层砂质量不合格，或操作不当。面层砂中粉尘过多或砂粒受潮含水分过多；或面层撒砂后，表面有较多的浮砂，没有及时清除。

④ 硬化/干燥工艺不当，或型壳干燥不均匀或操作不妥。采用水玻璃涂料，型壳面层残留过多的硬化剂；采用硅溶胶涂料，面层过分干燥。

⑤ 选用制壳材料不当，或面层涂料粉液比低。面层砂过细，造成背面过平，不利于过渡层涂料与面层砂结合；或过渡层涂料的黏度过大，不利于与面层牢固结合；或面层粉液比低，型壳面层致密性差。

（2）铸件结构不合理。有大平面或大的圆弧面，或热节过大，或内浇口设计不当，造成铸件局部过热，产生较大收缩应力。

（3）焙烧、浇注工艺不当，或操作不妥。型壳焙烧温度过高，或冷却太快；浇注时型壳的温度过低，或金属液的浇注温度与型壳的温度配合不合适，或浇注速度过快，或压力头过高等原因均有可能造成型壳局部鼓胀。

3. 防治措施

（1）提高制壳质量，消除分层

① 合理选材。选择热膨胀系数一致或相近的面层和过渡层耐火材料。

② 及时浸涂。面层撒砂后，应及时浸涂过渡层涂料，确保面层砂与过渡层涂料结合牢固。

③ 确保面层砂的质量，并遵守撒砂操作规程。控制面层撒砂材料中的粉尘和含水量，要≤0.3%；撒砂后，应及时清除浮砂。

④ 合理选用硬化/干燥工艺，并遵守操作规程。硅溶胶型壳要严格控制型壳面层干燥工艺参数，如制壳间的湿度60%～70%，温度22～26℃，风速≤1m/s。

水玻璃型壳撒面层砂后，硬化前的空干时间14～16min；应及时浸涂过渡层涂料，确保面层砂与过渡层涂料结合牢固。

结晶氯化铝硬化水玻璃型壳的面层要避免残留硬化剂；一般在面层晾干后准备做下一层时，用水冲型壳以去除型壳表面残留的硬化剂，再经稍稍晾干后制作下一层；确保质量。

⑤ 选用合理的级配粉，以利于型壳各层之间的结合；面层涂料选用合理的粉液比，增加面层致密性。

（2）改进铸件设计。铸件应尽量避免大平面、大的圆弧面，或大的热节等，必要时增加工艺筋、工艺孔等措施。

（3）选择合理的焙烧、浇注工艺，并严格执行

① 型壳焙烧工艺参数。硅溶胶型壳焙烧温度950～1200℃，焙烧时间为30min；水玻璃型壳焙烧温度850～950℃，焙烧时间0.5～2h（与装炉量有关）。要注意型壳在炉中的摆放，避免型壳堆压产生变形。

② 改进浇注工艺。浇注工艺参数主要有浇注温度、浇注速度和型壳温度。

a. 浇注温度过低，铸件易产生浇不足、冷隔等缺陷；浇注温度过高，铸件易产生缩孔、缩松等缺陷；对于不锈钢，一般采用 1570～1580℃。

b. 浇注速度过快，铸件易卷入气体和夹杂物。大的铸件宜采用底注式浇注系统，浇注速度"先快后慢"；对于小的铸件采用"先慢后快"的方法。一般浇注大件，用时＜10s，小件用时 4～8s。尽量减小因浇注速度过快对型壳内表面形成裂隙的影响。

c. 型壳温度（热壳浇注）宜高不宜低。浇注时应注意金属液的温度与型壳温度以及浇包温度的合理匹配，确保型壳的高温强度，避免裂隙的产生。

七、D142 龟纹

1. 概述

（1）特征：铸件的表面上有凹陷于表面的纤维网状或脉络状微细条纹，类似龟壳，故称为龟纹。

（2）成因：见"阴脉纹"的成因。阴脉纹的缺陷程度稍微加重时就会产生龟壳状的网纹缺陷。

（3）部位：在铸件的全部表面或局部表面上。

（4）图例：见图 2-90。

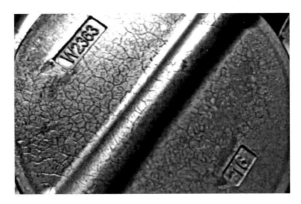

图 2-90 龟纹

2. 产生原因

见"阴脉纹"的产生原因（1）、（2）和（3）。

3. 防治措施

见"阴脉纹"的防治措施（1）、（2）和（3）。

八、D143 鼠尾

1. 概述

（1）特征：在铸件的表面上，有不规则的、边缘圆滑的条状浅沟。

（2）成因：型壳的内表面层产生了条状鼓胀，浇注后金属液在条状鼓胀上形成了鼠尾。

（3）部位：出现在铸件的局部表面上。

（4）图例：见图 2-91、图 2-92。

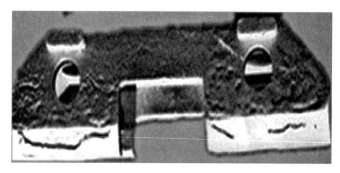

图 2-91　铸件的鼠尾

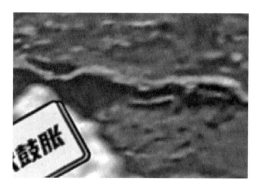

图 2-92　浇注后型壳的条状鼓胀

2. 产生原因

（1）型壳分层。见"阴脉纹"的"产生原因"之（1）。

（2）铸件结构不合理。见"阴脉纹"的"产生原因"之（2）。

（3）焙烧、浇注工艺不当，或执行工艺不妥。见"阴脉纹"的"产生原因"之（3）。

3. 防治措施

（1）提高型壳质量，消除型壳分层。见"阴脉纹"的"防治措施"之（1）。

（2）改进铸件结构。见"阴脉纹"的"防治措施"之（2）。

（3）选择合理的焙烧、浇注工艺，并严格执行。见"阴脉纹"的"防治措施"之（3）。

九、D151 凹陷

1. 概述

（1）特征：在铸件的表面上有不规则的凹陷，凹陷处有时出现明显的脉管状毛刺突起。

（2）成因：型壳局部鼓胀，浇注后铸件在其相应的部位形成了凹陷。

（3）部位：铸件的局部表面上。

（4）图例：见图 2-93～图 2-95。

图 2-93 凹陷处的表面光滑

图 2-94 凹陷处的表面有毛刺

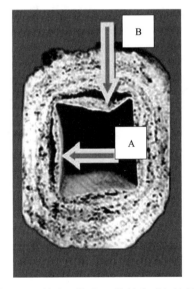

图 2-95 型壳面层的鼓胀。箭头 A 的鼓胀引起铸件凹陷处圆滑；
箭头 B 的鼓胀引起铸件凹陷处有毛刺

2. 产生原因

（1）型壳分层。见"阴脉纹"的"产生原因"之（1）。

（2）铸件结构不合理。见"阴脉纹"的"产生原因"之（2）。

（3）焙烧、浇注工艺不当，或执行工艺不妥。见"阴脉纹"的"产生原因"之（3）。

3. 防治措施

（1）提高型壳质量，消除型壳分层。见"阴脉纹"的"防治措施"之（1）。

（2）改进铸件结构。见"阴脉纹"的"防治措施"之（2）。

（3）选择合理的焙烧、浇注工艺，并严格执行。见"阴脉纹"的"防治措施"之（3）。

十、D152 缩陷

1. 概述

（1）特征：在铸件最后凝固处的局部表面，因金属液的收缩而向下塌陷，引起铸件凹陷；凹陷的下面是缩孔。

（2）成因：铸件局部在得不到金属液充分补缩，而且该处形成的凝固表层尚处于高温状态时，在收缩拉应力的作用下形成了局部缩陷。当收缩拉应力超过铸件凝固表层强度极限时，产生了缩裂。

（3）部位：常出现在内浇道附近、壁厚处、两壁交接处等热量集中、散热困难之处。

（4）图例：见图 2-96。

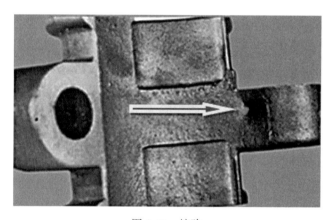

图 2-96　缩陷

2. 产生原因

（1）浇注系统设计不合理，浇冒口的补缩能力不足。见"外露缩孔"的"产生原因"之（1）。

（2）铸件的结构不合理，壁厚薄不均匀，热节多、大。见"外露缩孔"的"产生原因"之（2）。

（3）内浇口开设位置不合理，铸件局部散热条件差。内浇口是直浇口或横浇口与铸件连接的通道。它影响型腔的充填、铸件的凝固、补缩、铸造应力，以及引起缩陷等铸造缺陷。

3. 防治措施

（1）改进浇注系统设计，充分发挥浇冒口的补缩作用。见"外露缩孔"的"防治措施"之（1）。

（2）改进铸件结构，尽量使铸件壁厚均匀，减小、减少热节。见"外露缩孔"的"防治措施"之（2）。

（3）改进内浇口的位置，改善铸件散热条件。改进内浇口的位置、大小和数量等，以利于顺序凝固和对缩陷处的充分补缩。

十一、D211 机械黏砂

1. 概述

（1）特征：铸件上黏附着一些不易清除的金属与型壳材料的机械混合物。

（2）成因：浇注时金属液渗入型壳的空隙中，凝固后把型壳材料机械地粘连在一起。

（3）部位：出现在铸件的局部表面上。

（4）图例：见图 2-97。

图 2-97　机械黏砂

2. 产生原因

（1）金属液氧化。熔炼工艺不当或操作不妥，使金属液氧化或二次氧化；氧化的金属液容易润湿型壳，进入型壳空隙。

（2）浇注条件不当。浇注时金属液的温度过高，或型壳温度过高，或两者都高，增加了金属液与型壳材料之间的相互作用时间。

（3）静压力头过高。浇注系统设计不合理，为了增加金属液的补缩效果，而过高地增加了压力头。

（4）型壳面层空隙大。型壳面层粉液比低，且面层砂粒大；或涂挂面层操作不当，导致面层空隙大。

（5）铸件结构不合理。铸件存在局部壁厚过大，形成热节。

3. 防治措施

（1）防止金属液氧化。选择合理的熔炼工艺并严格遵守操作规程，防止金属液在熔炼过程中氧化，及浇注过程中的二次氧化。

（2）改善浇注条件。改善浇注条件，如适当地降低金属液的浇注温度，或适当降低型壳的浇注温度，并严格控制；以便减少金属液与型壳材料之间的相互作用时间。

（3）适当降低压力头的高度。选择合理的压力头高度，使其既能满足补缩，又能不产生机械黏砂。

（4）保证面层质量。适当提高面层涂料黏度，选用相应的撒砂粒度，并严格控制涂料质量和涂挂操作规程，确保型壳面层质量。

（5）改进铸件结构。使铸件的壁厚尽量均匀，避免热节。

十二、D212 化学黏砂

1. 概述

（1）特征：铸件的表面黏附一层难以清除的金属与型壳材料的化合物。

（2）成因：在高温条件下金属液中的氧化物与型壳之间发生化学反应，使铸件与型壳材料粘连在一起。

（3）部位：常出现在铸件的深孔、凹槽、热节等处。

（4）图例：见图 2-98。

图 2-98　化学黏砂

2. 产生原因

（1）型壳材料选用不当。铸造不锈钢或高锰钢或高合金钢时，型壳面层材料选用石英砂粉，金属液中的 Ni、Cr、Mn 等合金元素易氧化，与型壳材料中的 SiO_2 发生化学反应产生化学黏砂。

型壳材料的耐火度不够。

（2）金属液中的氧化物。金属液中含有较多的氧化物，浇注过程中，在高温下金属氧化物与型壳材料中的 SiO_2 发生化学反应产生化学黏砂。

（3）浇注条件不当。浇注时的金属液和型壳的温度过高，造成两者相互作用的时间加长，增加了产生化学黏砂的缺陷程度。

（4）铸件的结构不合理。铸件的结构不合理，存在深孔、凹槽，或较大的热节，使铸件局部散热缓慢。

（5）铸件局部散热条件差。组树不合理，使铸件局部散热缓慢；或模组散热条件差，增加了两者相互作用的时间。

3. 防治措施

（1）合理选择型壳材料。合理选择型壳材料，如浇注不锈钢、高锰钢铸件等时，型壳的面层材料选用锆英粉/砂，或电熔刚玉；并保证其质量符合要求，以便满足生产需要。

（2）减少金属氧化物。采用合理的熔炼工艺，并严格遵守操作规程，要充分脱氧、除尽渣，尽量减少金属液的二次氧化，减少金属液中的氧化物，提高金属液的质量。

（3）改善浇注条件。浇注时必须按照工艺规定，严格做好"三同时"（金属液的浇注温度、型壳的温度和浇包烘烤温度），确保金属液和型壳的温度符合工艺要求。

（4）改进铸件的结构。改进铸件结构，使深孔、凹槽满足铸造工艺要求，尽量减小热节，以利于铸件冷却时散热。

（5）改善铸件局部散热条件。改进组树，以便改善铸件散热条件；采用必要的工艺措施，如放置冷铁等，改善模组的局部散热条件。

延伸：化学黏砂与机械黏砂的区别

从铸件的黏砂处取 3～5g 试样，放在浓盐酸中，会发生下列情况，如表 2-20。

表 2-20　机械黏砂与化学黏砂的对比

类别	机械黏砂	化学黏砂
机理	金属液渗入型壳的表面而发生的，是金属与型砂机械地混合在一起	型砂与氧化了的金属液发生化学反应，生成复杂的硅酸盐
气泡	不断地有气泡产生，并上浮逸出	盐酸中产生的气泡很少
盐酸颜色	盐酸的颜色由透明变成淡黄，甚至是棕红色	盐酸的颜色变化不大
残留物	金属铁溶解了，器皿的底部残留着型砂	器皿的底部有蜂窝状的残留物

根据实验结果就能清楚地判断：试样是机械黏砂还是化学黏砂，还是既有机械黏砂，又有化学黏砂。据此采取相应的对策。

十三、D221 夹砂

1. 概述

（1）特征：铸件的表面上有翘起的、表面粗糙的、边缘锐利的金属疤块，其间夹有型壳材料，也称"起夹子"或"起皮"。

（2）成因：鼓胀的型腔表面裂开、翘起，浇注时金属液浸入翘起的空间内，形成了夹砂。

（3）部位：出现在铸件的局部表面。

（4）图例：见图 2-99、图 2-100。

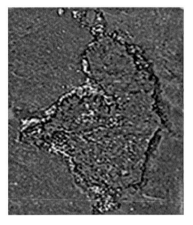 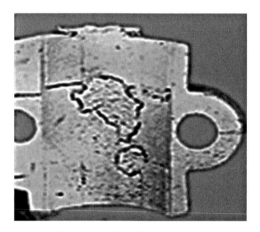

图 2-99　铸件清砂前的夹砂　　　　　图 2-100　铸件清砂后的夹砂

2. 产生原因

（1）型壳分层。见"阴脉纹"的"产生原因"之（1）。

（2）铸件结构不合理。见"阴脉纹"的"产生原因"之（2）。

（3）焙烧、浇注工艺不当，或执行工艺不妥。见"阴脉纹"的"产生原因"之（3）。

3. 防治措施

（1）提高型壳质量，消除型壳分层。见"阴脉纹"的"防治措施"之（1）。

（2）改进铸件结构。见"阴脉纹"的"防治措施"之（2）。

（3）选择合理的焙烧、浇注工艺，并严格执行。见"阴脉纹"的"防治措施"之（3）。

第五节　E 残缺类缺陷

残缺类缺陷的子分类及名称见下表：

缺陷类别	缺陷分组	缺陷子组	具体缺陷	缺陷名称
E	E1 一般残缺	E11 缺肉	E111	浇不足
	E2 严重残缺	E21 跑火	E211	表面跑火
			E212	内腔跑火

一、 E111 浇不足

1. 概述

（1）特征：铸件局部缺肉，其边缘呈圆弧状。

（2）成因：浇注时，因金属液断流等未能充满型腔。

（3）部位：常出现在离浇口较远的薄壁处。

（4）图例：见图 2-101、图 2-102。

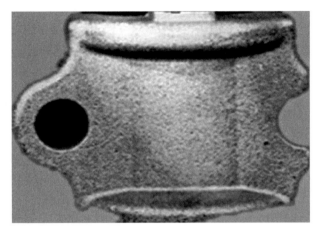

图 2-101　浇注时，断流引起的浇不足

图 2-102　型壳透气性差引起的浇不足

2. 产生原因

（1）浇注时金属液或型壳的温度太低。温度太低，大幅度地降低了金属液的充型能力。

（2）浇注操作不当

① 浇注速度太慢，或浇注时出现断流，影响了金属液的充型。

② 浇注速度太快，导致直浇道中合金液液面上升较快，提前从上层内浇道进入型壳内腔，造成型壳内腔气体不及时排出，阻碍合金液汇集，极易在合金液汇集区域形成浇不足等缺陷。

（3）浇注系统设计不当。直浇道的高度不够，金属液的静压力头太低，或金属液流程太长，不利于金属液的充型。

直浇道、横浇道、内浇道的截面积比例相差较大，合金液来不及充型就充满直浇道，合金液提前从上层内浇道进入型壳内腔，造成型壳内腔气体不及时排出，阻碍合金液汇集，很容易在合金液汇集区域形成浇不足等缺陷。该问题易在薄壁片状类铸件上出现。

（4）铸件结构不合理。铸件的壁厚太薄，不利于金属液的充型。

（5）型壳的透气性差。使型腔中的气体不能排出，影响了金属液的充型。

3. 防治措施

（1）提高浇注时金属液或型壳的温度。提高金属液和型壳温度，提高金属液的充型能力。

（2）改进浇注操作。浇注时，使金属液连续、平稳地进入型腔；必要时在可控气氛下浇注，提高金属液的流动性和充型能力等。

（3）改进浇注系统设计。适当提高直浇道的高度，以便增加静压力头高度；适当增加内浇口数量，增大内浇口截面，或改进内浇口位置，缩短金属液的流程，以利于金属液的充型；合理选择直浇道、横浇道、内浇道的截面积比例。

（4）改进铸件结构。铸件的壁厚应满足铸造工艺要求。最小壁厚如表 2-21。

表 2-21　铸件最小壁厚

铸件材质	铸件轮廓尺寸/mm									
	10~50		50~100		100~200		200~350		≥350	
	推荐值	最小值	推荐值	最小值	推荐值	最小值	推荐值	最小值	推荐值	最小值
碳钢	2.0~2.5	1.5	2.5~4.0	2	3.0~5.0	2.5	3.5~6.0	3	4.0~7.0	4

（5）改善型壳的透气性。在满足型壳高温强度要求的前提下，适当地减少型壳层数，或在型壳的三层及以后各层中添加木屑等易燃物质，改善型壳的透气性，提高金属液的充型能力。

二、E211 表面跑火

1. 概述

（1）特征：部分型壳已经破裂，浇注后金属液在动静压力下，从型壳的破裂处流出；在铸件的表面上形成不规则、多余的金属。

（2）成因：型壳高温强度低，或浇注时冲击力大，导致型壳局部开裂，金属液从裂口处流出，形成了外部跑火。

（3）部位：在型壳强度最薄弱的开裂处。

（4）图例：见图 2-103。

2. 产生原因

（1）型壳高温强度低。见"阳脉纹"的"产生原因"之（2）。

（2）型壳常温强度低。见"阳脉纹"的"产生原因"之（1）。

（3）型壳局部损伤。型壳在焙烧、搬运等生产过程中，受到外力作用而局部损伤。

（4）型壳耐急冷急热性能差。型壳耐急冷急热性能差，在受到急冷、急热时，容易开裂。

（5）浇注系统设计不当。浇注时，金属液直接冲击型腔。

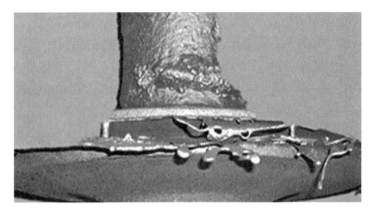

图 2-103　表面跑火

3. 防治措施

（1）提高型壳高温强度。见"阳脉纹"的"防治措施"之（2）。

（2）提高型壳常温强度。见"阳脉纹"的"防治措施"之（1）。

（3）避免型壳局部损伤。做到文明生产，型壳在脱蜡、焙烧和浇注等过程中，避免型壳受到外力损伤；一旦发现型壳局部损伤，不允许再转运、浇注。

（4）提高型壳的耐急冷急热性能。避免型壳遭遇急冷急热，应采用热壳浇注。

（5）改进浇注系统设计。避免浇注时，金属液直接冲击型腔。

三、E212 内腔跑火

1. 概述

（1）特征：铸件在深孔或凹槽等处，出现多余的、不规则的金属，也称"铁芯子"。

（2）成因：浇注时金属液冲破型壳有搭棚（深孔或凹槽等处）的地方，出现多余的、不规则的金属。

（3）部位：出现在铸件的深孔、凹槽等处。

（4）图例：见图 2-104、图 2-105。

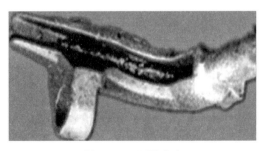

图 2-104　凹槽跑火

图 2-105　内腔跑火

2. 产生原因

（1）铸件的结构不合理。如有深孔、盲孔或凹槽等，而且孔细而长、槽窄而深，不利于型壳涂挂操作；易产生搭棚现象。

（2）型壳的高温强度低，或型壳的常温强度低。见"阳脉纹"的"产生原因"之（2），或见"阳脉纹"的"产生原因"之（1）。

（3）操作不当，导致内腔未涂挂上涂料，没有撒上砂，或干燥不透，降低了该处的高温强度。

（4）型壳局部损伤。型壳在焙烧、搬运等生产过程中，受到外力作用而在深孔、凹槽等处局部损伤。

（5）型壳耐急冷急热性能差。见"表面跑火"的"产生原因"之（4）。

（6）浇注系统设计不当。见"表面跑火"的"产生原因"之（5）。

3. 防治措施

（1）改进铸件设计。孔深与孔径、槽宽与槽深应满足制壳工艺要求，见表 2-22。

表 2-22 黑色金属熔模铸件的铸槽尺寸

槽宽 b	≥2.5	4	6	8	10	16	20	24
最大槽深 H、h	≤5	8	20	32	46	80	120	150

或采取其他工艺措施：

① 选用黏度低的涂料，撒细砂；涂挂后细心地用压缩空气吹去涂料上的气泡和浮砂，保证该处涂挂上涂料和撒砂，使型壳均匀且密实无间隙。

② 在硅溶胶涂料中添加络合剂，或用陶瓷型芯。

③ 用灌干砂方法在制壳 2、3 层后，在孔中或槽中填满、捣实干细砂，再用涂料封口继续涂挂。严格控制涂挂操作，避免型壳搭棚。

④ 必要时，增加 1～2 层过渡层，对过渡层和（或）加固层进行强化，或插入钢芯芯骨等，来提高内腔型壳强度。

（2）提高型壳的高温强度。见"阳脉纹"的"防治措施"之（2）。

（3）提高型壳的常温强度。见"阳脉纹"的"防治措施"之（1）。

（4）避免型壳局部损伤。见"表面跑火"的"防治措施"之（3）。

（5）稳定型壳的耐急冷急热性能。见"表面跑火"的"防治措施"之（4）。

（6）改进浇注系统设计。见"表面跑火"的"防治措施"之（5）。

第六节　F 形状、尺寸不合格类缺陷

形状、尺寸不合格类缺陷的子分类及名称见下表：

缺陷类别	缺陷分组	缺陷子组	具体缺陷	缺陷名称
F	F1 形状不合格	F11 局部变形	F111	变形
	F2 尺寸不合格	F21 个别尺寸超差	F211	尺寸超差

一、F111 变形

1. 概述

（1）特征：铸件的几何形状与图纸不符。

（2）成因：蜡模变形、型壳变形、浇注后铸件变形，以及热处理变形与落件时锤击不当等造成的铸件变形。

（3）部位：常出现在铸件的局部。

（4）图例：见图 2-106、图 2-107。

图 2-106　铸件变形

图 2-107　合格铸件

2. 产生原因

熔模铸件的变形与其结构、材质、蜡模、型壳、焙烧、浇注、后序（热处理、落件）等多种因素有关，其中任何一个工序的工艺参数不当，或操作不当，都会引起铸件变形。铸件变形在图纸允许的范围内，称为正常变形；超过图纸允许范围，就称为铸件变形。

（1）铸件材质。材料中含碳量越高，线收缩率越小，变形量越小；含碳量越低，线收缩率越大，变形量越大。

（2）蜡模变形。蜡模变形对铸件变形的影响很大。蜡模的变形与蜡料性能（如蜡料的种类、配比等）、压注时的工艺参数（压蜡温度、压型温度、压注压力、保压时间、取模时间、蜡模冷却介质的温度、冷却时间及冷却方式等）有关，以及与蜡模在收缩过程中是否受阻等诸多因素有关。

① 模料种类/性能。为了尽量减少工艺因素对蜡模变形的影响，模料的收缩率应尽可能低。树脂基模料（中温模料）比蜡基模料（低温模料）的收缩率低。

② 制模工艺参数直接影响到蜡模的变形。制模工艺参数包括：

a. 室温。制模间的室温很重要。对于手工制模而言，室温往往直接影响到压型温度和冷却水的温度。

b. 压型温度。压型的温度高，蜡模的收缩率大，变形大；压型的温度低，蜡模的收缩率小，变形小。

c. 压蜡温度。压蜡温度对蜡模变形影响很大，蜡温低，收缩率低，变形小；蜡温高，蜡模不能迅速凝固，收缩率大，变形也大。压蜡温度控制不当，是造成蜡模变形的重要原因之一。

d. 压注压力。压注压力不稳定对蜡模变形的影响很大。压注压力小，收缩率增大，变形大；蜡基模料常用的压注压力都小于1MPa；而小于1MPa的压注压力恰恰对蜡模变形影响显著，随着压注压力增大，收缩率减小；超过1MPa后，影响就不明显，变形也不明显。

e. 保压时间。保压时间对蜡模变形有明显的影响，蜡模越厚影响越大，变形越大，保压时间应该越长。

f. 冷却时间。蜡模取出后没有及时冷却，或冷却水温度较高，或冷却时间不足，蜡模变形。

g. 冷却方式。蜡模取出后的冷却方式不当，易变形的蜡模没有随工装或托盘一起冷却，导致蜡模变形。

h. 停放时间。蜡模取出后仍然能够继续收缩，大多数蜡模需要停放一定的时间，形状才能稳定。

注：蜡模从压型中取出后，是立即水冷还是停留一定的时间，应按照蜡模的实际情况和生产条件编制合理的工艺。

i. 其它因素。手工制模，如用螺钉锁紧压型时，操作工用力不同，加之注射压力不等，以及取模方法不当等因素都会使蜡模变形。

③ 蜡模。蜡模的结构、形状和大小，以及蜡模在压型中处于何种收缩（自由收缩、半阻碍收缩和阻碍收缩）等，都影响了蜡模的变形是否超差。

④ 压型。压型分型面的选择也会对蜡模的变形有影响。

（3）型壳变形。型壳热膨胀影响铸件尺寸，而型壳热膨胀又和型壳材料及制壳工艺有关。

① 型壳材料。影响型壳热膨胀的因素，首先是所用的耐火材料，它直接影响型壳的变形量，耐火材料热膨胀系数大，对型壳变形的影响就大。从水玻璃工艺和硅溶胶工艺对型壳变形的影响上（由于耐火材料的不同），我们可清楚地从表2-23中看到区别。

表 2-23　常用耐火材料性能及应用

耐火材料名称	化学性质	熔点/℃	密度/(g/cm³)	热膨胀系数/(×10⁻⁷℃⁻¹)	应用
石英	酸性	1713	2.6	125	精度低的碳钢、铜合金等铸件的型壳
熔融石英	酸性	1713	2.2	5	陶瓷型芯、高质量铸件（高合金钢除外）型壳
电熔刚玉	中性	2050	3.99~4.02	86	高精度高合金钢型壳面层
锆英石	弱酸性	2550	4.6~4.7	46	高精度铸件（高合金钢除外）型壳面层
高岭土熟料	弱酸性	1700~1790	2.4~2.6	50	高精度铸件背层
铝矾土熟料	弱酸性	1800	3.1~3.5	50~58	高精度铸件背层

石英热膨胀最大，电熔刚玉和铝矾土熟料次之，熔融石英最小。水玻璃型壳的变形量大于硅溶胶型壳的变形量。

② 制壳工艺。制壳工艺参数的变化对熔模铸件变形有影响。如制壳间的温度不同，所制作型壳的变形也不相同。

又如涂料黏度应与撒砂配合，型壳干燥/硬化工艺等也对型壳的变形有影响。

（4）铸件结构不当。铸件的壁厚不均匀，有大、长、薄的部位，在铸件的冷凝过程中这些部位容易产生变形；铸件壁厚增大，收缩大，变形大；反之，铸件壁厚减薄，收缩变小，变形也小；再如自由收缩大，变形大，阻碍收缩小，变形小。

（5）浇注系统设置不合理。浇注系统尤其是内浇口设置不当，形成新的热节，铸件冷却过程中，各处温差较大，产生不同的热应力和收缩应力，使铸件产生变形。

（6）浇注工艺不当。铸件在冷凝过程中受到铸件结构、形状、大小，以及浇注工艺的影响，产生了不同的铸造应力，当超过铸件的弹性变形时，就产生变形；当铸件冷却过快，使各处的温差过大，产生的应力差异较大，使铸件产生变形。

（7）热处理变形

① 铸件堆放热处理时，易使铸件平面较大、形状较长、壁厚较薄的部位产生变形。

② 热处理工艺选用或控制不当，铸件过热或冷却过快。

③ 热处理炉性能不能满足工艺要求等。

（8）清理铸件变形。在铸件浇注后没有完全冷却时进行清理易造成变形；采用重力锤击清理铸件时的操作方法不当；易造成铸件变形。

3. 防治措施

（1）合理选材。选材时，应尽量避免含碳量太低的材料；材质一旦选定，不宜更换。

（2）防止蜡模变形

① 合理选择模料。根据蜡模的实际需要，合理选用模料，如蜡基模料、树脂基模料

（填充性或非填充性）。选用模料时还应兼顾模料工艺性和经济性。

② 选用合理的制模工艺参数。合理选用制模的工艺参数，如制模操作间的温度、模具冷却温度、压蜡温度、压注压力、保压时间、冷却时间、冷却方式、停放时间、蜡模摆放等，确保蜡模不变形。

③ 蜡模本体分段的拼接组装。在模具设计上应尽量避免产品分段拼接，如需拼接组装则需在拼接的位置设计防错和拼接定位，确保拼接位置吻合，必要时应采用修补蜡填平缝隙。

④ 选用合理的蜡模组树焊接方法。主要针对多浇口且须人工搭建浇口的产品，需要提前设计好浇口粘接和模组浇道焊接的顺序，避免因组合间隙问题造成蜡模与浇道的硬性连接形成应力变形。

⑤ 制作专用工装。必要时，根据蜡模结构，设计制作专用的工装支撑、摆放蜡模，限制其变形。

（3）防止型壳变形

① 合理选用型壳材料。从常用耐火材料性能及应用表中可以看出：石英热膨胀最大，熔融石英最小。

② 制壳工艺。例如，为了生产高精度的熔模铸件，制壳间应该保持恒温。

又如涂料黏度应与撒砂配合，型壳干燥/硬化工艺等也对型壳的变形有影响，都需要加以控制。

（4）改进铸件结构。改进铸件的结构，使铸件的壁厚尽量均匀，壁厚不均匀处应采取圆弧过渡，避免出现尖角，产生应力集中。对于易变形的部位，必要时应该增设工艺孔或工艺筋，但是避免工艺筋过粗、过大、过长，造成与铸件连接处产生新的热节。

（5）改进浇注系统设置。尤其是内浇口的设置位置，应尽量减小各处的温差，使铸件各处的冷却速度均匀、一致；尽量避免在铸件冷却过程中，浇注系统与铸件之间相互牵连，产生应力，引起铸件变形。

必要时，在内浇道处开设应力口，把应力转移到应力口上。

（6）制定合理的浇注工艺。如浇注时选择合理的金属液温度和型壳的温度，并严格控制；或采用填砂浇注；或在铸件易变形处，采用包棉保温等措施，降低铸件冷却速度，减小铸造应力对铸件变形的影响。

（7）防止铸件热处理变形

① 铸件热处理时，根据铸件的大小、形状和变形难易程度合理摆放。

② 合理选用、严格控制铸件的热处理工艺参数。

③ 加强热处理炉和温控仪表的定期检测和日常维护、保养，使其满足铸件热处理的工艺要求。

④ 必要时，制作专用防止铸件变形的工装，将铸件放在工装上再进行热处理。

⑤ 采用适当的冷却方式，防止铸件变形。

（8）防止铸件在清理时变形。铸件浇注后完全冷却时，方可清理铸件上的型壳；锤击清理时的操作方法要得当，避免锤击铸件易变形处。

二、F211 尺寸超差

1. 概述

（1）特征：铸件上有的尺寸与公差，不符合图纸的要求。

（2）成因：铸造收缩率设计不合理、铸造过程变形等原因造成尺寸不符合图纸的要求。

（3）部位：铸造应力大的部位，或铸件刚度相对较弱的部位。

（4）图例：见图 2-108。

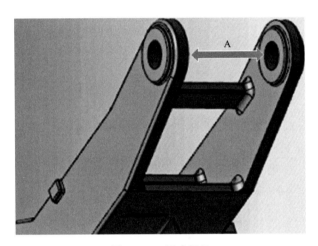

图 2-108　尺寸超差

2. 产生原因

影响熔模铸件尺寸精度的因素很多，主要与铸件特点（材质、结构、形状、大小）、压型（分型方案、工艺参数、加工精度）、制模（模料种类、制模工艺）、制壳（制壳材料、制壳工艺）、浇注与清理（金属材料、浇注工艺、清理工艺）五大因素有关。

正常生产中铸件特点一般是不能改变的；压型造成的偏差，一般可以通过修改压型予以消除。为此，影响铸件尺寸超差的主要因素有三个，即制模、制壳，以及浇注与清理。铸件的尺寸公差是上述因素的代数和。

（1）蜡模尺寸超差。蜡模尺寸精度对铸件尺寸精度的影响最大。据资料介绍，对 25mm 长的铸件，蜡模偏差占铸件总偏差的 50％以上。在压型尺寸一定的前提下，蜡模的尺寸与蜡料性能、压注时的工艺参数，以及蜡模在收缩过程中是否受阻等诸多因素有关。

① 模料种类/性能。见"变形"的"产生原因"之（2）①。

② 制模工艺参数，直接影响到蜡模的尺寸精度。

室温：制模间的室温很重要。当室温控制在 20～25℃ 范围内，模料的尺寸变化可达 0.3％～0.8％。室温往往直接影响到压型和冷却水的温度。

压蜡温度：压蜡温度对蜡模尺寸影响很大，蜡温低，收缩率低；蜡温高，蜡模不能迅速凝固，收缩率大。压蜡温度控制的精度低，是造成蜡模尺寸波动的重要原因。

压注压力：压注压力不稳定对蜡模尺寸的影响很大。压注压力小，收缩率增大；蜡基模料常用的压注压力都小于1MPa；而小于1MPa的压注压力恰恰对蜡模尺寸影响显著，随着压注压力增大，收缩率减小；超过1MPa后，影响就不明显。

其它因素：手工制模，如用螺钉锁紧压型时，由于操作工用力不同，加之注射压力不等，会使蜡模分型面的尺寸出现约0.3mm的偏差，使工艺参数在很大的范围内波动，从而影响到蜡模尺寸也在很大的范围内波动。

见"变形"的"产生原因"之（2）②。

③ 蜡模。见"变形"的"产生原因"之（2）③。

④ 压型。见"变形"的"产生原因"之（2）④。

（2）型壳的热膨胀对铸件尺寸有影响。型壳热膨胀影响铸件尺寸，而型壳热膨胀又和制壳材料及工艺有关。

（3）浇注、清理对铸件尺寸的影响

① 浇注。浇注时的型壳温度、金属液的温度，以及铸件在型壳中的位置等因素都会影响铸件的尺寸。例如，相同的铸件处于不同的浇注位置时，因所受压力不同，金属液的实际浇注温度也不同，容易引起铸件尺寸波动。

② 有时清理会造成铸件变形，会影响铸件的尺寸。

总之，影响铸件尺寸变化的因素很多，要生产高精度铸件，必须从铸件特点、压型、制模、制壳、浇注与清理各环节严加控制。

3. 防治措施

（1）保证蜡模尺寸

① 选择模料。见"变形"的"防治措施"之（2）①。

② 选用可靠的制模工艺参数。

a. 控制室温。为了保证蜡模的尺寸精度，应该严格控制室温。蜡基模料室温控制在18～25℃，树脂基模料控制在20～24℃；最好安装空调，温度控制在20～24℃。

b. 压型温度。压型温度与室温相同，便于控制；并能够确保蜡模尺寸精度。

注：压蜡机的压型温度由工艺确定。

c. 压蜡温度。压蜡温度是影响蜡模尺寸精度的主要因素之一；因此，生产中必须严格控制。蜡基模料的压蜡温度控制在45～48℃，树脂基模料控制在52～60℃，并保证射蜡系统温控的准确性。

d. 压注压力。压注压力是影响蜡模尺寸精度的主要因素之一。生产中应根据蜡模的结构、形状和大小，及模料种类选取；蜡基模料在0.2～0.5MPa，树脂基模料在2～15MPa。

e. 保压时间。对蜡模尺寸有明显的影响。为了保证蜡模的尺寸精度，保压时间应控制在工艺参数合理的范围内。

f. 起模时间。为了保证蜡模的尺寸精度，必须控制起模时间在20～100s；同时必须严格控制制模间和蜡模存放处的温度，对于精度要求高的蜡模或易变形的蜡模，取出蜡模后应放置在胎模中一定的时间，使其尺寸稳定后再取出。

g. 冷却时间。蜡模取出后，采用合理的冷却方式冷却10～60min；也可以根据企业的实际情况，对蜡模予以合理的冷却时间。

h. 冷却方式。蜡模取出后，应根据产品的工艺要求选用合适的冷却方式。冷却方式分为：空冷、水冷、定型模冷却。

i. 其它因素。在可能的情况下，尽量避免手工制模。手工制模应严格遵守操作规程。

③ 蜡模。蜡模的结构一旦确定下来很难有大的改变；因此，要在压型设计，及以后的验证压型中，予以充分考虑，使其影响降到最低。蜡模的收缩率选择不当，会造成系统误差；这些误差可以在压型调试过程中予以消除。对于厚大部位，可放置冷蜡芯再压型，以减少厚大部位的收缩量。

④ 压型。压型的加工精度直接影响到蜡模的尺寸精度，应严格控制；但是过高的精度要求，将大幅度增加压型制作成本。

（2）控制型壳变形的影响。控制型壳的热膨胀，从制壳材料及工艺着手。

① 型壳材料。根据铸件的实际需要，合理选择耐火材料。

硅溶胶型壳对铸件尺寸精度的影响，比水玻璃型壳的影响要小。

② 制壳工艺。控制制壳间的温度、涂料黏度与撒砂的合理搭配，以及控制型壳的干燥/硬化工艺等。

（3）减少浇注、清理的影响

① 严格控制浇注时的型壳温度＞700℃，以减小型壳温度对铸件尺寸超差的影响。

② 控制浇注时的金属液温度，尤其是金属液的温度与型壳温度应合理匹配。

③ 铸件完全冷却后再清理；注意敲击铸件的部位，避免铸件清理时产生尺寸超差。

（4）特殊工序。制壳和浇注都是熔模铸造的特殊工序，应设立质量控制点，生产现场的4M1E（人、机、料、法、环）如有一项变动，都必须重新验证，并做好原始记录。

第七节　G 夹杂类缺陷

夹杂类缺陷的子分类及名称见下表：

缺陷类别	缺陷分组	缺陷子组	具体缺陷	缺陷名称
G	G1 外来夹杂物	G11 宏观夹杂物	G111	渣孔
			G112	砂眼
			G113	冷豆
			G114	渣气孔
	G2 内生夹杂物	G21 微观夹杂物	G211	非金属夹杂物
			G212	金属氧化夹杂物

一、G111 渣孔

1. 概述

（1）特征：铸件的表面或内部有熔渣形成的孔洞。

（2）成因：金属液中的熔渣进入型腔，留在铸件中或表面上形成渣孔。

（3）部位：出现在铸件的局部表面或内部。

（4）图例：见图 2-109。

图 2-109　渣孔

2. 产生原因

（1）炉料不净洁。熔模铸造一般使用感应炉熔炼，实际上这个过程不是熔炼过程，而是重熔过程。因此，炉料中的回炉料过多，或回炉料含有较多的杂质、夹杂物、锈蚀、型壳材料等，易使铸件产生渣孔。

（2）浇注时，浇包不干净；或挡渣不良。浇注时，浇包不干净，使金属液与浇包上残留的熔渣发生二次造渣；或挡渣不良，使这些熔渣进入型腔。

（3）浇注系统设计不当。浇注系统设计不当，使熔渣随金属液一起进入型腔；进入型腔的熔渣不能上浮至浇冒口。

（4）熔炼时造渣不良，扒渣不净

① 熔炼前坩埚或炉衬没有清理干净，残留很多的熔渣。

② 没有严格执行熔炼工艺和操作规程，在造渣、脱氧过程中，使金属液氧化。

③ 选用造渣剂和脱氧剂不当，或加入量不足。

④ 出钢前，金属液没有足够的过热度和静置时间，不利于熔渣的上浮。

⑤ 浇注前，造渣不良、除渣不净。

3. 防治措施

（1）选用净洁的炉料。加强炉料管理，熔炼时，采用清理过的、洁净的炉料；避免炉料含有锈蚀、型壳材料等杂质。根据铸件的质量要求，应严格控制回炉料的使用量。

（2）浇注前浇包应净洁。浇注前清除浇包上的熔渣，及时修补或更换浇包；浇注时，注意挡渣，或采用茶壶式或挡渣板式浇包。

（3）改进浇注系统设计。改善其挡渣和排渣能力，并使熔渣能够上浮、排出；必要时，采用过滤净化技术。

（4）熔炼时，充分造渣、除渣干净

① 熔炼前清理干净炉衬上的熔渣。

② 严格执行熔炼工艺和操作规程，在造渣、脱氧过程中，避免金属液氧化。

③ 使用适量的造渣剂和脱氧剂；注意造渣与扒渣。

④ 出钢前，金属液应有足够的过热度和静置时间，以利于熔渣的上浮。

⑤ 出炉前加入聚渣剂，以利于扒渣。

二、G112 砂眼

1. 概述

（1）特征：铸件的表面或内部有耐火材料形成的孔洞。

（2）成因：浇注前型砂或型壳材料落入型腔，或型腔中残留了型砂或型壳材料，或浇注时金属液冲掉型腔中的局部面层等而形成了砂眼。

（3）部位：在铸件的表面或内部。

（4）图例：见图 2-110、图 2-111。

图 2-110　铸件表面上的砂眼

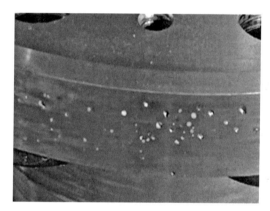

图 2-111　加工后发现的内部砂眼

2. 产生原因

（1）来自型腔的外部

① 浇口棒不干净，粘有耐火材料；脱蜡后，型腔中残留耐火材料。

② 脱蜡液中残留耐火材料，在脱蜡过程中当脱蜡液沸腾时，将其卷入型腔；或将浇口杯上的耐火材料卷入型腔；或脱蜡结束后排气速度太快，导致滤网上的砂子形成负压进入型腔。

③ 型壳在存放、搬运、焙烧过程中或浇注前，不慎使耐火材料落入型腔；如果浇注前未能将进入型腔中的耐火材料吸出，浇注时金属液将这些耐火材料挤入型壳的底部或端面不能上浮而产生了砂眼。

（2）来自型壳的内部

① 型腔的表面层与加固层局部结合不良。如结合不牢而分层、鼓胀、面层局部剥落，或型壳酥松等，浇注时金属液冲掉上述局部缺陷部位，浇注后被冲掉的型壳不能上浮至浇冒口而残留在铸件中，形成了砂眼。

② 型腔中有飞翅。蜡模组装时，局部留有缝隙，导致型壳留有飞翅。浇注时，金属液

冲掉飞翅，卷入型腔形成了铸件砂眼。

（3）浇注系统设计不合理，使浇口杯附近的耐火材料直接进入型腔。

（4）浇注操作不当，使金属液对型腔的冲刷剧烈，冲掉了耐火材料。

生产实践表明，砂眼中有耐火材料和型砂。如果砂眼中只有型砂，则多是由型砂从型壳外部进入型腔而造成的；如果砂眼中只有耐火材料，则多是由型腔面层质量欠佳造成的。

3. 防治措施

（1）防止耐火材料从外部落入型腔

① 保持蜡料和浇口棒清洁、干净。

② 型壳脱蜡前，把浇口杯附近的浮砂清除干净，以防在脱蜡过程中其自行落入型腔；在浇口杯边缘涂上一层涂料，防止耐火材料落入型腔。

③ 防止型壳在脱蜡、搬运、存放、焙烧，或浇注前的填砂过程中，型砂落入型腔；浇注前，用吸尘器吸净型腔中的耐火材料等杂物。

④ 采用翻边浇口杯，使浇口杯边缘的耐火材料不易落入型腔，或采用陶瓷浇口杯。

（2）提高型壳质量，避免型腔分层等缺陷

① 根据型壳质量的实际需要，合理地选择型壳材料（黏结剂、耐火粉料、撒砂材料等）；采用合适的制壳工艺（配制涂料、浸涂料、撒砂、干燥硬化、脱蜡和焙烧等），确保型壳的质量，消除型壳分层、鼓胀、面层剥落和酥松等缺陷。

② 组树时确保焊接处不得局部留有缝隙，从而消除型壳飞翅。

③ 型壳脱蜡后存放时间不宜过长，型壳不能析出"茸毛"。

（3）改进浇注系统设计。避免耐火材料直接落入型腔，必要时设置专门的集砂器，浇注系统应该能够减缓金属液对型腔表面的冲击。

（4）改进浇注操作。避免金属液对型腔的剧烈冲刷，防止冲掉耐火材料。宜采用"引流准、注流稳、收流快"的浇注操作方法。

三、G113 冷豆

1. 概述

（1）特征：铸件上嵌有未完全熔合的金属颗粒（颗粒不突出于铸件的表面）。

（2）成因：最初浇入的金属液溅入型腔并激冷成金属颗粒，之后被后来浇注的金属液包围，形成冷豆。

（3）部位：出现在铸件的表面上。

（4）图例：见图 2-112。

2. 产生原因

（1）浇注系统设置不当。浇注系统设置不当，使金属液飞溅进入型腔。

（2）浇注时操作不妥。如浇注速度太快，使金属液飞溅进入型腔。

（3）浇注过程中出现断流。先浇注的金属液产生飞溅，激冷形成冷豆，被二次浇注的金属液包围。

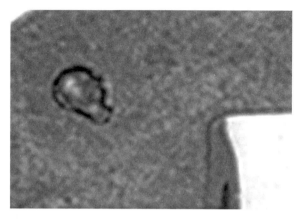

图 2-112 冷豆

3. 防治措施

（1）改进浇注系统设置。改进浇注系统设置，避免金属液飞溅进入型腔；必要时采用底注或设置缓冲器。

（2）浇注操作应平稳。避免浇注速度太快，避免金属液飞溅进入型腔。

（3）浇注时，金属液平稳、连续地进入型腔。浇注时，避免断流（进行二次浇注）。

四、G114 渣气孔

1. 概述

（1）特征：铸件的上表面，通常在加工后发现密集的气孔与熔渣等夹杂物并存的孔洞。

（2）成因：金属液中的某些元素（如碳）与混杂在其中的渣（如氧化亚铁）发生反应而生成渣气孔。

（3）部位：常出现在铸件的上表面。

（4）图例：见图 2-113。

图 2-113 渣气孔

2. 产生原因

（1）炉料不净洁，或回炉料用量多并含有较多杂质。见"析出气孔"的"产生原因"之（1）。

（2）熔炼工艺不良，造渣不良，扒渣不净。见"析出气孔"的"产生原因"之（2）。

（3）浇注时，浇包不干净。在浇注时，金属液与浇包上残留的熔渣产生二次造渣，进入型腔；或挡渣不良，进入型腔。

（4）浇注系统设计不当，不利于除渣排气。浇注系统不利于熔渣上浮至浇冒口，不能顺利排气。

3. 防治措施

（1）炉料应净洁，合理选用回炉料。见"析出气孔"的"防治措施"之（1）。

（2）选择合理的熔炼工艺。见"析出气孔"的"防治措施"之（2）。

（3）浇注时，浇包应干净。在浇注前认真清理浇包上的残渣，及时更换或修补浇包；浇注时注意挡渣，或采用茶壶式浇包或挡渣板式浇包。

（4）改进浇注系统设计。改进浇注系统设计，提高熔渣上浮能力，以及挡渣和排渣的能力，必要时采用过滤净化技术。

（5）提高型壳的透气性。必要时增设排气孔；型壳充分焙烧，水玻璃型壳焙烧温度为850～950℃，硅溶胶型壳焙烧温度为950～1200℃；增加型壳透气性。

五、G211 非金属夹杂物

1. 概述

（1）特征：铸件内部组织有形状各异的非金属夹杂物。

（2）成因：浇注后，金属液中的非金属夹杂物未能上浮、去除，残留在铸件中。

（3）部位：常出现在铸件的内部。

（4）图例：见图 2-114。

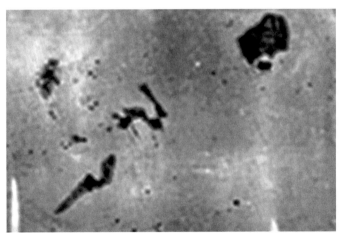

图 2-114　硅酸盐夹杂物×100

2. 产生原因

（1）炉料不干净。炉料不干净，使金属液中含有较多的非金属氧化物。

（2）金属液与炉衬材料发生化学反应。金属液在高温下与炉衬材料发生化学反应，生成较多的非金属夹杂物且未能上浮去除，残留在金属液中。

（3）熔炼操作不当。熔炼时脱氧不充分；出钢时金属液过热度低或金属液静置时间不足，导致夹杂物不能完全上浮而残留在金属液中。

（4）浇包残留较多的熔渣。浇包未清理干净，残留较多的熔渣；浇注时，金属液与浇包中的熔渣发生化学反应，生成较多的非金属夹杂物。

（5）浇注系统设置不当，或浇注条件不妥。浇注系统设置不当，不能及时排出非金属夹杂物；浇注时金属液的温度低或型壳的温度低，不利于非金属夹杂物的上浮、排出。

3. 防治措施

（1）选用清洁、干净的炉料。炉料使用前，应进行喷砂或抛丸处理。

（2）避免金属液与炉衬材料发生化学反应。选择合理的熔炼工艺，选用在高温下稳定的炉衬材料，避免金属液在高温下与炉衬材料发生化学反应。

（3）严格执行熔炼工艺和操作规程。在熔炼时，严格脱氧、造渣、扒渣，保护金属液表面；出钢时金属液应有足够的过热度，金属液出炉前应静置 2min（视坩埚中金属液的含量确定静置时间），使夹杂物上浮、排出。

（4）去除浇包上的熔渣。浇注前浇包应清理干净，或更换浇包；避免残留熔渣与金属液发生二次氧化，生成非金属夹杂物。

（5）改进浇注系统设置，或改善浇注条件。改进浇注系统设置，及时排出非金属夹杂物；浇注时适当地提高金属液的温度或型壳的温度，以利于非金属夹杂物的上浮、排出。

（6）安放陶瓷过滤网。

六、G212 金属氧化夹杂物

1. 概述

（1）特征：铸件的内部组织有形状各异的金属氧化夹杂物。

（2）成因：浇注后，金属液中的金属氧化夹杂物未能上浮去除，残留在铸件中。

（3）部位：常出现在铸件的内部。

（4）图例：见图 2-115。

2. 产生原因

（1）炉料不干净。炉料含有较多的铁锈，或加入的合金含有较多的金属氧化物，或稀土烘烤过度、氧化；使金属液中含有较多的金属氧化夹杂物。

（2）熔炼工艺不当或操作不妥。熔炼时脱氧不充分，金属液的静置时间不够，金属液中的金属夹杂物不能上浮，而残留在金属液中。

（3）浇注操作不当。使金属液产生二次氧化，含有较多的金属氧化夹杂物。

（4）浇注系统设置不当，或浇注条件不妥。见"非金属夹杂物"的"产生原因"之（5）。

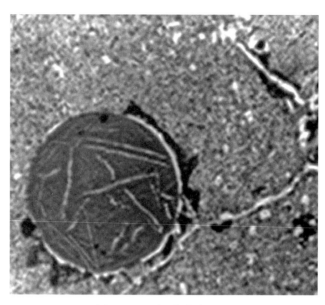

图 2-115　稀土氧化物×50

3. 防治措施

（1）炉料应干净、清洁。炉料使用前应进行抛丸或喷砂处理，加入的铁合金应适当烘焙，去除氧化夹杂物等。

（2）选择合理的熔炼工艺并遵守操作规程。熔炼时充分脱氧、造渣和扒渣，保护好金属液表面；金属液出炉前静置 2min（视坩埚中金属液的含量确定静置时间），以利于夹杂物上浮并去除。

（3）改进浇注操作。在浇包中事先放入覆盖剂，防止金属液浇注时产生二次氧化，浇注时注意挡渣，或采用茶壶式浇包或挡渣板式浇包。

（4）改善浇注系统设置，或改善浇注条件。改进浇注系统设置，以利于金属氧化夹杂物上浮并及时排出；浇注时适当地提高金属液的温度或型壳的温度，以利于金属氧化夹杂物的上浮、排出。

第八节　H 组织不合格类缺陷

组织不合格类缺陷的子分类及名称见下表：

缺陷类别	缺陷分组	缺陷子组	具体缺陷	缺陷名称
H	H1 金相组织不合格	H11 脱碳	H111	铸态脱碳
			H112	正火脱碳
		H12 金相组织缺陷	H121	树枝状组织
			H122	晶粒粗大
			H123	魏氏组织
			H124	宏观偏析

缺陷类别	缺陷分组	缺陷子组	具体缺陷	缺陷名称
H	H2/3 叶片晶粒组织不合格	H21 等轴晶叶片组织缺陷	H211	等轴晶叶片晶粒粗大
			H212	等轴晶叶片细晶带
			H213	等轴晶叶片柱状晶
		H31 定向凝固柱晶叶片组织缺陷	H311	定向凝固柱晶叶片断晶
			H312	定向凝固柱晶叶片横向晶界
			H313	定向凝固柱晶叶片柱晶偏离
			H314	定向凝固柱晶叶片区中的等轴晶
			H315	定向凝固柱晶叶片柱晶生长不均匀

一、H111 铸态脱碳

1. 概述

（1）特征：铸件的铸态表层组织呈现全脱碳或半脱碳组织。

（2）成因：空气中的氧与金属液中的碳，以及铸件冷却时形成的渗碳体、奥氏体中的碳发生反应，造成铸件表面脱碳。反应如下：

$$2C + O_2 = 2CO$$
$$C + O_2 = CO_2$$

（3）部位：出现在铸件的表面。

（4）图例：见图 2-116。

图 2-116　铸态脱碳×100

2. 产生原因

当铸件的温度超过 A_1 以后（铸件脱碳反应的温度范围主要是在 727℃ 以上，从 800℃ 开始产生强烈的氧化与脱碳），随着温度的上升，空气中的氧从铸件外向铸件内的扩散加剧，合金中的碳由里向外扩散加剧，脱碳反应强烈，碳量烧损增多。

总之，铸件的铸态脱碳始于金属开始凝固。

（1）浇注时金属液或型壳的温度过高。浇注时，金属液或型壳的温度越高，脱碳反应速度越快；并且冷却时间越长，脱碳层越深。

（2）铸件模数大。随着铸件模数（体积与表面积之比）的增加，散热条件变差，冷却速度降低，凝固时间延长，铸件脱碳相应地增加。

即使同一个铸件上的不同部位，只要是模数不同，产生脱碳层的深度也不相同。

（3）反应物碳和氧的浓度大。经测量装箱浇注并一起冷却的铸件脱碳层，结果是上部铸件的脱碳层较深为 0.43mm，中部较浅为 0.24mm，下部的最浅为 0.18mm。这说明同一模组不同高度铸件的脱碳层深度也不同。金属液注入型腔，型腔中的原有空气除与金属液接触发生化学反应外，还被金属液排挤出去；而来自大气中的空气迅速透过型壳与金属液接触，形成对流，导致铸件表面脱碳。上部的铸件与空气接触较多，产生的脱碳层较深；而下部的铸件与空气接触较少，脱碳层较浅。生产实践证明，型壳的透气性越好，铸件的脱碳层越深。对于碳素钢和低合金钢，随着含碳量的增加，铸件的脱碳层加深。

综上所述，反应物碳和氧的浓度越大，脱碳层越深。

（4）脱碳反应过程处于高温、高浓度下的时间长。在高温下冷凝的时间较长，脱碳层较深；而采用高强度型壳单壳浇注时，在高温下冷凝的时间较短，脱碳层较浅。

（5）浇注系统设计不当。浇注系统设计不当，使铸件局部过热；或散热不良时，延长铸件局部在高温时的冷凝时间，脱碳层加深。

（6）与合金的成分有关。对于含碳合金（碳素钢、低合金钢）来说，氧化和脱碳是同时进行的。当存在大量过剩空气或合金中含有促进氧化反应的合金元素时，即当氧化速度大于脱碳速度时，铸件很少脱碳而强烈氧化；当合金中含有抑制氧化速度的合金元素时，即当脱碳的速度大于氧化的速度时，铸件氧化很少而强烈脱碳。

浇注的金属液中含有大量的、在凝固温度下对大气氧气的亲和力大于碳对大气氧气的亲和力的合金元素时，脱碳很少；反之，脱碳加深。铬和锰均能降低铸件脱碳的倾向。硅在 0.8% 以下使铸件脱碳倾向减少；超过此值，随着含硅量的增加，脱碳倾向增大。铝在 0.3% 以下降低脱碳倾向，超过此值，脱碳倾向增加。

（7）制壳时，型壳局部堆积。局部积浆、积砂过多，造成型壳局部过厚，散热不良，脱碳层加深。

3. 防治措施

（1）适当地降低浇注时的金属液温度和型壳温度。

浇注时，降低金属液和型壳的温度；加快铸件的冷凝速度；必要时，在铸件的周围营造保护性气氛。

（2）改进铸件设计。改进铸件设计，使铸件的模数趋于合理，以便改善散热条件，提高冷却速度，缩短凝固时间，减少铸件脱碳。

（3）在铸件浇注与冷凝过程中建立保护性气氛

① 铸件浇注后置入保护箱中。铸件脱碳始于金属开始凝固，铸件浇注后在移置到保护箱以前已经产生脱碳。保护箱中通入氮气或惰性气体保护，只能避免脱碳层加深。

② 铸件浇注后，加罩密封或营造还原性气氛等。

③ 采用低强度型壳填砂浇注。

采用高强度型壳单壳浇注时，也可以将适量的、与加固层撒砂材料粒度相近的碳粒等加入撒砂材料中，浇注时由于铸件的材质、形状、金属液和型壳的温度、周围的气氛以及碳化剂在填充砂中的均匀性等因素都会产生影响，所以要选择一种配比，使铸件的各个部位既不增碳又不脱碳。

④ 在涂料中加入适量的碳化剂，如石墨和碳纤维等。

（4）改进浇注系统设计。使铸件均匀、快速冷却。

二、H112 正火脱碳

1. 概述

（1）特征：铸件热处理（正火）后，铸件表层组织呈现全脱碳或半脱碳组织。

（2）成因：空气中的氧与铸件中的碳发生反应，造成铸件表面脱碳。反应如下：

$$2C + O_2 \Longrightarrow 2CO$$
$$C + O_2 \Longrightarrow CO_2$$

（3）部位：出现在铸件的表面。

（4）图例：见图 2-117。

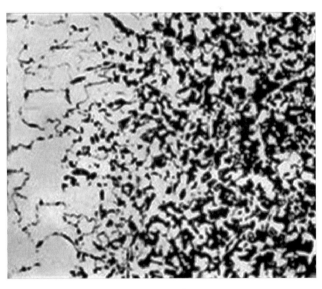

图 2-117 正火脱碳×100

2. 产生原因

正火过程中，碳的扩散速度很快，可以部分地补充铸件表面被烧损的碳量。当碳的补充量等于碳的烧损量时，铸件表面不脱碳，使铸件的总含碳量降低；当碳的补充量低于碳的烧损量时，铸件表面产生脱碳。

（1）与加热温度和保温时间有关。铸件在加热过程中的脱碳反应是在 A_1 线以上，随着温度的提高，脱碳反应加剧，脱碳层加深。温度每升高 10℃，反应速度增加 2～4 倍。加热温度一定时，脱碳层随着保温时间的延长而增加。这说明脱碳反应是在高温停留期间的开始阶段进行得最强烈。

（2）与加热炉的气氛（介质）有关。脱碳反应是在铸件与空气接触的界面上进行的。在氧化性气氛中加热，铸件表面产生脱碳；在中性气氛中加热，铸件表面既不脱碳又不增碳；在还原性气氛中加热，铸件表面增碳。这种气氛随着铸件含碳量的不同、加热温度的不同而变化着。即在一定的条件下，能维持一定的平衡关系。

（3）铸件热处理后，铸件冷却缓慢。铸件热处理出炉后冷却得越缓慢，脱碳层越深。

3. 防治措施

（1）选择合理的热处理工艺，并遵守操作规程。根据铸件的材质选择合理的热处理工艺参数，即加热温度和保温时间，并且严格执行操作规程。

（2）营造铸件正火过程中的保护性气氛

① 将铸件装入有盖的密封箱中进行热处理，在箱中装有木炭或渗碳剂，保温后出炉随箱冷却，可以得到无脱碳的铸件。

② 在铸件正火时，在炉中滴入煤油。

炉温校正后将铸件装入炉内，为了尽快地排除炉内的空气，先滴入适量的甲醇；当铸件开始保温时，改为滴入适量的煤油。

采用此法要注意两个工艺参数：一是热处理温度的准确选择；二是滴入量。

③ 保护涂层。为了防止铸件在热处理过程中产生脱碳，可以采用保护涂层。

④ 采用真空热处理。

（3）留加工余量。对熔模铸件个别尺寸的脱碳层有严格要求时，可以在这个部位留一定的加工余量。从生产的可行性、经济的合理性方面进行综合评价后，再选择。切记：需要征得客户的同意。

（4）制定合理的脱碳层标准。由于熔模铸造的生产特点决定了在正常生产中很难得到完全不脱碳的铸件，因此制定一项合理的、切实可行的标准，有着非常现实的意义。

要根据客户要求，结合本单位的实际情况和熔模铸件特点，制定更科学、合理、实用的标准。既要保证铸件质量，又要避免浪费。

三、H121 树枝状组织

1. 概述

（1）特征：铸件的凝固结晶呈树枝状组织。

（2）成因：铸件壁厚较大，而且厚薄不均匀；凝固冷却慢且不均匀。

（3）部位：铸件的显微组织。

（4）图例：见图 2-118、图 2-119。

2. 产生原因

（1）铸件结构不合理，壁厚不均匀。铸件壁厚不均匀导致铸件冷却不均匀；冷却慢的部位，导致了其显微组织呈现树枝状结晶。

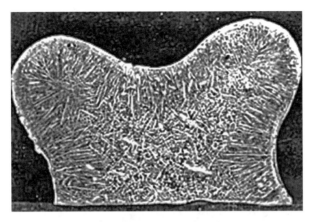

图 2-118 宏观树枝状组织

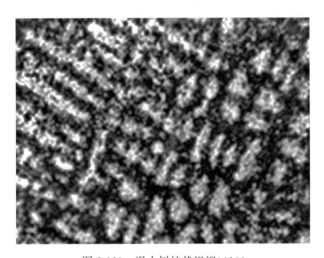

图 2-119 退火树枝状组织×100

（2）铸件的冷却速度缓慢。浇注时金属液和型壳的温度高，且散热条件差，使铸件的冷却时间长、冷却缓慢，导致了其显微组织呈现树枝状结晶。

3. 防治措施

（1）改进铸件结构，使壁厚尽量均匀。当铸件结构无法修改时，应采取工艺措施（如在铸件壁厚处放置冷铁等），加快铸件冷却速度。

（2）提高铸件冷却速度。适当地降低浇注时的金属液和型壳温度；合理设置浇注系统，避免铸件局部过热，创造良好的散热条件，加快铸件冷却速度。

（3）采用扩散退火予以消除树枝状结晶。

四、H122 晶粒粗大

1. 概述

（1）特征：铸件的局部或整体内部组织的晶粒粗大。

（2）成因：铸件壁厚较大，凝固冷却较慢。

（3）部位：出现在铸件的全部或局部组织中。

（4）图例：见图 2-120。

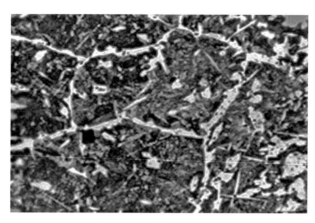

图 2-120　晶粒粗大×100

2. 产生原因

（1）铸件结构和工艺设计不合理

① 铸件截面差异过大，使截面较厚的部位冷却缓慢而造成该处的晶粒粗大。

② 对于带孔的铸件，没有采用有助于减小有效截面尺寸的型芯，使该处截面尺寸过厚，导致晶粒粗大。

（2）浇注系统设计不当

① 为了对铸件局部厚壁处补缩而增加冒口，使该处过热，冷却缓慢，导致晶粒粗大。

② 内浇口或冒口与铸件连接处局部过热，内浇口和冒口颈部较短，有利于补缩；但生成热节，导致晶粒粗大。

③ 内浇口太少，不利于补缩；易形成局部热节，导致晶粒粗大。

（3）铸件冷却速度较慢；或浇注温度过高，浇注后局部过热。浇注时金属液和型壳的温度过高，使铸件的冷却速度缓慢、冷却时间长，导致铸件产生晶粒粗大。

（4）型壳局部有积料、积砂，使铸件冷却缓慢。

（5）埋砂浇注时，砂子埋得太厚，使铸件散热缓慢，产生晶粒粗大。

（6）晶粒细化剂选用不当，或无晶粒细化剂，或晶粒细化剂添加不足。

（7）合金易产生晶粒粗大。

3. 防治措施

（1）改进铸件结构和工艺设计

① 尽量使铸件的截面均匀，避免差异过大；在截面较厚的部位放置冷铁，使铸件均匀冷却。

② 对于带孔的铸件，采用有助于减小有效截面尺寸的型芯，减小该处截面尺寸。

（2）改进浇注系统设计

① 合理进行冒口设计，既对铸件局部厚壁处补缩，又避免该处过热。

② 改进内浇口或冒口设计，避免在与铸件连接处形成热节，导致局部过热。

③ 适当地增加内浇口的数量及调整设置的位置，既有利于补缩，又能避免形成局部热节。

（3）选择合理的浇注工艺并遵守操作规程。浇注时，适当降低金属液和型壳的温度，加快铸件的冷却速度，避免铸件出现晶粒粗大。

（4）遵守制壳操作规程，避免型壳局部有积料、积砂。

（5）埋砂浇注时，注意适当的埋砂厚度。

（6）合理选用晶粒细化剂，并适量地加入。

（7）采用退火（完全退火），可以消除晶粒粗大。

五、H123 魏氏组织

1. 概述

（1）特征：铸件的内部组织中存在按一定角度排列的针状铁素体。

（2）成因：铸件壁厚较大，凝固冷却较慢。

（3）部位：在铸件的局部或整体内部组织中。

（4）图例：见图 2-121。

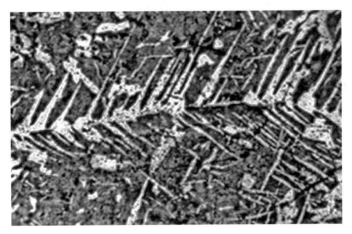

图 2-121　魏氏组织×100

2. 产生原因

① 铸件结构和工艺设计不合理。

② 浇注系统设计不当。

③ 铸件冷却速度较慢。

④ 型壳局部有积浆、积砂，影响散热。

⑤ 埋砂浇注，砂子埋得过厚。

3. 防治措施

① 改进铸件结构和工艺设计。见"晶粒粗大"防治措施之（1）。

② 改进浇注系统设计。见"晶粒粗大"防治措施之（2）。

③ 选择合理的浇注工艺并遵守操作规程。见"晶粒粗大"防治措施之（3）。

④ 采用退火（完全退火），可以消除魏氏组织。

六、H124 宏观偏析

1. 概述

（1）特征：铸件的各部分化学成分、金相组织不一致。

（2）成因：溶质再分配不均匀，铸件壁厚较大，凝固冷却较慢且不均匀。

（3）部位：常出现在铸件局部冷却较慢且不均匀处。

（4）图例：见图 2-122。

图 2-122　宏观偏析

2. 产生原因

（1）浇注温度较高，冷却凝固速度过慢，或浇注温度过高，易使凝固温度范围宽的合金产生区域性的偏析。

（2）铸件壁厚过厚、凝固散热慢，使铸件的冷却速度过慢，导致铸件产生偏析。

（3）厚大铸件金属液凝固过程因固液界面溶质再分配，在凝固前沿溶质富集区域液体发生宏观流动时，会产生宏观偏析。

还应该注意的是，碳、硫、磷等元素的区域偏析会使组织脆化；在热处理过程中有相变，因相变时间不同而产生较大的组织应力，从而容易产生热裂和冷裂；偏析裂纹一般是沿偏析带开裂；因此，要限制热处理升温的速度。

3. 防治措施

（1）保证合金成分，使凝固过程中液体密度差别最小，缩短固液相区间的凝固时间，同时提高冷却速度。

（2）采用加入孕育剂或晶粒细化剂，或振动、搅拌等细化晶粒的措施，减少凝固前液体金属的流动，从而减少、减轻组织偏析。

（3）对偏析不大的铸件，可以采用高温均匀化处理或者正火加以改善；严重的应采用"扩散退火＋正火"处理。

扩散退火能消除偏析，使化学成分均匀。扩散退火又称为均匀化退火，实质是钢在奥氏体内进行充分扩散，所以扩散退火的温度高、时间长。扩散退火加热温度选择在 A_{c3} 或者 A_{cm} 点以上（150～300℃），保温时间通常是根据铸件最大的截面和厚度，按照经验公式计算，一般不超过 15 小时，保温后随炉冷却，冷到 350℃ 以下可以出炉（必须指出的是经过扩散退火以后，奥氏体晶粒十分粗大，必须进行一次完全退火或者正火处理，以细化晶粒，消除过热的缺陷）。

扩散退火的加热温度高、保温时间长，所以加工效率低、成本高，也容易产生粗晶、氧化、脱碳等缺陷。因此，扩散退火只是用于偏析较严重的合金钢铸件；并且扩散退火以后，可以进行一次完全退火或者正火，以细化晶粒，消除偏析缺陷。

（4）对于结晶范围宽的合金，尽量不采用埋砂浇注；使用回炉料的比例不宜过高。

七、H211 等轴晶叶片晶粒粗大

1. 概述

（1）特征：叶片表面晶粒粗大，不符合技术条件规定的晶粒度等级或晶粒平均尺寸大小的要求。

（2）部位：叶片表面晶粒普遍粗大或局部粗大。

（3）图例：见图 2-123、图 2-124。

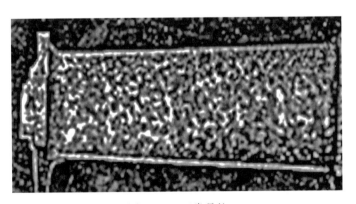

图 2-123　正常晶粒

2. 产生原因

① 型壳局部表面有"白霜"，阻碍晶粒细化作用。

② 细化剂焙烧质量不佳，球磨不均匀。

③ 细化剂用量不当；或细化层涂料不均匀，局部过薄或未涂上。

④ 浇注温度和型壳温度偏高。

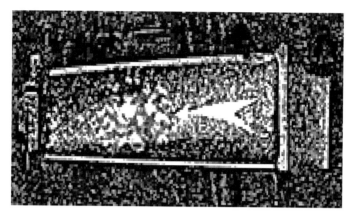

图 2-124　晶粒局部粗大

⑤ 浇注系统设计不合理，铸件局部过热。

⑥ 叶片最大厚度过大，厚薄相差悬殊。

⑦ 型壳局部过厚或不均匀。

3. 防治措施

① 用硅溶胶代替硅酸乙酯作为面层黏结剂；提高型壳焙烧温度，消除"白霜"。

② 使用自制细化剂时，制作细化剂的原材料其成分、粒度应符合要求，并充分球磨；控制反应温度和时间，以保证细化剂的焙烧质量。或采购质量有保证的商品细化剂。

③ 选择细化剂适当的用量，保证细化剂涂层的涂挂质量，避免涂料不均匀、局部过薄或未涂上。

④ 严格控制浇注温度，避免金属液过热；浇注时型壳的温度应与金属液匹配，合理调整叶片凝固过程中的温度梯度和过冷度。

⑤ 合理设计浇注系统，避免铸件局部过热。

⑥ 改进叶片结构设计或采取工艺措施，使叶片厚薄尽量均匀。

⑦ 控制型壳局部厚度，保证涂挂均匀，特别关注型壳局部易堆积区域，人工减薄局部厚大区域。

八、H212 等轴晶叶片细晶带

1. 概述

（1）特征：叶身表面存在着极细的晶粒带，与周围的晶粒有明显的分界。

（2）部位：叶片自叶根到叶尖靠近排气边的一侧。

（3）图例：见图 2-125。

2. 产生原因

浇注时型壳的温度偏低，浇注速度过慢，先进入型腔的金属液出现较大的过冷。

3. 防治措施

（1）减小金属液与型壳之间的温差，对细晶带区域采取包棉保温措施。

图 2-125　等轴晶叶片细晶带

（2）正确设置浇注系统，防止金属液从上内浇道首先进入型腔。

（3）加快浇注速度。

九、H213 等轴晶叶片柱状晶

1. 概述

（1）特征：叶片表面有从边缘向中心生长的柱状晶，不符合技术条件对柱状晶的相关规定。

（2）部位：多出现在叶片靠近排气边的局部。

（3）图例：见图 2-126、图 2-127。

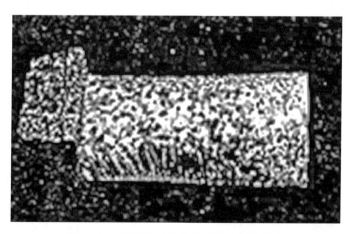

图 2-126　等轴晶叶片柱状晶的毛坯柱状晶

2. 产生原因

（1）浇注温度偏高，型壳温度偏低，温差较大。

（2）叶片进、排气边细化层涂料过薄或不均匀。

（3）型壳内表面进、排气边有"白霜"析出。

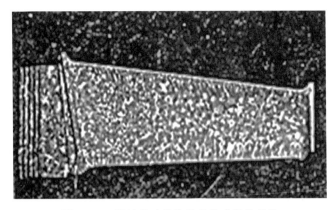

图 2-127　等轴晶叶片柱状晶的成品柱状晶

（4）叶片进、排气边厚度较薄或叶片进、排气边的型壳厚度较薄。

（5）薄壁结构的叶片或叶身无余量的叶片。

3. 防治措施

（1）降低金属液浇注温度，提高型壳温度，减少温差。

（2）适当地加大细化层涂料的黏度，特别注意进、排气边的涂挂质量。

（3）提高型壳焙烧温度，消除"白霜"；用硅溶胶代替硅酸乙酯作黏结剂。

（4）严格控制叶片变形，精化毛坯铸造无余量叶片。通过人工的方法补浆、挂砂，适当地加厚叶片进、排气边的厚度。

（5）对型壳进、排气边采取包棉保温措施，减缓进、排气边凝固速度。

十、H311 定向凝固柱晶叶片断晶

1. 概述

（1）特征：铸件上柱晶断续生长。

（2）部位：在叶片的局部。

（3）图例：见图 2-128、图 2-129。

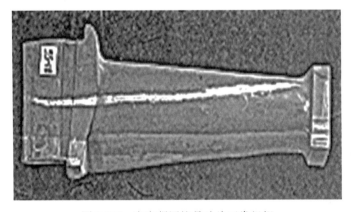

图 2-128　定向凝固柱晶叶片正常组织

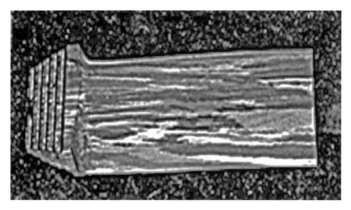

图 2-129　定向凝固柱晶叶片断晶

2. 产生原因

（1）铸件的扭度较大。

（2）断晶处横向温度场不均匀，采用快速凝固法定向工艺时，结晶器移动速度过快。

（3）纵向温度梯度过小，或纵向冷却能力过小。

3. 防治措施

（1）柱晶生长通过过渡断面时，要降低结晶器的移动速度。

（2）尽可能保持横向温度场均匀，减少横向温差，加强铸型室的保温，减少横向散热，使之得到均匀的横向温度。

（3）减小型壳与隔热挡板的间隙，增加纵向温度梯度，减少横向散热。

十一、H312 定向凝固柱晶叶片横向晶界

1. 概述

（1）特征：叶片的进气或排气边出现明显的横向晶界。

（2）部位：出现在叶片的局部。

（3）图例：见图 2-130。

图 2-130　定向凝固柱晶叶片横向晶界

2. 产生原因

（1）凝固温度场的横向温度梯度大于纵向温度梯度。

（2）进、排气边有横向晶生长的核心。

（3）进、排气型壳边缘较薄。

3. 防治措施

（1）提高型壳温度

① 适当地提高铸型室的温度，减少横向散热。

② 加大结晶器中的冷却水压，降低水温。

③ 浇注后，静置一定的时间，再开始移动结晶器。

（2）型壳的内表面要光滑。

十二、H313 定向凝固柱晶叶片柱晶偏离

1. 概述

（1）特征：铸件上柱晶与主应力轴偏离过大。

（2）部位：出现在叶片的局部。

（3）图例：见图 2-131。

图 2-131　定向凝固柱晶叶片柱晶偏离

2. 产生原因

（1）起始端的型壳温度或金属液的浇注温度过低，易形成等轴晶，影响柱晶按照主应力方向生长。

（2）结晶器移动速度过快。

（3）横向温度场不均匀，横向散热过多。

（4）组树时的几何中心与晶粒生长方向存在偏差。

3. 防治措施

（1）采用合理的金属液浇注温度和型壳温度。

（2）采用合理的结晶器移动速度。

（3）合理组合模组，使之得到均匀的横向温度场。

（4）优化叶片组树角度，避免较薄区域直对型壳外围。

（5）在型壳高温强度允许的条件下，提高型壳加热温度，增加纵向温度梯度。

（6）减小型壳与隔热挡板的间隙，增加纵向温度梯度。

十三、H314 定向凝固柱晶叶片区中的等轴晶

1. 概述

（1）特征：叶片的柱晶组织中出现等轴晶。

（2）部位：叶片的局部

（3）图例：见图 2-132。

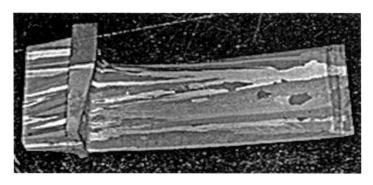

图 2-132　定向凝固柱晶叶片区中的等轴晶

2. 产生原因

（1）型壳温度偏低，纵向温度梯度小。

（2）有等轴晶生长的核心。

（3）型腔表面不光滑。

（4）横向温度场不均匀，横向散热过多。

（5）合金纯度不够，存在杂质。

3. 防治措施

（1）适当地提高型壳的温度，建立合理的纵向温度梯度。

（2）型壳的内表面要平整光滑，避免有凸起或凹下的表面缺陷形成等轴晶核心。

（3）增加铸型室的保温，减小型壳与隔热挡板的间隙，增加纵向温度梯度。

（4）提高合金的纯度，减少杂质。

十四、H315 定向凝固柱晶叶片柱晶生长不均匀

1. 概述

（1）特征：柱晶上下粗细局部不均匀。

（2）部位：出现在叶片的局部。

（3）图例：见图 2-133。

图 2-133　定向凝固柱晶叶片柱晶生长不均匀

2. 产生原因

（1）型壳温度偏低或浇注温度偏低。

（2）在粗晶粒区结晶器移动速度太快。

（3）定向凝固过程中，冷却水或加热室电源中断。

3. 防治措施

（1）浇注时，选择合适的型壳温度和浇注温度。

（2）选择合适的结晶器移动速度。

（3）加强设备维护，防止冷却水或加热系统中断，确保生产正常进行。

第三章　蜡模常见缺陷

第一节　蜡模缺陷名称及分类法

为了便于读者尽快地找到蜡模缺陷的产生原因和防治措施，本节提供了缺陷分类法和缺陷编码结构图。

1. 蜡模缺陷分类法

采用三级分类法。

第一级：两个汉语拼音字母，表示缺陷类别，如 LM 表示蜡模缺陷。

第二级：用两个阿拉伯数字表示缺陷分组。

第三级：用两个阿拉伯数字表示具体缺陷。

2. 蜡模缺陷编码结构图

编码结构图如下：

注：缺陷类别：LM—蜡模缺陷。
　　缺陷分组：每一类缺陷中有多少组。
　　具体缺陷：每一组有多少个具体缺陷。
示例：LM-03-01鼓泡。

3. 缺陷分类法的创新性

① 为今后补充、修改蜡模缺陷预留了很大的空间。

② 方便了读者，节约了查找时间，便于运用。

第二节　蜡模缺陷

蜡模（也称"熔模"）制作是生产中的第一道，也是重要的一道工序，是获得优质铸件的首要条件；实际生产中，由于忽略该工序的蜡模质量，不合格的蜡模流入制壳工序，甚至流入浇注工序，使铸件产生了不良品。即使不流入下道工序，也浪费了制模的人工费用和生产时间。因此，应首先重视和解决蜡模缺陷。

影响蜡模质量的因素主要有：模料、压型、制模工艺和制模设备等四个方面。

压制蜡模（也称"制模"）是将模料经过配制、压制、冷却、修模和组焊等工序制成蜡模，其主要工艺流程如图 3-1。

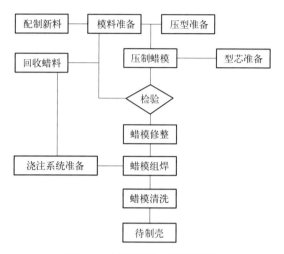

图 3-1　制模主要工艺流程图

当前，制模广泛使用蜡基模料或树脂基模料。一般情况下，蜡模存在气孔、缩陷、裂纹和变形等十余种缺陷。现分述如下。

一、LM-01-01 飞翅

1. 特征

蜡模的分型面上有多余的模料薄片，如图 3-2。

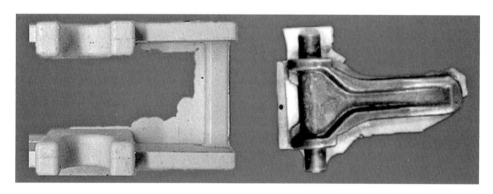

图 3-2　飞翅

2. 产生原因

（1）制模时，注射模料的温度过高，压力过大。

压制蜡模时，提高模料的温度和压力，有利于提高模料的流动性和充填能力；但是模料的温度过高、压力过大，也提高了模料的渗透能力，很容易使模料渗透到压型的分型面，形成了飞翅。

（2）制模时，压型的分型面上有脏物，或压型没有锁紧。

压型的分型面上残留脏物或压型没有锁紧，留有缝隙。即使模料温度和注射压力都正常，模料也很容易通过压型分型面上的缝隙流出，在蜡模上产生飞翅。

（3）压型设计不当，或制造质量较差。

压型的锁紧结构设计不合理，使分型面不能紧密地结合在一起，留有缝隙；或压型的分型面制造误差较大，分型面留有间隙；模料很容易通过压型分型面上的缝隙（间隙）流出，在蜡模上产生飞翅。

（4）压型的使用时间过长，分型面局部磨损或损坏，或压型的型芯或活块等部位磨损。

在分型面局部磨损或损坏处留有间隙，或压型的型芯或活块磨损时，均会在其相应的部位产生缝隙，制模时模料很容易从间隙（缝隙）流出，在蜡模表面产生飞翅。

（5）压型选材不当，刚性较差。

当压型的刚性较差、夹紧力过大时，有可能造成压型留有间隙；制模时模料很容易从间隙流出，在蜡模表面产生飞翅。

（6）合模机的压力不足。

当合模机的合模压力不足时，压型上留有缝隙；制模时模料易从缝隙中流出，形成飞翅。

总之，蜡模产生飞翅的内因是压型有缝隙/间隙，外因是注射压力大或模料温度高。

3. 防治措施

（1）制模时，应严格控制注射模料温度和注射压力。

① 蜡基模料的注射温度应在 45～48℃，注射压力为 0.2～0.5MPa。

② 树脂基模料的注射温度应在 52～60℃，注射压力为 2～15MPa。

（2）制模合型前，应仔细检查分型面，并锁紧压型。

合型前，必须仔细检查分型面是否清洁，发现脏污必须清理干净；同时要锁紧压型。

（3）合理选择压型分型面的粗糙度和平面度，并保证加工质量。

按照蜡模的形状、大小，及复杂程度等，选择压型分型面的平面度和粗糙度，以及锁紧装置的位置；同时确保压型分型面的制造质量；消除压型分型面上的缝隙，使压型满足制模工艺要求。

（4）制定合理的压型使用寿命，加强使用前、后的检验。

加强压型检验。试压蜡模首件并检验，如发现问题应立即退库，要求及时修复；用后，根据蜡模末件再次确认压型质量，末件合格后，方可把压型入库。确保压型处于合格状态；发现压型局部或零件有磨损，应立即修复。

（5）改进压型设计并合理选材，必要时调整锁紧装置的位置。

对于机械加工的压型，一般选用碳钢或锻铝；并且运用适当的热处理等手段增加压型的强度和刚性；必要时调整锁紧装置的位置，确保压型的质量。

（6）提高合模压力。

定期维护、维修或检验合模机的压力，使其处于正常的工作压力状态；必要时更换合模机。

二、LM-02-01 欠注

1. 特征

蜡模局部欠注处，呈现圆弧状的表面，如图 3-3、图 3-4 所示。

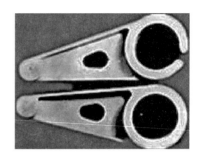

图 3-3　压型排气不良，欠注　　　　　　　　图 3-4　注蜡中断，欠注

2. 产生原因

（1）注蜡时，压型或模料的温度太低。

压制蜡模时，模料温度和压型温度是制模工艺的主要参数之一。注蜡时，当模料注射温度在（蜡基模料低于 45℃，树脂基模料低于 52℃），或压型的温度低（蜡基模料低于 18℃，树脂基模料低于 20℃），或两者都低，会使模料的流动性变差，充填能力降低，模料不易快速充填压型的型腔，易产生欠注。

（2）注蜡压力小，或注蜡中断。

注蜡压力是制模工艺的主要参数之一。压制蜡模时，由于注射的压力小（蜡基模料的注射压力低于 0.2MPa；树脂基模料注射压力低于 2MPa），导致注蜡的速度低，或注蜡中断，降低了模料的流动性和充填能力，造成蜡模欠注。

（3）注蜡孔的位置不合理，或注蜡孔的截面太小。

注蜡孔的位置和注蜡孔截面尺寸是压型设计的重要参数。注蜡孔位置设置不当，使模料在压型中的流程过长，不利于模料充填压型；注蜡孔的截面太小，或注蜡孔中有残留的冷蜡块，使注入的模料量不够，不利于模料快速地充填压型，造成蜡模欠注。

（4）压型的排气不良。

压型的排气孔位置设置不当，或脱模剂使用过多堵塞了排气孔，导致压型排气不良，阻碍了模料充填压型；尤其是压型型腔的边缘、蜡模截面尺寸较小部位，易使蜡模该处欠注。

（5）模料的流动性差。

3. 防治措施

（1）注蜡时，适当地提高模料、压型的温度。

使用蜡基模料，注蜡温度一般选用 45～48℃，压型温度一般选用 18～25℃。使用树脂基模料，注蜡温度一般选用 52～60℃，压型的温度一般选用 20～24℃。这样可以提高模料的流动性和充填能力。

（2）适当地提高注蜡压力。

当选用气动压蜡机注射模料时，对于蜡基模料，由于其黏度低、流动性好，常用注射压力为 0.2～0.5MPa；使用树脂基模料，常用注射压力为 2～15MPa（根据蜡模的大小、形状等因素合理选择）。确保模料的充型能力。

（3）改进注蜡孔的位置，或适当加大注蜡孔的截面。

改进注蜡孔的位置，尽量缩短模料充型的流程；或适当加大注蜡孔的截面，增加模料充型的质量和能力。

（4）提高压型的排气能力。

改进压型设计，以利于排气；必要时，在压型型腔的边缘、截面尺寸较小部位，增设排气口，以便提高模料的充型能力。合理使用脱模剂，并注意及时清理压型。

（5）定期检验模料的流动性，必要时更换模料。

三、LM-03-01 鼓泡

1. 特征

蜡模的表面上有局部空心、大小不等的圆弧鼓泡凸起，如图 3-5、图 3-6 所示。

图 3-5　低温蜡模鼓泡

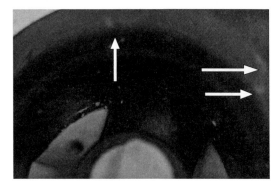

图 3-6　中温蜡模鼓泡

2. 产生原因

（1）搅拌模料时，卷入过多的气体，并且静置时间不够。

生产中，配制蜡基模料常采用化蜡、刨制蜡片、搅拌蜡膏和回性四个工序（树脂基模料只有化蜡和制备蜡膏二个工序），常选用螺旋式叶片搅拌机搅拌模料（或"蜡膏"）。在搅拌模料的过程中，会不可避免地卷入很多气体；并且随着搅拌机转数的增加，搅拌时间的延长，卷入的气体越来越多。模料搅拌后静置的时间太短，不能使模料中卷入的气体充分逸出，仍然残留在模料中，易在蜡模的表面上出现鼓泡缺陷。

（2）保压时间短或起模过早，蜡模表面硬度很低；蜡模中被压缩的气体膨胀。

模料充满压型型腔后，保持相同压力的时间，称为"保压时间"。蜡模在压型中停留冷却的时间，称为"起模时间"。保压时间或起模时间短，如蜡基模料的保压时间低于 3s，或起模时间低于 20s 时，蜡模的表面硬度低，不能抵消蜡模中被压缩气体的膨胀，就会在蜡模的表面出现鼓泡。

保压时间和起模时间取决于压注模料温度、蜡模的大小和壁厚，以及蜡模冷却条件等因素。

（3）起模后，蜡模没有及时、充分冷却。

起模后，蜡模没有及时冷却，或冷却不充分或冷却水温度较高（冷却水温度：蜡基模料高于 25℃，树脂基模料高于 24℃；冷却时间低于 10min），都会导致蜡模的表面硬度低；当蜡模的表面硬度不能抵消蜡模中被压缩气体的膨胀时，蜡模的表面就会出现鼓泡。

（4）压型或制模间的温度高。

使用蜡基模料时压型或制模间的温度＞25℃，使用树脂基模料时压型或制模间的温度＞24℃，使蜡模不能充分冷却，降低了蜡模的表面硬度，当蜡模中被压缩的气体膨胀时，导致了蜡模的表面产生鼓泡。

3. 防治措施

（1）搅拌模料后，应静置足够的时间，以便逸出卷入的气体。

模料配制过程中应控制加料顺序、搅拌时间和静置时间等参数。一般应在模料充分溶化混合后，再搅拌 10～20min；搅拌后的蜡基模料还应放置在 48～50℃的保温桶中，静置 1～2h；树脂基模料应放置在 52～60℃的保温箱和小蜡缸中，静置≥24h；使模料中的气体充分逸出后再使用。可以根据生产经验适当地调整模料配制工艺参数，不允许现配现用。

（2）合理选择保压时间和起模时间。

根据注蜡温度、蜡模结构，以及冷却条件等因素，合理选择保压时间和起模时间。中小件蜡模保压时间一般选用 3～10s（蜡基模料）。起模时间主要以蜡模的表面硬度能阻止蜡模中气体膨胀为限，一般选用 20～100s。保压时间和起模时间太长，会影响生产效率，可根据生产实践予以明确制定。

（3）起模后，蜡模应及时、充分冷却。

从压型中取出的蜡模要立即放在冷水中充分冷却（冷却水的温度：蜡基模料 18～25℃，树脂基模料 18～24℃；冷却时间均为 10～60min），防止蜡模在制模间表面变软，降低蜡模表面硬度。

（4）控制压型和制模间的温度。

压型和制模间的温度：蜡基模料控制在 18～25℃，树脂基模料控制在 20～24℃为宜。如有条件，在制模间安装空调，温度控制在 20℃为宜。

四、LM-04-01 流纹

1. 特征

蜡模的局部表面有不规则的流纹，如图 3-7。

2. 产生原因

（1）型腔中脱模剂的用量过多，或涂抹不均匀造成局部堆积。

生产中为了不使蜡模黏附在型腔的表面，或便于起模，常在压制蜡模前在型腔的表面均匀地刷涂一层脱模剂（或称分型剂）。在生产实际操作中，如果分型剂的用量过多，或涂抹不均匀造成脱模剂局部堆积，均会造成蜡模表面产生流纹。

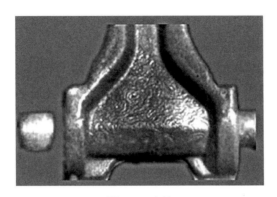

图 3-7 流纹

（2）分型剂选用不当，或分型剂过期变质。

分型剂一般选用 100% 的变压器油，或 100% 松节油。两者中变压器油更容易采购，因此，一般情况下生产中采用变压器油；当分型剂选用不当或分型剂变质，易使蜡模产生流纹。

（3）注射压力小，注射速度慢。

注射压力是制模工序的主要工艺参数之一。压制蜡模时，由于注射压力小，注射速度慢，降低了模料的流动性和充填能力，使模料不易快速充填压型的型腔，因而造成蜡模产生流纹。

（4）压型或模料的温度低。

压型和模料的温度也是制模工序的主要工艺参数。压制蜡模时，由于压型和/或模料的温度低，降低了模料的流动性和充填能力，使模料不易快速充填压型的型腔，因而造成蜡模产生流纹。

（5）模料进入压型产生紊流。

注蜡孔小或注蜡孔残留冷蜡块，使模料进入型腔产生紊流，而造成蜡模产生流纹。

3. 防治措施

（1）适量使用分型剂，并且要涂抹均匀。

压制蜡模前，先清理干净型腔表面的残留物和脏物后，再用毛刷或纱布在型腔的表面和分型面上涂抹适量的、薄薄的、均匀的一层脱模剂，防止型腔表面或分型面上局部产生脱模剂堆积。

（2）合理选用脱模剂，并且确保脱模剂的质量。

选用适用于模料的脱模剂，一般选用 100% 的变压器油，进厂按照相关的标准进行检验，并确保其质量，不合格的变压器油不能进厂。加强库存变压器油的管理，变质的变压器油不能用于生产。

（3）严格控制注射压力。

为了压制表面质量好、尺寸精度高的蜡模，必须严格控制注射压力。注射压力与模料性能、注蜡温度以及蜡模结构（蜡模的大小、形状和复杂程度）等因素有关。当选用气动压蜡机注射蜡模时，对于蜡基模料，其黏度低、流动性好，常用注射压力为 0.2～0.5MPa；树脂基模料选用 2～15MPa。

（4）严格控制压型和模料的温度。

压型和模料的温度直接影响到蜡模的表面质量，蜡基模料温度常用 18～25℃，树脂基模料为 20～24℃。必要时在制模间安装空调，保持制模间的温度为 20℃。

（5）改善模料进入型腔的状态。

采取适当地加大注蜡孔，或及时清理注蜡孔等措施，使模料比较平稳地进入型腔。

五、LM-05-01 冷隔

1. 特征

在蜡模上，模料的交汇处出现圆滑的、没有融为一体的沟槽，如图 3-8 所示。

图 3-8　冷隔

2. 产生原因

（1）注蜡时，压型或模料的温度低。

压制蜡模时，模料温度和压型温度是制模工艺的主要参数。注蜡时，当模料注射温度或压型温度低，或两者都低，会使模料的流动性变差，充填能力降低，模料不易快速充填型腔，易产生冷隔。

（2）注蜡压力小，或注蜡中断。

注射压力也是制模工艺的主要参数之一。压制蜡模时，由于注射的压力小（蜡基模料的注射压力低于 0.2MPa），导致注蜡的速度慢，或注蜡中断，降低了模料的流动性和充填能力，造成冷隔。

（3）注蜡孔的位置不合理，或注蜡孔的截面太小。

注蜡孔的位置和注蜡孔截面尺寸是压型设计的重要参数。注蜡孔位置设置不当，使模料在压型中的流程过长，不利于模料充填型腔；注蜡孔的截面太小，注入的模料量不够，不利于模料快速地充填型腔。这些都会造成蜡模出现冷隔。

（4）压型的排气不良。

压型排气不良，阻碍了模料充填型腔的能力，尤其是型腔的边缘、截面尺寸较小部位，易使蜡模在该处出现冷隔。

（5）模料搅拌不充分，模料的各种成分混溶不均匀，充型能力差。

配制石蜡-硬脂酸模料时，没有按照先加入硬脂酸，在硬脂酸完全溶化后，再加入石蜡的顺序，或加入的石蜡块度过大，或搅拌的时间太短，使石蜡和硬脂酸的成分混合很不均匀，模料充型能力差，造成蜡模产生冷隔。

（6）模料的流动性差。

3. 防治措施

（1）注蜡时，适当地提高模料、压型的温度。

使用蜡基模料，注蜡温度一般选用 45～48℃，压型温度一般选用 18～25℃。使用树脂基模料，注蜡温度一般选用 52～60℃，压型的温度一般选用 20～24℃。这样可以提高模料的流动性和充填能力。

（2）适当地提高注蜡压力。

当选用气动压蜡机注射模料时，应根据蜡模的大小、形状等因素合理选择注蜡压力；由于蜡基模料的黏度低、流动性好，常用注射压力为 0.2～0.5MPa；树脂基模料常用 2～15MPa。

（3）改进注蜡孔的位置，或适当加大注蜡孔的截面。

改进注蜡孔的位置，尽量缩短模料充型的流程；或适当加大注蜡孔的截面，提高模料充型的质量和能力。

（4）改进压型设计，以利于排气；必要时增设排气孔。

改进压型设计，以利于排气；必要时，在压型型腔的边缘、截面尺寸较小部位，增设排气孔，以便提高模料的充型能力。

（5）严格控制加料顺序，充分搅拌均匀。

生产中配制石蜡-硬脂酸蜡基模料时，常采用螺旋式叶片搅拌机，在水浴化蜡缸中搅拌、溶化。由于硬脂酸的溶解度大于石蜡，所以，在配制模料时先加入硬脂酸并且在硬脂酸完全溶化后，再加入石蜡（一般选用卧式蜡片机刨制蜡片，蜡片的厚度≤5mm 为宜）。化蜡的温度不超过 90℃为宜，一般选用蜡液温度为 65～85℃；蜡液重：蜡片重＝1：1～2。

配制树脂基模料只需要两步：化蜡用油浴化蜡炉，炉温不超过 90℃；在保温箱和小蜡缸中备置蜡膏（恒温，52～60℃，根据模料的种类而定）。

（6）必要时，更换流动性好的模料。

六、LM-06-01 表面粗糙

1. 特征

蜡模的表面粗糙，不光洁，如图 3-9。

2. 产生原因

（1）模料搅拌不充分，或模料的各种成分混溶不均匀，或注射模料温度不均匀。

生产中，配制石蜡-硬脂酸糊状模料分为四步：化蜡、刨制蜡片、搅拌蜡膏、回性。当

图 3-9　表面粗糙

加入模料的组分顺序不对，没有先加硬脂酸，或硬脂酸没有全部溶化以后，再加入石蜡，导致模料各成分之间不均匀；或蜡片过大，或搅拌的时间过短，使石蜡和硬脂酸的成分混合很不均匀，造成蜡模表面粗糙。当模料温度不均匀时，直接影响到蜡模的表面粗糙度。

（2）压制蜡模前，压型的型腔残留冷却水或脏物。

压制蜡模前型腔没有清理干净，残留冷却水或脏物，导致脱模剂不能均匀地、薄薄地覆盖在型腔的表面上，造成压制的蜡模表面粗糙。

（3）压制蜡模时，模料，或压型，或制模间的温度低。

压制蜡模时，由于模料的温度低，或压型的温度低，或制模间的温度低，均降低了模料的流动性和充填能力，使模料不易快速充填压型的型腔；因而造成蜡模表面粗糙。

（4）注蜡的压力小，或注蜡孔小，或注蜡机的额定压力低。

压制蜡模时，注射的压力小，降低了模料的注射速度，或注蜡孔小，或注蜡机的额定压力低，降低了模料的流动性和充填能力，使模料不易快速充填压型的型腔，导致蜡模表面粗糙。

（5）压型型腔表面粗糙。

压型型腔设计时，要求表面粗糙度较高，不能满足制模表面粗糙度的要求；或制造压型型腔时，没有达到图纸对粗糙度的要求，造成蜡模表面粗糙。

3. 防治措施

（1）配制石蜡-硬脂酸模料时，控制加料顺序，并充分搅拌。

配制石蜡-硬脂酸模料时，一般选用在水浴化蜡缸中化蜡，化蜡的温度控制在 90℃。一般选用卧式蜡片机刨制蜡片，蜡片的厚度应≤5mm。在搅拌机中搅拌成蜡膏，一般选用蜡液温度为 65～85℃，保温缸的水温 48～52℃，蜡液重：蜡片重＝1：1～2，在恒温箱中进行回性处理，温度 48～52℃，保温时间≥0.5h。

配制中温模料时，需充分搅拌。

配制中温模料选用油浴化蜡炉，化蜡的温度控制在 90℃。保温箱和小蜡缸恒温温度控制在 52～60℃，时间≥24h。供蜡机的恒温温度控制在 52～60℃，慢速均匀搅拌。射蜡输送设备要控制温度在 52~60℃，慢速均匀搅拌；压力泵输送蜡料的压力为 14MPa。

（2）压制蜡模前，清理干净压型的型腔。

压制蜡模前，擦掉型腔中的脏物，擦净型腔中的冷却水。

（3）制模时，严格控制模料温度、压型温度和制模间温度。

制模时，严格控制模料温度（蜡基模料控制在 45~48℃，树脂基模料控制在 52~60℃）、压型温度和制模间温度（蜡基模料控制在 18~25℃，树脂基模料控制在 20~24℃）；在可能的情况下在制模间安装空调，温度控制在 20℃。从而保证模料良好的充填性，提高蜡模表面质量。

（4）提高注射压力，或加大注蜡孔，必要时更换注蜡机。

应根据蜡模的大小和复杂程度，选择并保持注射压力，低温蜡为 0.2~0.5MPa，中温蜡为 2~15MPa；或加大注蜡孔的直径；必要时，更换注蜡机；使模料充分、顺利地充满型腔。

（5）降低压型型腔表面的粗糙度，满足蜡模表面质量要求。

修改压型型腔设计，或修整压型型腔，降低其表面粗糙度，满足蜡模表面质量要求。

七、LM-07-01 鼓胀

1. 概述

（1）特征：蜡模的表面上有局部鼓起。

（2）成因：蜡料中裹有过多的气体，起模后未及时冷却。

（3）部位：蜡模表面的大平面上。

（4）图例：见图 3-10、图 3-11。

图 3-10 蜡模鼓胀　　　　　　　　　　图 3-11 合格蜡模

2. 产生原因

（1）搅拌模料时，卷入过多的气体，并且静置时间不够。

见"鼓泡"的"产生原因"之（1）。

（2）保压时间短或起模过早，蜡模表面硬度很低；蜡模中被压缩气体膨胀。

见"鼓泡"的"产生原因"之（2）。

（3）起模后，蜡模没有及时、充分冷却。

见"鼓泡"的"产生原因"之（3）。

（4）压型或制模间的温度高。

见"鼓泡"的"产生原因"之（4）。

3. 防治措施

（1）搅拌模料后，应静置足够的时间，以便逸出卷入的气体。

见"鼓泡"的"防治措施"之（1）。

（2）合理选择保压时间和起模时间。

见"鼓泡"的"防治措施"之（2）。

（3）起模后，蜡模应及时、充分冷却。

见"鼓泡"的"防治措施"之（3）。

（4）控制压型和制模间的温度。

见"鼓泡"的"防治措施"之（4）。

八、LM-08-01 气孔

1. 概述

（1）特征：在蜡模的表面上出现表面光滑的孔洞。

（2）成因：蜡料含气量较大，导致蜡模产生气孔或气泡。

（3）部位：蜡模的表面上。

（4）图例：见图 3-12。

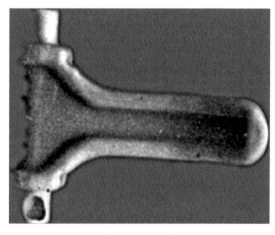

图 3-12　气孔

2. 产生原因

（1）配制模料时卷入过多的气体，没有充分进行回性处理。

生产中配制模料，常选用螺旋式叶片搅拌机搅拌模料（或"蜡膏"）。在搅拌过程中，会不可避免地卷入很多气体；并且随着搅拌机转数的增加，时间的延长，卷入的气体越来越多。尤其是模料搅拌后，没有进行充分的回性/静置处理，使卷入的大量气体仍然残留在模料中。

（2）注蜡孔的位置不当，注蜡过程中卷入气体。

注蜡孔的位置设置不当，或注蜡的速度过快，使模料在注入型腔的过程中产生涡流或紊流，卷入了过多的气体。

（3）型腔排气不良。

压型设计不当，模料充满型腔的距离太长；或使用的脱模剂过多，堵塞了排气孔，导致型腔排气不良。

3. 防治措施

（1）严格遵守模料配制工艺和操作规程。

配制中温蜡有两步。第一步是化蜡，用油浴化蜡炉，温度控制在 90℃；为防止蜡料碳化变质，对化蜡的温度应该严加控制。

第二步是制备蜡膏。制备蜡膏有两种方案：

一是，使用双工位液压压蜡机。使用保温箱和小蜡缸（容积 7L），恒温（视蜡料的种类而定，52～60℃）保持大于 24h。

二是，使用供蜡机（蜡筒容积 120L），恒温（视蜡料的种类而定，52～60℃），缓慢匀速搅拌；射蜡输送设备（蜡筒容积 120L），恒温（视蜡料的种类而定，52～60℃），缓慢匀速搅拌；压力泵以 14MPa 压力输送蜡膏。

（2）改进注蜡孔的位置，避免模料在型腔中产生紊流或涡流。

注蜡孔最好设置在内浇道或有加工余量的表面上，尺寸应与压蜡机的注蜡孔匹配；注蜡孔应确保模料以最短的距离平稳地充满型腔；适当地降低注蜡速度，使模料进入型腔时不产生紊流或涡流。

（3）改善型腔排气。

改进压型的设计，使其有利于排出型腔中的气体；必要时增设排气孔。严格控制脱模剂的使用量，避免脱模剂堵塞排气孔。

九、LM-09-01 裂纹

1. 概述

（1）特征：蜡模冷却不当或冷却中抽取芯棒过晚，导致蜡模产生裂纹甚至开裂。

（2）成因：蜡模在冷却过程中产生的应力大于蜡模的强度时，产生了裂纹，甚至开裂。

（3）部位：常出现在蜡模的分型面上。

（4）图例：见图 3-13～图 3-15。

2. 产生原因

（1）模料的收缩率大，塑性差。

非填充性中温蜡的收缩率比填充性中温蜡大，其塑性较差，易引起蜡模产生裂纹。

图 3-13　中温蜡裂纹

图 3-14　低温蜡裂纹，由冷却
水温度低、冷却时间长造成的

图 3-15　低温蜡裂纹，由冷却时间长、抽取芯棒太晚造成的

（2）压型，或制模间，或冷却水的温度过低。

压型的温度过低，或制模间的温度过低，或冷却水的温度过低，导致蜡模冷却过快，当蜡模收缩受阻时，易产生裂纹；或蜡模在压型中冷却的时间过长（即起模时间过长），导致蜡模收缩受阻时，易产生裂纹，甚至开裂。

（3）蜡模结构/压型设计不合理。

蜡模结构/压型设计不合理，蜡模的壁厚不均匀，厚薄过渡部分的圆角太小或呈尖角，当蜡模收缩受阻时，在其薄弱部位产生裂纹。

（4）操作不当。

起模方法不当，或抽取芯棒、活块的时间太晚，造成蜡模产生裂纹。

3. 防治措施

（1）选用收缩率较小的模料。

严格控制中温蜡反复使用次数，避免蜡料老化。

必要时，用填充性中温蜡代替非填充性中温蜡。

（2）控制压型、制模间和冷却水的温度。

控制压型温度，中温模料压型的温度控制在 22～26℃为宜。制模间的温度应与压型温度一致，冷却水的温度也应与室温一致。必要时制模间应安装空调。

（3）改进蜡模/压型设计。

改进蜡模/压型设计，尽量使其壁厚均匀；壁厚不均匀处应采用圆角过渡（过渡圆角应为"两个相邻壁厚之和"的 1/5～1/3）；必要时可以增加工艺筋，把蜡模收缩时的应力降到不产生裂纹的程度。

（4）严格执行操作规程。

改进起模方法，必要时增加起模装置，避免蜡模在起模过程中产生裂纹。

严格控制蜡模冷却时间，一般为 10～60min。蜡模冷却后应及时取出随蜡模一起冷却的芯棒，使其不能阻碍蜡模的收缩。

十、LM-10-01 夹杂物

1. 概述

（1）特征：蜡模的表面上，局部有夹杂物。

（2）成因：蜡料中混入其他的杂质。

（3）部位：在蜡模的表面上。

（4）图例：见图 3-16。

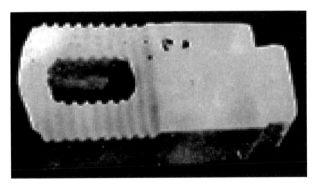

图 3-16　夹杂物

2. 产生原因

（1）模料不干净。

在模料的原材料中混入夹杂物，或模料保管不当混入夹杂物。

（2）工作场地或压型不干净。

制模间的工作场地不净洁，在蜡模制作过程中混入夹杂物；或压型的型腔没有清理干净，留有夹杂物，制模时蜡模上残留夹杂物。

（3）脱蜡工艺或操作不当。

型壳在脱蜡过程中，由于操作不当，使模料中混入夹杂物。

（4）模料回收工艺或操作不当。

模料在回收过程中，静置的时间太短，使混入的粉尘和砂粒等夹杂物没有沉淀、分离；或没有及时清理干净脱蜡槽中的夹杂物。

3. 防治措施

（1）严格控制模料质量。

加强模料原材料的进厂检验，不合格的原材料不能进厂；加强仓库保管，避免夹杂物混入模料的原材料中；必要时，应密封存放，或用于生产时再次检验，不合格的原材料不能用于生产。

（2）搞好现场 5S。

按照 5S 的要求，经常清扫制模间，使其保持净洁；压制蜡模前要仔细清理型腔，使其保持净洁。

（3）保证面层质量。

适当地提高面层涂料黏度，或降低面层砂的撒砂力度，并严格遵守操作规程。

（4）选用合理的蜡处理工艺

中温蜡处理的关键：高温、快速。蜡处理工艺参数如下：

除水桶：搅拌温度 100～110℃，搅拌时间 8～12h；静置温度 100～110℃，静置时间 6～8h。

静置桶：静置温度 70～85℃，静置时间 8～12h。

保温桶：温度 48～52℃，时间 8～24h。

（5）严格执行模料回收工艺与操作。

回收后的模料要静置≥2h，使蜡液中的夹杂物等有效地下沉、分离；回收浮在上面的、清洁的蜡液，并及时清除脱蜡槽底部的夹杂物。

十一、LM-11-01 缩陷

1. 概述

（1）特征：蜡模的局部表面上，出现由于蜡料收缩引起的凹陷。

（2）成因：蜡料收缩引起的蜡模局部凹陷。

（3）部位：蜡模局部厚大处的表面上。

（4）图例：见图 3-17。

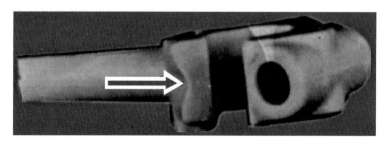

图 3-17　缩陷

2. 产生原因

(1) 蜡模的肥厚处（凹陷处）补缩不足。

蜡模的注射压力是制模工艺的主要参数之一。注射压力小使蜡模的肥厚处（凹陷处）在得不到充分补缩时，该处产生缩陷。

保压时间是制模工艺的另一个工艺参数。模料充满压型型腔后，保压时间不足，使蜡模的肥厚处（凹陷处）的收缩得不到充分补缩，造成该处蜡模缩陷。

(2) 蜡模的注入量不足，补缩不充分。

注蜡孔小，或注蜡孔内有蜡块，或位置不当，注入压型型腔的模料量不足，当蜡模肥厚处（凹陷处）得不到充分补缩时，造成该处蜡模缩陷。

(3) 蜡模的壁厚差过大，不利于补缩。

蜡模的结构设计不合理，壁厚差过大，不利于补缩。

(4) 注蜡时模料的温度过高，或压型的温度过高，或两者都高，使模料的收缩率增大；当蜡模的肥厚处得不到充分补缩时，而产生缩陷。

(5) 模料的收缩率较大。

蜡基模料的收缩率比树脂基模料大。

(6) 注蜡机不合适。

注蜡机的使用压力不能满足工艺要求，或控制模料温度不稳定，使蜡模的肥厚处得不到充分补缩，而产生缩陷。

3. 防治措施

(1) 提高模料的补缩能力。

压制蜡模时，中温模料选用 2～15MPa。适当地提高注射压力不仅增加压型中模料的密度，而且可以减少模料的收缩率，增加模料的补缩能力。

适当地增加保压时间，一般选用 3～10s 或更长；同样可以减小模料的收缩率，增加模料的补缩能力。

(2) 加大模料的注入量，增加补缩能力。

适当地加大注蜡孔的截面，并及时清理注蜡孔；增加单位时间内的模料注入量；或改变注蜡孔的位置，使蜡模的壁厚处得到充分的补缩。

(3) 改进蜡模结构使其壁厚尽量均匀。

在可能的情况下，尽量使蜡模的壁厚均匀；必要时，在蜡模的肥厚处放置预先制好的冷蜡块（也称"蜡芯"），再注入模料形成蜡模。应根据蜡模的大小和形状，局部或整体放置冷蜡块。冷蜡块应该用锥形的凸台在压型中定位。凸台的高度应该根据零件的大小予以确定，一般控制在 2～3mm。冷蜡块使用的模料应与蜡模的模料一致。

(4) 注蜡时，控制模料和压型的温度。

注蜡时，对于中温模料一般选用模料温度为 52～60℃，压型的温度为 20～24℃。

(5) 选用收缩率较小的模料。

用树脂基模料代替蜡基模料，或选用填充性树脂基模料，可以降低模料的收缩率。

（6）选用符合工艺要求的注蜡机。

注蜡机的参数应满足压制蜡模的压力和控制模料温度等工艺要求；应经常维护、检查、维修注蜡机，使其处于正常工作状态，满足工艺要求。

十二、LM-12-01 位移

1. 概述

（1）特征：活块在压型中移动，使蜡模的相应部位出现多余的蜡料。

（2）成因：活块移位或未及时复位，导致蜡模相应部位多出蜡料。

（3）部位：蜡模的局部有活块的表面上。

（4）图例：见图 3-18。

图 3-18　位移

左：滑块位移　右：合格蜡模

2. 产生原因

（1）制模时，活块没有锁紧。

压制蜡模时，活块没有锁紧，导致注蜡时活块移位，在其相应的部位出现多余的模料。

（2）活块磨损。

活块长期使用磨损较大，致使合型时不易被锁紧。

（3）模料注射压力大。

注射模料的压力过大，大于活块的锁紧力，使活块产生位移。

3. 防治措施

（1）制模时，锁紧活块。

合型时锁紧活块，并仔细检查，使其在注射模料过程中不能产生位移。

（2）定期检查活块的尺寸。

压型在使用前应再次进行检查，合格后方可用于生产。发现活块磨损时，应及时修复或更换。

（3）选择合适的模料注射压力。

根据蜡模的形状、大小和复杂程度，选择合适的注射压力。中温蜡选用 $2\sim15$MPa，并使其保持在正常的使用范围内。

十三、LM-13-01 错位

1. 概述

（1）特征：蜡模在分型面处分开。

（2）成因：压型在分型面处分开，导致蜡模相应部位产生错位。

（3）部位：蜡模分型面的表面上。

（4）图例：见图 3-19、图 3-20。

图 3-19　合格蜡模

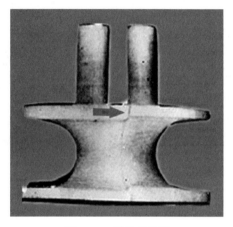

图 3-20　错位的蜡模

2. 产生原因

（1）压型定位销设计不合理或操作不当。

压型的定位销设计不合理，使压型的左、右型腔不能严丝合缝；或操作不当没有锁紧压型，导致压型在分型面错开，使蜡模错位。

（2）压型定位销磨损、松动或变形。

压型使用时间过长，定位销磨损严重，左、右型腔错位；或定位销松动，导致左、右型腔错位。

3. 防治措施

（1）修改压型设计，注意合型时的操作。

合理设计压型的定位销，使其布局合理；使压型的左、右型腔完全对接；注意合型时的操作。

（2）确保压型的质量合格。

检测压型的末件，确定压型的质量，确认合格后，压型入库。发现末件有质量问题时，应立即修复，经验证合格后，才能入库；同时加强压型库的管理，确保压型的质量。

十四、LM-14-01 顶杆凹坑

1. 概述

（1）特征：在蜡模与顶杆对应的部位有单个或多个顶杆凹坑。

（2）成因：顶杆没有及时复位等，导致蜡模与顶杆对应的部位产生顶杆凹坑。

（3）部位：在蜡模的表面上，与顶杆相对应的部位。

（4）图例：见图 3-21、图 3-22。

图 3-21　多个顶杆凹坑

图 3-22　一个顶杆凹坑

2. 产生原因

（1）蜡模冷却时间短，表面硬度低。

蜡模在压型中冷却不充分，蜡模的表面硬度低。此时用顶杆起模，势必在顶杆的相应部位产生凹坑。

（2）顶杆的截面积小。

顶杆的截面积小，易在蜡模的相应表面出现凹坑。

（3）制模时，顶杆没有及时复位。

生产中为了方便起模，设计了顶杆。当制模时顶杆没有及时复位，在蜡模上出现了顶杆凹坑。

3. 防治措施

（1）适当地延长蜡模在压型中的冷却时间。

适当地延长冷却时间，中温蜡在压型中的冷却时间为 20～100s，以便提高蜡模的表面硬度；但是不能冷却太长时间，防止蜡模出现开裂。

（2）必要时加大顶杆的截面积。

在可能的情况下，适当地加大顶杆的截面积，以减小蜡模单位面积承受的应力。

（3）合型时，认真检查顶杆是否复位。

合型前检查压型，使顶杆处于正常位置；如发现顶杆没有复位，应及时纠正。

十五、LM-15-01 变形

1. 概述

（1）特征：蜡模的形状不符合蜡模图纸要求。

（2）成因：制模工艺参数不稳定或放置不当，导致蜡模变形。

（3）部位：蜡模的表面。

（4）图例：见图 3-23。

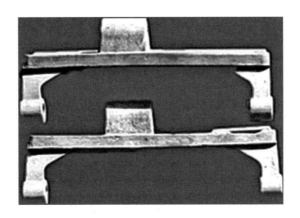

图 3-23　变形
上：正常　下：弯曲变形

2. 产生原因

（1）蜡模强度低。

当起模过早，或起模后的冷却水温度较高，或冷却时间不足，或冷却方法不当，导致蜡模强度低，造成蜡模变形。

（2）压型设计不合理。

压型设计不合理，如蜡模的平面过大，或拔模斜度不够，或起模装置设置不当，或顶杆位置设置不对等，均可能造成蜡模变形。

蜡模的壁厚不均匀，使蜡模各部位冷却不一致，造成蜡模变形。

（3）起模操作不当。

起模时，没有根据蜡模的形状、尺寸和大小，细心按照操作规程进行起模，造成蜡模变形。起带盲孔的蜡模时，由于型腔内局部产生真空负压，而引起蜡模局部变形。

（4）蜡模存放状态不当，或存放时间过长。

对于易变形的蜡模，在存放期间没有采取适当的措施，如放在相应的胎具或矫正模上，直到蜡模彻底冷却后，再取出来。

对于易变形的蜡模，存放时间越长越容易变形。

（5）蜡模存放场地的温度较高。

蜡模存放场地，如制模间、蜡模库等场地的温度高，或存放时间较长，都易引起蜡模变形；尤其是易变形的蜡模更要采取必要的措施。

（6）模料的性能。

模料的收缩率大，或热稳定性较差，或软化点较低，都容易引起蜡模变形。

3. 防治措施

（1）提高蜡模的强度。

严格控制起模时间，根据蜡模的大小、形状和复杂程度合理地选择起模时间；一般要求20～100s。起模后立即放在冷却水中充分冷却，冷却水的温度：蜡基蜡模 18～25℃，树脂基蜡模 20～24℃。

冷却时间：10～60min。确保蜡模的强度，避免变形。

易变形的大件应与矫正工装或胎具一起冷却，直到彻底冷却后，再取出蜡模。

（2）改进压型设计。

改进压型设计，对于大平面应增加工艺孔或工艺筋或反变形。

尽量使蜡模的壁厚均匀，避免因壁厚不均匀引起的蜡模变形。

适当地增加拔模斜度，有利于起模；必要时，改进起模装置或顶杆位置；经验表明，全顶式起模机构比单顶式起模机构有利于防止蜡模变形。

（3）改进起模操作。

起模时，严格根据蜡模的形状、尺寸和大小，细心按照操作规程进行起模，避免蜡模变形。起带盲孔的蜡模时，应缓慢抽芯，必要时应在压型的相应部位开设通气孔，或采用组合型芯。

（4）注意蜡模的存放状态和存放时间。

对于易变形的蜡模，在存放期间应放在支架、工装、胎具或矫正模上，以防止变形。应根据需要合理安排生产，蜡模库应做到先进先出，尽量缩短蜡模存放时间。

（5）严格控制蜡模存放场地的温度。

严格控制蜡模存放场地温度，如制模间、蜡模库等，蜡基模料的场地温度控制在 18～25℃，树脂基模料在 20～24℃；最好安装空调，温度控制在 20℃。

（6）合理选用模料。

蜡基模料选用 62℃石蜡代替 58℃石蜡；必要时，选用树脂基模料代替蜡基模料。

十六、LM-16-01 尺寸超差

1. 特征

蜡模尺寸超差，是指蜡模的实际尺寸，不符合图纸要求的尺寸与公差（A），如图 3-24 所示。

2. 产生原因

（1）模料种类。为了尽量减小工艺因素对蜡模尺寸的影响，模料的收缩率应尽可能低。树脂基模料（中温模料）比蜡基模料（低温模料）的收缩率小。

例如用蜡基模料压制蜡模的一个自由尺寸（125mm）检测（986 件），平均收缩率为

图 3-24　尺寸超差

1%。生产中，模料一旦选定，一般情况下不会轻易改变。

（2）制模工艺参数。蜡模的尺寸精度与制模工艺参数有密切关系。制模工艺参数包括：室温、压型温度、压蜡温度、压注压力、保压时间、停放时间等。

① 室温。制模间的室温很重要。资料介绍，当室温控制在 20～30℃ 范围内，模料的尺寸变化可达 0.3%～0.8% 之间。室温往往直接影响到压型和冷却水的温度。

② 压型温度。压型温度不稳定，压型温度高时，蜡模的收缩率大；压型温度低时，蜡模的收缩率小。见图 3-25。

③ 压蜡温度。压蜡温度对蜡模尺寸影响很大，如图 3-26 所示。蜡温低，收缩率低；蜡温高，蜡模不能迅速凝固，收缩率大。压蜡温度控制的精度低，是造成蜡模尺寸波动的重要原因。

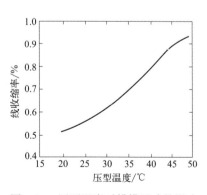

图 3-25　压型温度对蜡模尺寸的影响

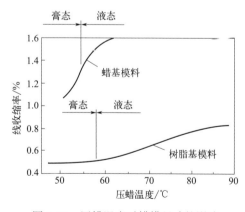

图 3-26　压蜡温度对蜡模尺寸的影响

④ 压注压力。压注压力不稳定对蜡模尺寸的影响很大，如图 3-27 所示。压注压力小，

收缩率增大，一般都小于 1MPa，而<1MPa 的压注压力恰恰对蜡模尺寸影响显著；随着压注压力增大，收缩率减小，超过 1MPa 后，影响就不明显了。

⑤ 保压时间。保压时间对蜡模尺寸有明显的影响，蜡模越厚影响越大，如图 3-28 所示。

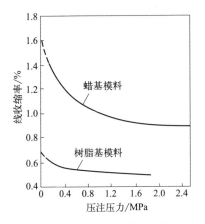

图 3-27　压注压力对蜡模尺寸的影响

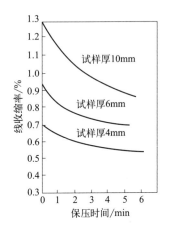

图 3-28　保压时间对蜡模尺寸的影响

⑥ 停放时间。蜡模取出后仍然能够继续收缩，大多数蜡模需要 24h 后尺寸才能稳定，如图 3-29 所示。

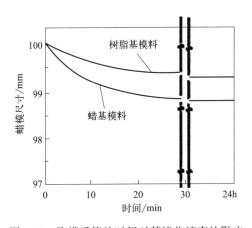

图 3-29　取模后停放时间对其线收缩率的影响

⑦ 其它因素。手工制模，如用螺钉锁紧压型时，由于操作工用力不同，加之压注压力不等，会使蜡模分型面的尺寸出现约 0.3mm 的偏差，使工艺参数在很大的范围内波动，从而影响到蜡模尺寸也在很大的范围内波动。

（3）蜡模。蜡模的结构、形状和大小，以及蜡模在压型中的自由收缩、半阻碍收缩和阻碍收缩等，都影响了蜡模的尺寸精度是否超差。

（4）压型。压型分型面的选择、压型的加工精度都会对蜡模的尺寸精度有影响。

3. 防治措施

（1）合理选择模料。根据蜡模的实际需要，合理选用模料，如蜡基模料、树脂基模料（填充性或非填充性）。选用模料时还应兼顾工艺性和经济性。

（2）选用可靠的制模工艺参数

① 控制室温。为了保证蜡模的尺寸精度，应该严格控制室温。蜡基模料室温控制在 18～25℃，树脂基模料控制在 20～24℃，最好安装空调。

② 压型温度。压型温度与室温相同，以便于控制，并确保蜡模尺寸精度。

③ 压蜡温度。压蜡温度是影响蜡模尺寸精度的主要因素之一，因此，生产中必须严格控制。蜡基模料的压蜡温度控制在 45～48℃，树脂基模料控制在 52～60℃，并保证射蜡系统温控的准确性。

④ 压注压力。压注压力是影响蜡模尺寸精度的主要因素之一。生产中应根据蜡模的结构、形状和大小，低温蜡在 0.2～0.5MPa 的范围内选取，中温蜡在 2～15MPa 的范围内选取。

⑤ 保压时间。保压时间对蜡模尺寸有明显的影响。为了保证蜡模的尺寸精度，保压时间应控制在 3～10s。

⑥ 停放时间。为了保证蜡模的尺寸精度，必须控制蜡模停放时间（一般需大于 24h）；同时必须严格控制制模间和蜡模存放处的温度，对于精度要求高的蜡模或易变形的蜡模，取出蜡模后应放置在胎模中一定的时间，使其尺寸稳定后再取出。

蜡模取出后，应立即放在冷却水（温度同室温）中冷却 20～100s。

⑦ 其它因素。在可能的情况下，尽量避免手工制模。需要采用手工制模时应严格遵守操作规程。

综上所述，稳定制模工艺参数不仅有利于改善蜡模尺寸精度，而且可以大幅度地提高生产效率；因此应该采用压制蜡模的机械化和自动化方法。

（3）蜡模。蜡模的结构一旦确定下来，很难有大的改变；因此，要在压型设计，及以后的验证压型中，予以充分考虑，使其影响降到最低。

蜡模的收缩率选择不当，会造成系统误差；这些误差可以在压型调试过程中予以消除。

（4）压型。压型的加工精度直接影响到蜡模的尺寸精度，应严格控制。

十七、LM-17-01 芯蜡分离

1. 特征

压制蜡模后，型芯与蜡模分离，如图 3-30 所示。

2. 产生原因

（1）模料的收缩率较大。

内腔结构复杂，模具无法抽芯的蜡模在压注时，采用水溶型芯或陶瓷型芯。模料和型芯的收缩率不同，一般情况下模料的收缩率大于型芯的收缩率，导致蜡模与型芯的分离，尤其是蜡模与型芯在凹面的结合部更容易产生芯蜡分离。

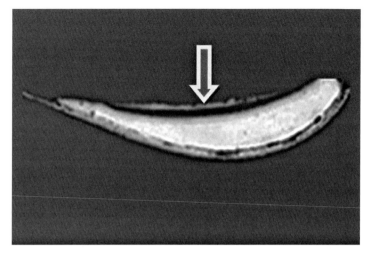

图 3-30　芯蜡分离

（2）压制蜡模时，蜡模与型芯的黏合性较差。

水溶型芯不宜选用硅溶胶水基涂料，两者不易黏合。当型芯的温度低，或模料的温度低，或两者都低时，导致两者的黏合性较差，引起蜡模与型芯的分离。

（3）型芯结构不合理。

型芯有较大的、光滑的大表面或凹面，不利于型芯与蜡模的相互黏合，导致蜡模与型芯的分离。

（4）型芯表面有污物。

型芯表面有污物，不利于型芯与蜡模的黏合，易引起型芯的脏污处与蜡模黏合不良，导致蜡模与型芯的分离。

（5）蜡模存放处的温度低。

蜡模在存放期间仍有收缩，当蜡模存放处的温度低时，加速了蜡模的冷却收缩；如果蜡模与型芯的收缩率不一致，会导致蜡模与型芯的分离。

3. 防治措施

（1）选择收缩率小、黏合性较好的模料。

选用收缩率小的模料，如非填充性树脂基模料，必要时选用填充性树脂基模料。

（2）提高型芯与蜡模的黏合性。

适当提高压制蜡模时的模料和型芯的温度；必要时，型芯应事先预热到 $30 \sim 35℃$ 后放入压型，以利于蜡模和型芯的结合。

必要时用陶瓷型芯代替水溶型芯，或选用硅酸乙酯涂料代替硅溶胶涂料。

（3）改进型芯的结构。

必要时，改进型芯的结构，如采用异形结构等。

（4）制模前应把型芯清洗干净。

表面不能残留分型剂等污物。

（5）严格控制蜡模存放处的温度。

严格控制蜡模存放场地的温度：蜡基模料室温控制在 18～25℃，树脂基模料控制在 20～24℃，最好安装空调。

十八、LM-18-01 断芯

1. 特征

压制蜡模后，型芯折断，如图 3-31 所示。

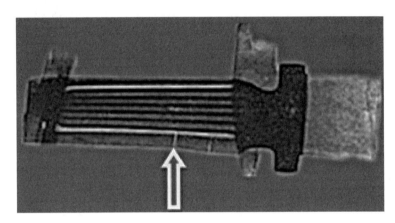

图 3-31　断芯

2. 产生原因

（1）型芯常温强度低。

对型芯的基本要求之一，是具有一定的常温强度；当型芯的常温强度低时，在压制蜡模的过程中，型芯受到模料的冲击后易断裂。

（2）压制蜡模时，模料的流动性较差，注射压力较大。

当模料的流动性较差时，为了得到无缺陷的蜡模，势必增加注射压力；型芯受到模料的冲击，导致型芯断裂。

（3）压制蜡模时，模料直接冲击到型芯的薄弱部位。

型芯设计不当，存在薄弱部位；或注蜡孔设计不合理；在压制蜡模的过程中，使型芯的最薄弱处受到模料的直接冲击，导致型芯断裂。

（4）合模时型芯断裂，或开型时操作不当。

没有制定操作规程，或员工没有执行操作规程，导致在合模或开型时型芯断裂。

（5）型芯在压型中的位置不合适。

对于薄且复杂的型芯，没有采用型芯撑（简称"芯撑"）来定位和支撑型芯；或芯撑的数量不够或安放的位置不当；或芯撑的尺寸不当（过高，合模时压断型芯；过低，型芯支撑不到位，压注模料时，型芯也可能断裂）。上述因素均导致在制模的过程中型芯断裂。

3. 防治措施

（1）提高型芯的常温强度。

采用型芯强化工艺，对壁厚差较大、形状复杂的型芯可采用局部强化。

对于复杂薄壁陶瓷型芯预先灌软蜡，增加其整体强度，以减少制模时断芯。

（2）选择适当的注射压力。

选用流动性较好的模料，并适当地降低注射压力。

（3）合理设置注蜡孔。

改进注蜡孔的位置，应该避免模料直接冲击型芯的薄弱处；必要时，在型芯的薄弱处采取增加芯撑等措施。

（4）严格执行制模操作规程。

合模时仔细操作，避免型芯断裂；开型起模时注意用力均匀，避免型芯断裂。

（5）改进型芯放置位置。

根据型芯的壁厚和复杂程度，在其薄弱处安放适量的芯撑；压制蜡模前，应把型芯放在压型中试压，检查型芯是否断裂；或注蜡后采用 X 射线检查型芯是否断裂；或在型芯的关键壁厚处贴蜡质或塑料芯撑保证蜡模的壁厚；或调整型芯的尺寸等，避免型芯断裂。

第四章　型壳、型芯常见缺陷

第一节　型壳、型芯缺陷名称及分类法

为了便于读者尽快地找到型壳、型芯缺陷的产生原因和防治措施，本节提供了缺陷分类法和缺陷编码结构图。

1. 型壳、型芯缺陷分类法

采用三级分类法。

第一级：用两个汉语拼音字母表示缺陷类别，如，XK 表示型壳缺陷，XX 表示型芯缺陷。

第二级：用两个阿拉伯数字表示缺陷分组。

第三级：用两个阿拉伯数字表示具体缺陷。

2. 型壳、型芯缺陷编码结构图

缺陷编码结构图如下：

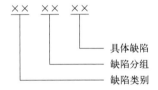

注：缺陷类别：XK—型壳缺陷；XX—型芯缺陷。
　　缺陷分组：每一类缺陷中有多少组。
　　具体缺陷：每一组有多少个具体缺陷。
示例：XK-01-01即型壳缺陷-茸毛。
　　　XX-03-01即型芯缺陷-型芯花纹。

3. 缺陷分类法的创新性

① 为今后补充、修订预留了很大的空间。

② 方便了读者，节约了查找时间，便于运用。

第二节　型壳缺陷

型壳制作（也称"制壳"）是熔模铸造生产中最关键的一道工序，是获得优质铸件的重要条件。据不完全统计，铸件缺陷中有约 60% 是由型壳质量问题引起的。为此，提高型壳质量是企业降低成本、提高效益的最直接、最有效的措施。

型壳是由黏结剂、耐火粉料、撒砂材料等，经过配制涂料、浸涂料、撒砂、干燥硬化、

脱蜡和焙烧等工序制成的。其主要工艺流程如图 4-1。

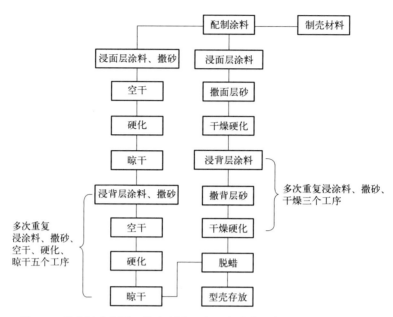

图 4-1　型壳制造主要工艺流程图（左：水玻璃型壳；右：硅溶胶型壳）

型壳常见的缺陷中，有茸毛、面层剥落、飞翅、蚁孔、蠕孔、裂纹、变形、鼓胀以及气孔等 29 种，现将部分分析如下。

一、XK-01-01 茸毛

1. 特征

水玻璃型壳的表面上有白色茸毛状析出物，也称"白毛"，如图 4-2。

图 4-2　茸毛

2. 产生原因

（1）型壳残留的钠盐过多。

型壳在硬化时，由于硬化剂的浓度过低或硬化时间过短，或水玻璃的密度过大，或涂料的黏度过高，硬化不充分；硬化过程的反应产物氯化钠和氯化铵都易溶入水，在湿态时，它们都以水溶液的形式存在于型壳中（尤其是脱蜡液中添加氯化铵补充硬化所生成的盐以水溶液的形式存在于型壳中）。残留的钠盐过多。

（2）型壳存放时间过长。

型壳脱蜡后的存放干燥时间过长，型壳内硬化反应时生成的盐分和残留的硬化剂，随水分的蒸发扩散、迁移到型壳的表面上来，并沿着析出孔道堆积生长成茸毛状物质，称为"茸毛"；随着空气湿度的增加，以及制壳场地湿度的加大，这种现象变得严重。经化验分析，茸毛中的80%是氯化钠，20%是氯化铵。

（3）型壳没有进行低温烘焙。

型壳脱蜡后，没有及时进行低温烘焙；促使硬化反应产物随水分的蒸发扩散、迁移到型壳的表面上来，并沿着析出孔道堆积生长成茸毛。

（4）脱蜡液性能差。

脱蜡液中，没有及时补加氯化铵或盐酸等，使其保持一定的酸度；或脱蜡液没有定期检测或更换。

3. 防治措施

（1）有效地控制型壳中残留的钠盐。

应严格控制水玻璃的密度和涂料的黏度；采用合理的硬化工艺参数，严格控制硬化剂的浓度、温度和硬化时间；硬化后，充分晾干，以减少型壳残留的钠盐。

（2）严格控制型壳存放时间。

控制型壳存放场地的温度和湿度；合理安排生产，型壳脱蜡后存放的时间不宜过长，应及时焙烧、浇注。

（3）必要时型壳应进行烘焙。

脱蜡后的型壳，必要时，应进行低温烘焙；使水分来不及溶解较多的盐类就被迅速蒸发。

（4）控制脱蜡液的质量。

脱蜡液中应及时补加1%的盐酸，使其保持一定的酸度；不宜补加过多，以免补充硬化反应生成的盐类溶于水中；定期更换脱蜡液，清理脱蜡槽。型壳已经生成茸毛时，可以在焙烧前，用热水冲洗，或用湿布将其擦拭掉，再进行焙烧。

二、XK-02-01 面层剥落

1. 特征

型壳面层局部剥落，如图4-3、图4-4。

2. 产生原因

① 型壳干燥或硬化过度。硅溶胶型壳的1～2层干燥过度（场地温度过高，或湿度过低，或风速过大，或干燥时间过长等）使型壳面层局部或大面积剥落。水玻璃型壳硬化过度

（硬化剂的温度过高或浓度过大），或硬化时间过长，或硬化前晾干时间太长等，使型壳面层局部或大面积剥落。

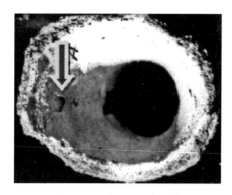

图 4-3　型壳面层局部剥落

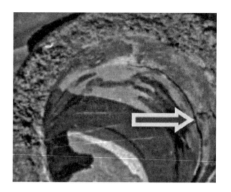

图 4-4　型壳面层大面积剥落

② 面层局部强度低。水玻璃型壳表面层析出茸毛，降低了型壳的表面层强度。

③ 型壳面层局部分层。铸件蜡模型面（特别是平面）宽大，型壳干燥过程各层之间分层，面层与蜡模表面分离，在随后的焙烧、浇注过程中，由于外力的作用，型壳局部剥落。

④ 蜡模表面附着有油污。

3. 防治措施

（1）严格控制型壳干燥或硬化质量。

硅溶胶型壳要严格控制工作场地的温度（22～26℃）、湿度（60%～70%）、干燥时间（4～6h）、风速（≤1m/s）。生产中使用显色法等检测型壳的干燥质量。

水玻璃型壳要严格控制工作场地的温度（20～25℃）、结晶氯化铝浓度（31%～33%）、密度（$1.16～1.17g/cm^3$）、pH（1.4～1.7）、硬化时间（5～15min）、干燥时间（面层 30～45min，加固层 15～30min）。

注：面层硬化干燥后冲水，背层硬化干燥后不冲水。

型壳以"不湿不白"为宜。"湿"就是没有干燥好，"白"就是干燥过度。

（2）避免型壳析出茸毛。

对于水玻璃型壳，应严格控制型壳存放场地的温度和湿度，并且型壳脱蜡后的存放时间不宜过长，避免型壳析出茸毛。

（3）避免型壳面层分层

① 浸涂料后要控制撒砂时间，当涂料均匀、完整地覆盖在蜡模的表面上时，应立即撒砂。

② 对于水玻璃型壳要控制硬化后的风干时间，尽量减少型壳表面残留硬化剂。

③ 降低过渡层的涂料黏度，加入适量的表面活性剂，使涂料均匀地渗入面层砂粒的间隙之中。

④ 面层撒砂的粒度不要过细，硅溶胶型壳的锆英粉一般选用 100/120 目，水玻璃型壳选用 40/70 目。

⑤ 注意撒砂操作，及时清除浮砂；面层砂应干燥，粉尘少，其含水量和粉尘量≤0.3%（质量分数）。

⑥ 在蜡模型面上开设工艺孔（浇注铸件后补焊工艺孔），或开设工艺凸台（浇注铸件后加工去除），来改变蜡模型面。

⑦ 控制面层与过渡层撒砂粒度变化不能相差太大，防止分层。

⑧ 保证蜡模清洗干净，保证蜡模的润湿性。

（4）清除蜡模表面附着的油污。

三、XK-03-01 飞翅

1. 特征

型腔内有多余的、由面层材料形成的飞翅，如图 4-5。

图 4-5 飞翅

2. 产生原因

采用低压电热刀焊接模组时：

① 焊接操作不当，蜡模与浇注系统之间留有缝隙。

② 焊接时电热刀温度过高，使蜡模与浇注系统之间留有缝隙。

③ 焊接过程形成"虚焊"，模组受力后从"虚焊"处裂开，形成缝隙。

在制壳过程中，面层涂料和型砂进入缝隙中，形成了飞翅。

3. 防治措施

① 焊接时应仔细操作，并认真检查焊缝，如有缝隙应立即补好。

② 焊接前应检查、控制电热刀等焊接工具的温度；焊接后，应认真检查焊缝，如有缝隙必须立即补好。

③ 采用黏结蜡组装蜡模和浇注系统。

四、XK-04-01 蚁孔

1. 特征

型壳的内表面上有分散或密集的小孔洞，如图 4-6、图 4-7。

图 4-6　蚁孔（粉液比 1∶0.8）

图 4-7　操作不当，在型腔内蜡模的上部产生蚁孔

2. 产生原因

（1）面层涂料的粉液比太低。

配制面层涂料时，涂料中的粉液比太低（水玻璃面层涂料粉液比≤1∶0.8）。在正常使用温度下，涂料的黏度低，蜡模上的涂料层太薄；当面层砂的粒度较大，尤其是使用沸腾法浮面层砂时，砂粒易穿透涂料层，在型腔形成蚁孔。

（2）蜡模涂挂性差。

蜡基模料中的硬脂酸含量过低，或蜡模在涂挂前没有进行表面脱脂处理，降低了蜡模的润湿性和涂挂性。

（3）涂料的润湿性差。

涂料对蜡模的润湿性差，不能完整地覆盖在蜡模的表面。

（4）其它产生原因。

蜡模组装不当，或涂挂面层的浸涂、撒砂方法不当，或控料时间太长，使模组的中、上部局部涂料层太薄，如图 4-6 所示，甚至没有涂料层，易使型腔产生局部蚁孔。

3. 防治措施

（1）确保面层涂料的粉液比。

配制水玻璃面层涂料时，在专用的配料桶中，不断搅拌水玻璃、润湿剂，再徐徐加入粉料；当水玻璃模数为 3.0～3.4，密度为 1.25～1.28g/cm^3 时，粉液比以 （1.0～1.3）∶1 为宜；充分搅拌后的涂料要进行 8～12 小时的回性处理；再选用相应的面层砂粒度，一般选用 80/120 或 40/70 目的石英砂；面层砂应使用雨淋法撒砂。

配制硅溶胶面层涂料时，粉液比＝3.8～4.2∶1（硅溶胶中的 SiO$_2$ 含量为 30%），加入硅溶胶质量 0.16% 的润湿剂，0.10% 的消泡剂，涂料黏度为 32～38Pa·s；涂料的搅拌时间：新料≥24h，部分新料≥12h。

（2）提高蜡模的涂挂性。

蜡基模料中的硬脂酸含量不能低于 50%，可以适当地提高硬脂酸的含量（一般为 5%～10%），以利于提高蜡模的润湿性，改善蜡模的涂挂性。

模组浸涂前要用脱脂液（浓度为 0.3% 的表面活性剂或中性软肥皂水溶液）去除蜡模表面残留的分型剂或脱模剂，以提高蜡模表面对涂料的润湿能力，提高涂料的覆盖性。

（3）提高涂料的润湿性。

在面层涂料中加入适量（一般为黏结剂质量的 $0.1\%\sim0.3\%$）的表面活性剂（如农乳130，或 JFC），以利于降低涂料的表面张力，增加涂料对蜡模的润湿作用，提高涂挂性。

涂料中加入表面活性剂后，在搅拌过程中易产生气泡，所以应加入消泡剂（常用有机硅树脂系消泡剂，加入量为黏结剂质量的 $0.05\%\sim0.1\%$）。

（4）其它措施。

改进蜡模组装，注意型壳面层的涂挂操作，使涂料均匀、完整地覆盖在蜡模的表面上，并及时撒砂。

五、XK-05-01 蠕孔

1. 特征

型壳的内表面上有分散的，或密集的蠕虫状孔洞，如图 4-8、图 4-9。

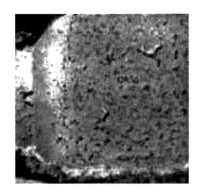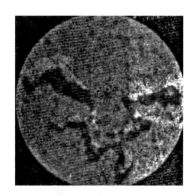

图 4-8　蠕孔（粉液比 1∶0.6）　　　　　　图 4-9　蠕孔×16

2. 产生原因

（1）面层涂料的粉液比过低。

配制面层涂料时，涂料中的粉液比过低（水玻璃石英粉的面层涂料粉液比≤0.6∶1）。涂料的黏度低，蜡模上的涂料层太薄；当面层砂的粒度较大时，在型腔形成蠕孔。

（2）蜡模涂挂性差。

同蚁孔产生原因之（2）。

（3）涂料的润湿性差。

同蚁孔产生原因之（3）。

另外，模组蜡模表面（特别是凹槽部位）堆积有残留的脱脂液，脱脂液干燥后形成蠕虫状"汁痕"。

（4）其它产生原因。

同蚁孔产生原因之（4）。

3. 防治措施

（1）确保面层涂料配比。

面层涂料的粉液比≥1∶1。

（2）提高蜡模涂挂性。

同蚁孔防治措施之（2）。

（3）提高涂料的润湿性。

同蚁孔防治措施之（3）。

另外，用压缩空气吹除残留的脱脂液。

（4）其它措施。

同蚁孔防治措施之（4）。

六、XK-06-01 气孔

1. 特征

型壳的内表面留有光滑的气泡孔洞，如图 4-10。

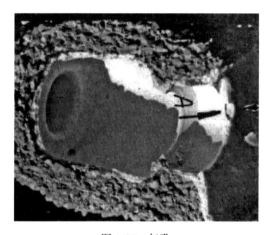

图 4-10　气孔

2. 产生原因

（1）面层涂料中有过多的气体。

面层涂料在搅拌过程中，由于操作不当，卷入过多的气体；搅拌后没有进行回性处理，或回性处理时间短，卷入的气体没有充分地释放出来。

（2）表面活性剂不当。

配制面层涂料时，涂料中加入发泡较多的表面活性剂。

（3）没有加入消泡剂。

配制面层涂料时，在搅拌过程中加入活性剂，但是没有加入消泡剂。

（4）面层涂挂操作不当。

面层涂挂操作不当，在蜡模的凹槽等处留有气泡，没有及时清除。

3. 防治措施

（1）避免面层涂料中残留过多的气体。

配制面层涂料过程中应控制搅拌速度，避免卷入过多气体；充分搅拌后的涂料要进行8～24h的回性处理，使气体充分逸出。

（2）加入适量的活性剂。

搅拌面层涂料时，应加入发泡较少的活性剂，常用农乳130或JFC，加入量为黏结剂的0.1%～0.3%（质量分数）。

（3）加入适量的消泡剂。

在配制面层涂料过程中，在加入表面活性剂后，应加入消泡剂；加入量为黏结剂的0.05%～0.10%（质量分数）。

（4）注意面层涂挂操作。

注意面层涂挂操作；必要时用毛刷刷涂蜡模的凹槽等处，或用压缩空气吹除蜡模凹槽处的气泡。

七、XK-07-01 脉纹

1. 特征

在型壳内表面的局部出现细小的网状或稍粗点的脉络状裂纹，如图4-11和图4-12。

图 4-11　型壳脱蜡后的脉纹

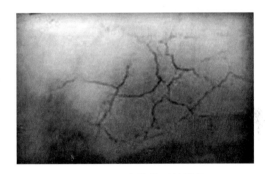

图 4-12　型壳焙烧后的脉纹

2. 产生原因

（1）型壳的常温强度低。

型壳常温强度取决于型壳黏结剂的干燥（硅溶胶型壳）或型壳硬化（水玻璃型壳）的程度。常温强度低，导致型壳在制壳和脱蜡的过程中产生脉纹。

硅溶胶型壳的常温强度还取决于硅溶胶中的 SiO_2 的含量，其含量低会导致型壳的常温强度低。

（2）制壳工艺选用不当

① 型壳前三层的撒砂材料粒度选用不当。

型壳一、二层的粉料和撒砂材料的粒度远远小于加固层的粉料和撒砂材料的粒度，型壳一、二层产生的收缩力远远大于加固层产生的收缩力，当一、二层的收缩力受到加固层收缩力的阻碍时，便在型壳的一、二层的薄弱处产生了脉纹。

② 制壳工艺不当或控制不当。

硅溶胶型壳的常温强度与其干燥程度有密切关系。如果没有控制好干燥的四个关键参数（环境温度、湿度、风速和干燥时间），造成型壳各部分干燥不均匀，会导致型壳产生脉纹。

水玻璃型壳的常温强度主要与硬化剂工艺参数等有关。没有控制结晶氯化铝硬化工艺的三个关键参数（硬化剂的浓度、使用的温度和硬化时间），导致型壳产生脉纹。

③ 制壳材料选用不当。

型壳一、二、三层之间的粉料和撒砂材料的膨胀系数、收缩系数差异大，当膨胀、收缩受到阻碍时，便在型壳的一、二层的薄弱处产生了脉纹。

3. 防治措施

（1）提高型壳的常温强度

① 选用水玻璃的模数 $M=3.0\sim3.4$，密度 $d=1.30\sim1.33\mathrm{g/cm^3}$，配制加固层涂料。

② 采用合理的涂料配制工艺，并执行涂料的"配比-温度-黏度"曲线。

③ 采用合理的硬化工艺，选用结晶氯化铝硬化剂，并控制硬化剂的密度和 pH 值。

④ 对于硅溶胶涂料，主要控制面层涂料中 $\omega(\mathrm{SiO_2})$ 在 30%；同时控制型壳干燥过程中的湿度、温度和风速等工艺参数，从而提高型壳的常温强度。

（2）合理选用制壳工艺。

如涂料黏度和撒砂粒度应合理匹配，硬化工艺参数要确保型壳充分硬化。

硅溶胶工艺面层要控制湿度为 $60\%\sim70\%$，环境风速为 $\leqslant1\mathrm{m/s}$，干燥时间 $3\sim8\mathrm{h}$，干燥温度控制在 $22\sim26℃$。

粉料和撒砂材料尽量选用膨胀系数、收缩系数相近的材料。

八、 XK-08-01 裂纹

1. 概述

型壳裂纹有两种情况：一是浇口杯产生裂纹，如图 4-13；二是型壳表面产生裂纹，如图 4-14。

图 4-13　浇口杯裂纹

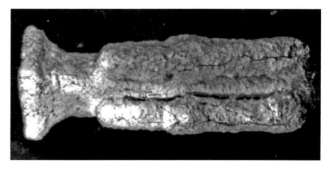

图 4-14　型壳表面裂纹

浇口杯裂纹特征：型壳的浇口杯有裂纹，严重时浇口杯开裂。

型壳表面裂纹特征：在型壳的表面上有弯曲的、深浅不等的裂纹。

2. 产生原因

① 涂料中水玻璃的模数、密度过高或过低；或涂料中的粉液比过低；或硬化剂的浓度、温度和硬化时间不当，硬化不充分；或型壳在硬化前的自然风干时间不够，不利于硬化剂的继续渗透硬化，影响了凝胶的连续性和致密性；或型壳的层数不够等，导致型壳的强度低，出现了裂纹。硅溶胶面层涂料中的 SiO_2 含量太低，导致硅溶胶型壳的湿强度低。

② 涂料层涂挂不均匀，或撒砂层厚薄不均；尤其是浸涂料后没有撒上砂的部位，凝胶在收缩时受力不均匀，导致型壳产生裂纹。

③ 脱蜡液的温度低，脱蜡蒸汽升压慢，脱蜡时间太长。由于蜡料的热膨胀系数大于型壳的热膨胀系数，脱蜡缓慢，导致型壳在脱蜡的过程中受到各种应力的作用；如果超过此时型壳的强度极限，就会产生裂纹，甚至开裂。

④ 焙烧时，型壳入炉温度高，升温过快；或高温出炉急冷；或型壳多次焙烧，产生微裂纹，甚至裂纹，降低了强度；或型壳的高温强度低，使型壳在焙烧时产生裂纹。

⑤ 清理浇口杯时，机械损伤浇口杯。

⑥ 模组（含浇注系统）厚大部位未开设排蜡口或排蜡通道，蜡料受热膨胀来不及排出，胀裂型壳；或浇冒口的截面积和蜡模的体积的比值小，不利于排蜡，易产生裂纹。

⑦ 形成铸件内腔（如管路）的型壳，因厚度薄（涂层少）、强度低，浇注时在合金液的冲击下开裂，甚至断裂，出现内跑火。

3. 防治措施

（1）采用下列措施，型壳的高温强度就高：

① 选取水玻璃的模数 $M=3.0\sim3.4$，密度 $d=1.30\sim1.33g/cm^3$ 配制加固层涂料。

② 采用合理的涂料配制工艺，并执行涂料的"配比-温度-黏度"曲线。

③ 采用合理的硬化工艺，控制硬化剂的"浓度-温度-硬化时间"；或选用氯化铝代替氯化铵硬化型壳。

④ 合理的制壳工艺，如涂料黏度与撒砂粒度合理配合，硬化工艺参数要确保型壳充分硬化。

⑤ 采取措施增加型壳强度，如常用的增加型壳层数，或采用复合型壳等；必要时大件型壳可用铁丝加固。

对于硅溶胶涂料，主要控制面层涂料中 $w(SiO_2)$ 在 30%；同时控制型壳干燥过程中的湿度、温度和风速等工艺参数。

（2）蜡模浸入检验合格的涂料中，上下移动和不断地转动，提起后滴去多余的涂料，使涂料均匀地覆盖在模组的表面上；不能出现涂料的局部堆积或缺少涂料（漏涂）；及时、均匀撒砂。

（3）适当提高低温蜡脱蜡液的温度，控制在 $95\sim98$℃；缩短脱蜡时间，以 $15\sim20min$，不超过 $30min$ 为宜；中温蜡提高脱蜡蒸汽的升压速度，以蒸汽压力达到 $0.6MPa$ 的时间不超过 $7s$ 为宜；型壳脱蜡的要点：高温快速。必要时，改进脱蜡方法。

（4）选用合理的焙烧工艺，硬化的型壳焙烧温度为 $850\sim900$℃，焙烧时间为 $0.5\sim2h$，并严格执行；必要时，采用阶段升温，或冷却；型壳焙烧不能超过 2 次。焙烧良好的型壳呈白色、粉白色或粉红色；焙烧不良的型壳呈深色或深灰色，表示型壳残留较多的碳。

（5）清理浇口杯时应仔细，避免机械损伤；必要时，改进浇口杯的结构。

（6）在模组（含浇注系统）厚大部位开设排蜡口或排蜡通道或增加排蜡截面积，使蜡料快速排出，后续再对排蜡口或排蜡通道进行封堵。

（7）插入芯骨来增加强度，对制壳过程进行强化；必要时，增加过渡层层次，或用陶瓷芯来形成铸件内腔。

九、 XK-09-01 变形

1. 特征

型腔的尺寸发生变化，如图 4-15。

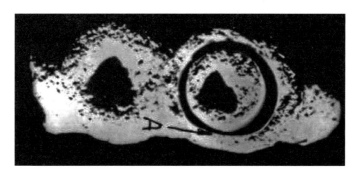

图 4-15　型腔变形的型壳

2. 产生原因

（1）型壳高温强度低，其抗高温变形能力也低。型壳变形大部分是在脱蜡、焙烧或浇注过程中产生的。浇注时，靠近浇口的高温有可能使型壳发生变形。

硅溶胶涂料中的 SiO_2 含量太低，导致硅溶胶型壳的高温强度低。

（2）涂料的黏度大，涂层过厚，涂料堆积；或硬化剂浓度低、温度低、硬化时间短、硬化不足等，导致型壳的强度低。

（3）脱蜡液的温度低，脱蜡时间太长。由于蜡料的热膨胀系数大于型壳的热膨胀系数，脱蜡缓慢，导致型壳在脱蜡的过程中受到各种应力的作用，使型壳在脱蜡过程中变形。

（4）中小件水玻璃型壳的焙烧温度过高、焙烧时间过长，或冷却过快，或焙烧时摆放不当（堆压、挤压）使得支撑受力不平衡等，引起局部变形。

（5）焙烧炉不能满足工艺要求。

（6）焙烧与浇注配合不当，型壳在焙烧后的热态时，强度较高；温度下降时，强度随之下降。如型壳在冷态下浇注，型壳急剧升温，热膨胀系数大，导致型壳变形。

（7）对于用填砂进行预热保温的型壳，当填充砂粒较细、砂粒填充较紧实、用于填充的新砂粒较多时，砂粒高温膨胀挤压型壳，使型壳发生变形，特别是片状类铸件的型壳。

（8）型壳材料不符合质量要求，型壳材料中的杂质含量比较高。

3. 防治措施

（1）下列因素的合理匹配与控制，就可以适当地提高型壳的抗高温变形能力：

① 选取水玻璃的模数 $M=3.0\sim3.4$，密度 $d=1.30\sim1.33g/cm^3$ 配制加固层涂料。

② 选用硬化剂；氯化铝硬化的型壳比氯化铵硬化的型壳强度高。

③ 用铝硅系粉、砂，代替硅石粉、砂。

④ 制壳工艺，如涂料黏度与撒砂粒度合理配合，硬化工艺参数要确保型壳充分硬化。

⑤ 焙烧和浇注合理配合，防止型壳在冷态下浇注。

⑥ 采用复合型壳，如水玻璃与硅溶胶型壳、水玻璃与硅酸乙酯型壳等。

⑦ 硅溶胶面层涂料中的 SiO_2 含量应控制在 30%，加固层中的 SiO_2 含量应控制在 $\geqslant$ $25\%\sim28\%$。

（2）掌握、运用、控制涂料的"配比-温度-黏度"关系曲线；注意涂挂操作，使涂层均匀地覆盖；控制硬化剂的浓度、温度和硬化时间，使型壳充分硬化。

（3）型壳停放 $12\sim24h$ 再脱蜡；选择合理的脱蜡工艺，脱蜡液的温度控制在 $95\sim98℃$，脱蜡时间为 $15\sim20min$，不超过 $30min$。

（4）选择合理的焙烧工艺，结晶的氯化铝硬化的型壳焙烧温度为 $850\sim900℃$，时间为 $0.5\sim2h$。

注意型壳在焙烧过程中的摆放，避免型壳彼此挤压；控制焙烧出炉的冷却速度等。

硅溶胶型壳的焙烧温度应控制在 $950\sim1200℃$，时间为 $0.5\sim2h$。

焙烧良好的型壳呈白色、粉白色或粉红色。

（5）加强焙烧炉的定期检测和日常维护保养，使其满足焙烧工艺要求。

（6）选用粒径 $2\sim4mm$ 的砂粒作填充砂粒，填充时自然倒入砂粒不舂实；填充砂粒中新砂用量不超过 40%，且与旧砂混匀。

十、XK-10-01 鼓胀

1. 特征

型壳整体鼓胀，或局部涂层鼓胀。型芯向型腔鼓胀，如图 4-16；型壳内表面层向型腔鼓胀，如图 4-17。

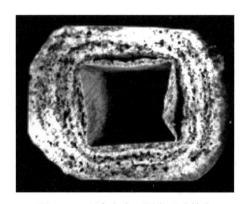

图 4-16　型芯向型腔鼓胀　　　　　　图 4-17　型壳内表面层向型腔鼓胀

2. 产生原因

（1）型壳分层，如：

A. 水玻璃型壳

① 水玻璃模数高，或涂料的黏度大；操作不当，或撒砂时间控制不当，使涂料或型砂局部堆积；硬化不良。

② 面层硬化前的自然风干时间太长，与第二层涂料结合不好。

③ 涂料撒砂后，表面有浮砂；或面层砂的粒度过细，砂中粉尘过多或砂粒受潮含水分过多；导致第二层涂料与面层砂结合不牢。

④ 面层硬化后晾干的时间短，型壳局部表面残留过多的硬化剂等。

B. 硅溶胶型壳

型壳的面层与蜡模间附着力太差。

（2）型壳抗高温变形能力低，如：

A. 水玻璃型壳

① 型壳高温强度低，其抗高温变形能力也弱。型壳鼓胀大部分是在脱蜡、焙烧或浇注过程中产生的。

② 涂料的黏度大，涂层过厚，涂料堆积，或硬化剂浓度低、温度低、硬化时间短、硬化不足等，导致型壳的强度低，抗高温变形能力也低。

B. 硅溶胶型壳

① 型壳面层的湿强度低。

② 面层型壳外表面干燥过度、内表面干燥不足。

（3）脱蜡液的温度低，脱蜡时间太长。

（4）中小件型壳的焙烧温度过高、焙烧时间过长，或冷却过快，或焙烧时摆放不当（堆压、挤压）等。

（5）焙烧与浇注配合不当，如型壳在冷态下浇注，型壳急剧升温，热膨胀系数大，导致型壳鼓胀。

（6）模组蜡模厚大部位未开设排蜡口或排蜡通道，蜡料受热膨胀来不及排出，使型壳鼓胀。

（7）铸件蜡模型面（特别是平面）较宽大，型壳在干燥过程中与蜡模脱离。

3. 防治措施

（1）防止型壳分层的各种措施，如：

A. 水玻璃型壳

① 控制制壳场地的温度保持在 22～26℃ 为宜；适当地降低涂料黏度，增加其流动性；必要时，在涂料中适当地添加表面活性剂，改善涂料的涂挂性、覆盖性；注意操作方法，即型壳浸入涂料中，要上下移动和不断地转动，提起后滴去多余的涂料，使涂料均匀地涂挂和覆盖在型壳的表面上，立即撒砂，不能出现涂料或型砂的局部堆积；充分硬化。

② 型壳硬化前应自然风干一定的时间，一般选用 15～40min，以型壳"不湿不白"为宜；硬化后要进行晾干，使型壳继续进行渗透硬化，硬化得更加充分。

③ 检验型砂的粒度和粉尘含量（≤0.3%），控制型砂在使用中的湿度≤0.3%；及时清

除型壳上多余的浮砂；面层撒砂的粒度不要过细，以 40/70 目为宜。

B. 硅溶胶型壳

确保蜡模清洗好，面层涂料加入适量的润湿剂、消泡剂。

（2）防止型壳变形的各种措施，如：

A. 水玻璃型壳

① 选择合适的水玻璃模数和密度，选用合理的涂料粉液比、黏度和温度；铝硅系粉、砂代替硅石粉、砂；选用合适的硬化剂及合理的硬化工艺参数，控制硬化剂的浓度、温度和硬化时间，使型壳充分硬化。

② 注意涂挂操作，使涂层均匀地覆盖。

③ 型壳停放 12～24h 再脱蜡；脱蜡液的温度控制在 95～98℃，脱蜡时间为 15～20min，不超过 30min。

④ 聚合氯化铝硬化的型壳焙烧温度为 850～900℃，时间为 0.5～2h；控制焙烧出炉的冷却速度等。

B. 硅溶胶型壳

① 保证面层型壳湿强度。要保证硅溶胶和耐火材料的质量，按工艺规范保持涂料正确的配方、配制方法及确保涂料性能合格。最好采用面层专用的小粒径硅溶胶。此外，要保证蜡模一定厚度的涂料层，撒砂时涂料不要过早干燥。

② 控制好环境相对湿度、面层干燥时间和风速，确保面层型壳内、外表面干燥合适。另外，应使面层涂料层厚度合适，不要过厚。

总之，选用合理的涂料工艺、制壳工艺、焙烧与浇注工艺，或采用复合型壳等，提高型壳抗高温变形能力。

（3）在模组蜡模厚大部位开设排蜡口或排蜡通道，脱蜡后再封堵。

（4）在铸件蜡模型面上开设工艺孔（浇注铸件后补焊工艺孔），或开设工艺凸台（浇注铸件后加工去除），来改变铸件蜡模型面。

十一、XK-11 分层

当型壳各组分之间结合不牢固，就会产生型壳分层。型壳分层常有三种形式：一是在涂料层中分层，型壳的局部涂料层中存在分层，常出现在加固层涂料层中，如图 4-18；二是砂粒之间分层，如图 4-19；三是涂料-砂粒之间分层，如图 4-20。有时一只型壳上只出现一种分层缺陷，而有时在一只型壳上同时出现两种，甚至三种不同的分层缺陷，如图 4-21。

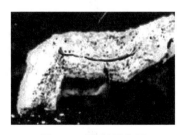

图 4-18　涂料层分层

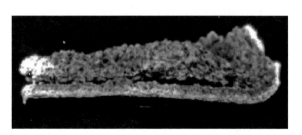

图 4-19　砂粒之间分层

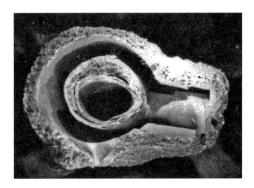

图 4-20　涂料-砂粒之间分层　　　　　　图 4-21　一个型壳同时具有三种不同的分层

1. XK-11-01 涂料层分层

（1）产生原因。加固层的涂料黏度大，使涂料的流动性变差，操作性能变差，很容易使涂料局部堆积，以及硬化不良等，使涂料层中形成了没有硬化的涂料夹层。硬化的涂料中，溶胶转变成凝胶；未硬化的涂料中，仍然保留着溶胶状态。凝胶在收缩时，势必在已经硬化与未硬化的涂料层间产生应力，导致涂料层分层。

当涂料层堆积过多时，焙烧后，涂料层中堆积的未被硬化的涂料受热急剧膨胀，冲破涂料层进入型腔，如图 4-22 所示；型芯中堆积的涂料焙烧后进入型腔，如图 4-23；浇注后，铸件是废品。

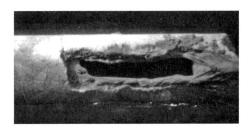

图 4-22　焙烧后，堆积的涂料进入型腔　　　　图 4-23　型芯中堆积的涂料进入型腔

（2）防治措施

① 适当地降低加固层涂料黏度，增加其流动性；必要时，在涂料中适当地添加表面活性剂，改善涂料的涂挂性、覆盖性。

② 注意浸涂料时的操作方法，即型壳浸入涂料中，要上下移动和不断地转动，提起后滴去多余的涂料，使涂料均匀地涂挂和覆盖在型壳的表面上；不能出现涂料的局部堆积。

③ 对于水玻璃型壳，型壳硬化前应自然风干一定的时间，以"不湿不白"为选择自然风干时间的依据。要选择合理的硬化工艺参数（硬化剂的浓度、温度和硬化时间），并严格控制。硬化后要进行晾干，使型壳继续进行渗透硬化，硬化得更加充分。

对于硅溶胶型壳，要选择合理的制壳加固层的工艺参数，应严格控制室温为 22～26℃，环境湿度为 40%～60%，风速 6～8m/s，干燥时间＞12h，并严格控制。

2. XK-11-02 砂粒之间分层

（1）产生原因。下列产生原因，能大幅度地降低砂粒之间的结合力和摩擦力，使型壳的砂粒之间产生分层：

① 型砂粒度不均匀，型砂中的粉尘多。

② 型砂湿度大或撒砂时的浮砂多；操作不当，产生型砂局部堆积等。

（2）防治措施

① 检验型砂的粒度和粉尘含量（粉尘含量≤0.3%），满足工艺要求后，方可用于生产。

② 控制型砂在使用中的湿度，应≤0.3%，必要时予以更换，并及时清除型壳上多余的浮砂。

③ 严格执行撒砂操作规程，防止型砂堆积。

3. XK-11-03 涂料-砂粒之间分层

（1）产生原因

① 水玻璃涂料中的水玻璃模数高，降低了涂料的稳定性，涂料易老化，并不易黏砂；或制壳场地温度高等因素导致了涂料的表面过早结壳，撒上的砂子只能浮在涂料结壳的表面，砂子黏附不牢而易造成涂料与砂粒间的分层。

硅溶胶涂料首先要严格控制硅溶胶的质量，使其满足工艺要求；硅溶胶的物化工艺参数主要有 SiO_2 含量、Na_2O 含量、pH 值、黏度、密度及胶粒直径等，硅溶胶的物化工艺参数控制不当，直接影响到涂料的稳定性。造成涂料性能变差，涂挂时涂料堆积，导致此处硬化不透。

撒砂时间控制不当。浸涂料后撒砂过早，涂料尚在流动，容易产生堆积（如图 4-24），砂子也不易撒均匀；撒砂过晚，又不易撒上砂，而且撒上的砂子也黏附不牢，容易分层和剥落。

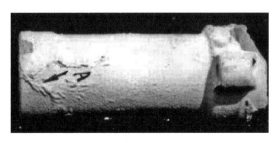

图 4-24　撒砂过早形成的堆积

② 水玻璃型壳面层硬化前的自然风干时间，或硬化后的晾干时间控制不当。面层撒砂后，如果硬化前的自然风干时间太长，与第二层涂料结合不好，易产生分层。

面层硬化后晾干的时间短，型壳局部表面残留过多的硬化剂。如果此时浸入涂料，涂料接触到表层硬化剂时就迅速硬化结皮，因此，影响了涂层与型砂之间的紧密黏附结合，导致分层。

硅溶胶型壳的干燥是硅溶胶制壳的关键工序。环境湿度、风速和干燥时间是最重要的三个因素。这三个因素控制不当，均会造成涂料与砂粒分层。

③ 第二层涂料的黏度过大，降低了涂料的流动性、覆盖性和涂挂性；一般面层砂较细，砂粒的间隙细小，涂料不能很好地渗入到细小的砂粒间隙中，而造成分层。

④ 涂料撒砂后，表面有浮砂；或砂中粉尘过多或砂粒受潮含水分过多，导致第二层涂料与面层砂结合不牢而产生分层。

⑤ 面层砂过细会造成背面过平，不利于上下两层牢固结合，易造成型砂与涂料分层。

（2）防治措施

① 调整涂料中水玻璃的模数，使其在 3.0～3.4；控制制壳场地的温度，应保持在 22～26℃为宜，在可能的情况下应安装空调；浸涂料后要控制撒砂时间，当涂料均匀、完整地覆盖在蜡模的表面上时，应立即撒砂。

要严格控制硅溶胶涂料的质量，如涂料中的 SiO_2 含量、Na_2O 含量、pH 值、黏度、密度及胶粒直径等，使其满足工艺要求。硅溶胶中的 SiO_2 含量越高，其型壳的强度越高，一般选用 $w(SiO_2)=30\%$ 的硅溶胶配制面层涂料。配制面层涂料的方法很重要，直接影响到涂料的质量。应该先加入硅溶胶，再加润湿剂低速搅拌均匀，在搅拌的过程中缓慢加入耐火材料，最后加入消泡剂。为防止粉料结块，新配制的涂料搅拌时间应≥24h，才能使用；部分新料也需要搅拌 12h，才能使用。

② 水玻璃型壳硬化前的自然干燥时间与模组的大小、复杂程度、黏结剂中的 Na_2O 含量、涂料的黏度，以及制壳场地的温度、空气的相对湿度和空气的流通等因素有关，一般选用 15～40min。生产中常以型壳"不湿不白"为选择时间的依据。

硬化后应充分晾干，可以使残留的硬化剂继续对型壳扩散渗透硬化，可以减少型壳表面残留硬化剂，以利于涂料层之间的紧密结合；晾干时间的长短与制壳场地的温度、相对湿度、硬化剂种类等因素有关。

硅溶胶型壳的干燥是非常重要的工序，环境湿度对干燥的速度影响很大，面层的环境湿度应控制在 60%～70%。风速对型壳的干燥速度有明显的影响，面层风速应≤1m/s。环境温度对型壳的干燥速度有一定的影响，应控制在 22～26℃为宜。耐火材料对型壳的干燥也有不同的影响，如高岭土类熟料干燥快些，刚玉次之，锆砂型壳干燥较慢。

③ 降低第二层（过渡层）的涂料黏度，必要时加入适量的表面活性剂，降低涂料的表面张力，增加涂料的润湿作用，改善涂挂性；还可以改善涂料的渗透性，使涂料均匀地渗入面层砂粒的间隙之中。

④ 注意撒砂操作，及时清除浮砂；面层撒砂的粒度不要过细，硅溶胶以 80/120 目为宜，水玻璃以 40/70 目为宜；面层砂要干燥，粉尘少，一般要求面层砂的含水量和粉尘量≤0.3%（质量分数）。

十二、XK-12-01 酥松

1. 特征

型壳层间结合松散，呈现酥松状态，如图 4-25。

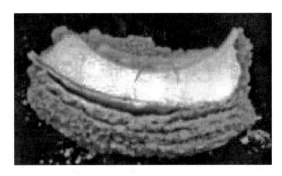

图 4-25　焙烧后的型壳酥松

2. 产生原因

（1）黏结剂中起黏结作用的 SiO_2 含量太低，如水玻璃的模数过低，或密度过小，因而降低了型壳层间的结合力，使型壳产生酥松。

硅溶胶型壳中的 SiO_2 含量太低，影响型壳的强度；上涂料操作不当，涂料没能渗入上一层涂料撒砂的孔隙中，不能排出砂粒间的气体，降低了型壳的强度；撒砂的种类、粒度和撒砂的时间与方法不当，降低了型壳的强度。

（2）涂料中的黏结剂与耐火材料配比过低，即涂料中黏结剂的含量太低，因而使型壳产生酥松。涂料中"配比是关键，涂料黏度随着温度变"。应严格控制涂料的使用温度范围。

（3）水玻璃黏结剂存放时间长，变质，导致涂料中的黏结剂含量太低，型壳的各层间结合不牢，使型壳产生酥松。

硅溶胶涂料在使用的过程中，随着水分的蒸发而使黏结剂中的 SiO_2 含量提高，引起涂料的胶凝化倾向，使涂料的性能变差。此时应该使用蒸馏水予以稀释，而有的企业使用硅溶胶溶液调整，使涂料中的 SiO_2 含量更高，导致涂料胶凝化，性能变差。

（4）耐火材料中的杂质多，尤其是碱性杂质多；或型砂中的粉料多。这些都导致涂料与型砂的结合不牢，使型壳产生酥松。

（5）水玻璃型壳脱蜡时间过长，"煮烂"型壳。

3. 防治措施

（1）配制涂料时，控制水玻璃的模数和密度，保证涂料中 SiO_2 的含量。控制硅溶胶的 SiO_2 含量等参数，确保涂料黏结剂中的 SiO_2 含量符合工艺要求。

（2）适当增加涂料中的黏结剂含量，使其完全浸润、包裹耐火材料。生产中执行涂料"配比-温度-黏度"曲线，把使用的涂料温度控制在一定的范围内，如硅溶胶涂料 22～26℃。

（3）加强黏结剂和涂料的保管；必要时，黏结剂和涂料在使用前应检验，合格后方可投入生产。

（4）严格控制耐火材料中的杂质，尤其是碱性杂质；以及型砂中的粉尘和水分，使其≤ 0.3%，满足工艺要求。

（5）水玻璃型壳脱蜡时，应"高温快速"。

十三、XK-13-01 搭棚

1. 特征

型壳过早出现搭棚现象，如图 4-26。

图 4-26 型壳搭棚

2. 产生原因

（1）组焊工艺规定的蜡模间距小，或组焊时操作不当，使蜡模之间的间距太小，不利于涂挂操作。

（2）加固层涂料黏度过大，流动性差。

（3）涂挂操作不当，加固层涂料尚未充分覆盖在前一涂层上，就撒砂。

（4）蜡模的结构不合理，深孔、盲孔、凹槽等处不利于涂挂操作。

3. 防治措施

（1）选择合理的组焊工艺，蜡模之间的间距应≥10mm，并严格操作，确保蜡模的均匀涂挂。

（2）适当地降低加固层涂料黏度；必要时，可以加入适量表面活性剂，提高涂料的流动性。

（3）注意涂挂操作，待涂料均匀、完整覆盖前一层涂层时，再撒砂。

（4）必要时，修改蜡模的结构，使其满足熔模铸造生产要求。

（5）对于蜡模的深孔、盲孔、凹槽等处，用毛笔刷涂，或用压缩空气喷吹。

十四、XK-14-01 黑壳

1. 特征

型腔表面黏附大量的蜡料和皂化物等，如图 4-27。

2. 产生原因

（1）水玻璃型壳脱蜡时，脱蜡液的温度低，或脱蜡的时间短，脱蜡不干净，使型腔中残

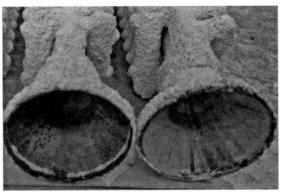

图 4-27 黑壳

留大量的蜡料和皂化物等。

（2）型壳脱蜡后，型腔中含有水分、残留皂化物、蜡料和盐分等挥发物，还有硬化过程中残留的氯化铵以及盐类等，为此，型壳应予以焙烧。如果焙烧工艺不当，或执行焙烧工艺操作不当，或焙烧炉不能满足工艺要求，使型壳中残留的蜡料、皂化物等燃烧不充分，导致这些物质在浇注前没有被清除。

3. 防治措施

（1）水玻璃型壳选用合理的脱蜡工艺参数，在脱蜡液中加入 1% 的盐酸，或草酸，使型壳在脱蜡过程中得到补充硬化；脱蜡液的温度控制在 95～98℃，脱蜡时间为 15～20min，不超过 30min。

型壳脱蜡后，型腔可能残留蜡料及黏附的皂化物，易用热水（加入 0.5% 的盐酸）冲洗，尽量减少型腔中残留的蜡料和皂化物等，并倒置存放，以利于型腔内水分等的流出。

注：含盐酸的废水必须集中处理。

（2）选用合理的焙烧工艺，结晶氯化铝的型壳焙烧温度为 850～900℃，时间为 0.5～2h；同时应规定装炉量和型壳的摆放等，使入炉的型壳全部、均匀受热，充分焙烧。硅溶胶型壳焙烧温度为 950～1200℃，时间为 0.5～2h。

焙烧良好的型壳呈白色、粉白色或粉红色；焙烧不良的型壳呈深色或深灰色，表示型壳残留较多的碳。型壳焙烧不能超过 2 次。

（3）焙烧炉应加强定期检测和日常维护保养，使其满足工艺需要。

十五、XK-15 型腔残留物

当型腔中有残留物时，会直接影响到铸件的质量。型腔中残留物有残留型砂、残留型壳材料、残留盐类和皂化物，以及黑点等五种。

1. XK-15-01 残留型砂和型壳材料

（1）特征：见图 4-28～图 4-31。

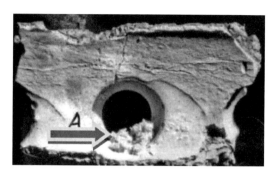

图 4-28　型腔中残留多余的型砂　　　　　图 4-29　型腔中残留多余的物料

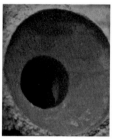

图 4-30　浇口杯残留多余的型砂　　　　　图 4-31　浇口杯中残留灰分

（2）产生原因

① 低温蜡脱蜡前，没有清理干净浇口杯顶部多余的浮砂或型壳材料，使其在脱蜡过程中落入型腔。

② 型壳在中温蜡脱蜡的过程中，脱蜡液沸腾，使槽底的型壳材料或型砂翻起进入型腔。

③ 更换脱蜡液时，没有清理或没有清理干净槽底的型壳材料或型砂等脏物。

④ 型壳脱蜡后的存放场地不净洁，而且型壳没有倒置存放，使型壳材料或型砂落入型腔。

⑤ 浇注后，用型壳材料或型砂覆盖在浇冒口，以便延缓金属液冷却，增加补缩能力；由于操作不当，将型壳材料或型砂等撒入没有浇注的型腔中。

⑥ 脱蜡残余蜡料过多，焙烧过程中蜡液流出，在焙烧炉底板上沸腾，使炉底板上的夹杂物翻起进入型腔；残余蜡料焙烧形成灰分。

（3）防治措施

① 脱蜡前，彻底清理干净浇口杯顶部的浮砂和多余的型壳材料；避免在脱蜡过程中，型砂或型壳材料落入型腔。

② 对于水玻璃型壳，控制脱蜡液的温度为 95～98℃，避免沸腾；脱蜡时间为 15～20min，不超过 30min。

③ 更换脱蜡液时，彻底清除槽底的型壳材料或型砂等脏物。

④ 搞好型壳存放场地的 5S，而且型壳应倒置存放，避免型壳材料或型砂落入型腔。

⑤ 加强责任心，注意覆盖浇口杯操作，避免将型壳材料或型砂撒入没有浇注的型腔中；浇注前，用吸尘器吸净型腔中落入的型壳材料或型砂等杂物。

⑥ 必要时，水玻璃型壳的最外层增加涂料层，以保护型壳最外层的砂粒在脱蜡、焙烧或浇注过程中，型壳材料或型砂不剥落。

⑦ 必要时，开设更多的脱蜡排蜡通道，或二次脱蜡，来减少残余蜡量；焙烧前，清理焙烧炉底板上残留的砂粒或破损的型壳等杂物。

2. XK-15-02 型腔残留盐类和皂化物

（1）特征：见图 4-32、图 4-33。

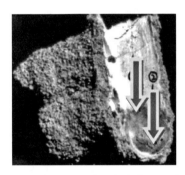

图 4-32 焙烧后型腔中残留白色的盐类晶体

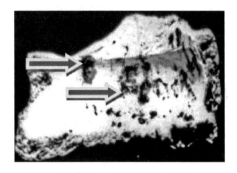

图 4-33 焙烧后型腔中残留褐色的皂化物

（2）产生原因

① 硬脂酸在使用过程中，易与比氢活泼的金属起置换反应，也会与碱或碱性氧化物起中和反应，生成不溶于水的皂化物（硬脂酸盐），使蜡料变质；这些黏性的皂化物在脱蜡后，易残留在型腔内。

② 型壳硬化后，晾干的时间短，使型壳残留过多的盐类。

③ 由于焙烧工艺不良，没有在焙烧的过程中彻底清除型腔中含有的水分、残留皂化物、蜡料和盐分等挥发物，还有硬化过程中残留的氯化铵等盐类，以及耐火材料中的有机物等。

（3）防治措施

① 型壳脱蜡后，型腔可能残留蜡料及黏附的皂化物，宜用热水（加入 0.5％的盐酸）冲洗，并倒置存放。皂化反应消耗了蜡料中的硬脂酸，在回收蜡料时，应补加适量的硬脂酸，以稳定蜡料的性能。

② 型壳硬化后，应充分晾干。晾干的时间取决于温度、湿度、硬化剂种类、硬化工艺，以及蜡模结构等因素。结晶氯化铝硬化剂的型壳晾干时间标准以型壳"不湿不白"为宜。

选择合理的焙烧工艺，水玻璃型壳的焙烧温度为 850～950℃，保温时间均为 0.5～2h；检测焙烧炉，使其满足工艺使用要求；硅溶胶型壳的焙烧温度为 950～1200℃，保温时间为 0.5～2h。

焙烧良好的型壳呈白色、粉白色或粉红色；焙烧不良的型壳呈深色或深灰色，表示型壳残留较多的碳。型壳焙烧不能超过 2 次。

3. XK-15-03 型腔残留黑点

（1）特征：型壳焙烧后，在型腔的内表面残留大小不等、各自独立、多呈圆形的黑点，如图 4-34。

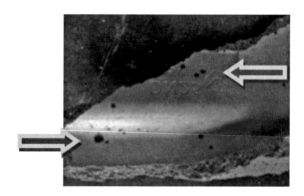

图 4-34　型腔的内表面残留的黑点

（2）产生原因

① 面层和过渡层使用的粉料或撒砂材料中含有较多的铁或铁的氧化物，在焙烧过程中，它们在高温下生成了硅酸铁，在型腔的内表面残留了黑点。

② 利用回收砂制壳，回收砂中含有较多的铁或铁的氧化物，在焙烧过程中，它们在高温下生成了硅酸铁，在型腔的内表面残留了黑点。

铸件清砂后，在其相应的部位留下了与黑点对应的小坑。

（3）防治措施

① 确保面层和过渡层使用的粉料或撒砂材料中含有很少的铁或铁的氧化物，一般规定锆英粉/砂中的 $Fe_2O_3 \leqslant 0.1\%$，莫来石砂/粉中的 $Fe_2O_3 \leqslant 1.2\%$，使其满足工艺要求。

② 使用回收砂制壳时，要确保回收砂中的铁或铁的氧化物不超标，而且只能用于型壳第 3 层及以后各层的撒砂；这样既能节约资金，又能确保型壳的质量。

十六、XK-16-01 蛤蟆皮

1. 特征

型壳的内表面出现蛤蟆皮状的凸凹不平的、圆形的坑，有的称为"蛤蟆皮"，如图 4-35；浇注出来的铸件如图 4-36。

2. 产生原因

（1）面层涂料黏度过大；涂挂时，操作不当，局部涂料堆积；自然风干时间短；硬化时，涂料表面层凝胶急剧收缩，而内层涂料未充分硬化，使型壳的内表面出现凸凹不平、蛤蟆皮状的坑。

（2）面层涂料与蜡模之间，常有油类、盐类和水分集聚，导致硬化不充分；脱蜡时型壳的内表面松散，而出现凸凹不平的、蛤蟆皮状的坑。

图 4-35　型腔表面的蛤蟆皮　　　　　图 4-36　铸件表面上的蛤蟆皮

3. 防治措施

（1）适当地降低面层涂料黏度。当水玻璃模数 $M=3.0\sim3.4$，密度为 $1.25\sim1.28\mathrm{g/cm^3}$，耐火粉料为 270 目时，粉液比应该是（$1.1\sim1.3$）：1，加入表面活性剂（农乳 130 或 JFC），加入量 $0.1\%\sim0.3\%$（质量分数），同时加入消泡剂，加入量 $0.05\%\sim0.1\%$（质量分数），提高涂料的流动性和润湿性。涂挂操作时，避免涂料堆积；当面层涂料均匀地覆盖在模组的表面上时，应立即撒砂。

控制型壳硬化前的空干时间，一般选用 $15\sim40\mathrm{min}$。

选用合理的面层硬化工艺参数，如硬化剂中的结晶氯化铝浓度为 $31\%\sim33\%$，温度 $20\sim25℃$，硬化时间 $5\sim15\mathrm{min}$；硬化后的晾干时间 $30\sim45\mathrm{min}$，硬化干燥后冲水。

（2）模组浸涂前应进行脱脂处理。组装后的模组表面常附有脱模剂、蜡屑等，为此，模组浸涂前要用脱脂液（浓度为 0.3% 的表面活性剂或中性软肥皂水溶液）予以处理；以便改善蜡模表面对涂料的润湿能力，改善涂料的覆盖性、涂挂性。

面层涂料中应加入表面活性剂。水玻璃的表面张力较大，常用的蜡基模料为憎水性物质，在压制蜡模时使用的分型剂也是憎水性物质，为此，在涂料中加入表面活性剂——JFC，或农乳 130（加入量为黏结剂质量的 $0.1\%\sim0.3\%$），增加涂料对蜡模的润湿作用，提高涂挂性，并提高涂料的渗透性，加速硬化剂向涂料层内部渗透和硬化。

选用合理的面层硬化工艺参数，如硬化前的空干时间、硬化剂浓度、温度和硬化时间，以及硬化后的晾干时间。

选用合理的脱蜡工艺参数，如在脱蜡液中加入 1% 的盐酸，使型壳在脱蜡过程中得到补充硬化；脱蜡液的温度控制在 $95\sim98℃$；脱蜡时间 $15\sim20\mathrm{min}$，不超过 $30\mathrm{min}$。

第三节　型芯缺陷

一、XX-01-01 型芯裂纹

1. 特征

烧结后陶瓷型芯出现裂纹，如图 4-37。

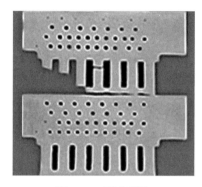

图 4-37　型芯裂纹

2. 产生原因

（1）由于模具问题或因取模方法不当使生芯存在微裂纹。

（2）填料或烧结工艺不当。

（3）型芯的结构设计不合理。

（4）型芯材料收缩率较大。

3. 防治措施

（1）选择合适的填料，填充紧实度力求均匀。采用合理的烧结工艺，烧结温度不宜过高；对于有相变的型芯材料，出芯温度不应高于相变温度，并严格执行。

（2）改进型芯结构，力求合理，如尽量减少壁厚差，适当地增加圆角等。

（3）选用合理的型芯材料。

二、XX-02-01 型芯变形

1. 特征

陶瓷型芯尺寸或形状不符合图纸要求，如图 4-38。

图 4-38　型芯变形

2. 产生原因

（1）起芯过早或起芯方法不当。

（2）烧结前生芯的存放位置不当。

（3）烧结时发生较大的体积变化或紧实度不均匀，或烧结温度过高。

（4）型芯结构不合理。

3. 防治措施

（1）适当延长型芯在熔模中的停留时间，平稳取模。

（2）型芯要合理放置，或直接放置在填料中，或直接放入石膏胎模中矫正。

（3）选择合适的填料，其紧实度要均匀；对于长而直的型芯可以吊挂烧结，且烧结温度不宜过高。

（4）改进型芯结构。

三、XX-03-01 型芯花纹

1. 特征

陶瓷型芯表面有花纹，如图 4-39。

图 4-39　型芯花纹

2. 产生原因

（1）压制型芯时，芯模里分型剂过多，或涂擦不均匀。

（2）压芯时注流不连续。

（3）型芯料浆搅拌不均匀，或有分层现象，压芯后增塑剂局部集中。

3. 防治措施

（1）严格控制分型剂的用量，并涂擦均匀。

（2）压芯时要连续注流，避免断流。

（3）压芯前，料浆要充分搅拌，使其均匀；压芯后，增塑剂要均匀。

四、XX-04-01 型芯断裂

1. 特征

型壳焙烧时，陶瓷型芯折断，如图 4-40。

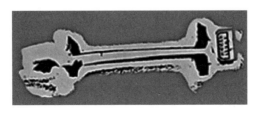

图 4-40　型芯断裂

2. 产生原因

（1）型壳焙烧过程中，型芯收缩受到阻碍发生弯曲，严重时断裂。

（2）型芯的高温强度低。

3. 防治措施

（1）在型壳与芯头之间留有间隙，使型芯有自由收缩的空间。

（2）适当地提高型芯的高温强度。

五、XX-05-01 并芯

1. 特征

型壳焙烧后，两根及以上石英玻璃型芯并在一起或折断，如图 4-41。

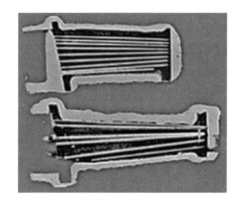

图 4-41　并芯

2. 产生原因

（1）制模时，型芯移位。

（2）涂挂时操作不当，使芯头在脱蜡后定位松动。

3. 防治措施

（1）制模时，仔细操作，并严格检验型芯。

（2）严格执行涂挂操作规程，仔细操作，防止定位松动。

第五章　熔模精密铸造工艺控制

熔模铸造工艺比较复杂，影响因素繁多，控制好熔模铸造生产工艺的各个环节对于提高铸件质量尤为重要。结合熔模铸件的生产实际，本章重点提供了硅溶胶工艺、水玻璃工艺的具体工艺守则，供参考。

第一节　熔模铸造硅溶胶工艺守则

总则

① 本工艺守则适用于中温模料，压蜡机（也称"射蜡机"）制模，硅溶胶黏结剂制壳，碱性/中性中频感应炉熔炼与浇注的合金钢、不锈钢等熔模铸件。

② 本工艺守则规定了熔模铸造生产过程中各工序的技术要求、操作规程和注意事项。

③ 本工艺守则包括四个部分，即：

第一部分：制模；

第二部分：制壳；

第三部分：熔炼与浇注；

第四部分：后工序。

第一部分：制模

一、制模工艺流程图

易熔模简称熔模，俗称蜡模。压制蜡模是熔模铸造工艺中的重要工序，是获得优质铸件的前提条件。影响蜡模质量的因素主要有：模料（或称"蜡料"）、压型（也称"模具"）、制模工艺和制模设备等四个方面。制模工序如图 5-1 所示。

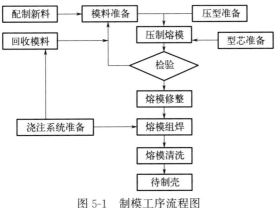

图 5-1　制模工序流程图

二、模料

1. 主要性能

对模料的基本性能要求可以分为两种，即工作性能和工艺性能。

性能要求如表 5-1。

表 5-1　模料性能一览表

性能要求		工艺参数
工作性能	滴点/℃	80～85
	收缩率/%	填充蜡（0.3～0.6），非填充蜡（0.85～1.20）
	灰分/%	≤0.02
	针入度（表面硬度）/（$10^{-1}×mm$）	3.0～7.0
	抗弯强度/MPa	3～8
	软化点（环球法）/℃	70～75
	密度/（g/mm^3）	0.95～0.98
	凝固点/℃	70～75
	运动黏度（80℃）/（m^2/s）	250～400
工艺性能：良好的涂挂性、焊接性，以及模料的复用性、无毒和价廉等		

注：本守则提供的工艺参数仅供参考。

2. 模料回收

回收模料是去除模料中的水、粉尘、砂粒等。

（1）中温模料的回收。中温模料常选用静置脱水-搅拌蒸发脱水-静置去污；蜡处理时要控制处理温度不超过 120℃，防止蜡料老化。

（2）注意事项

① 除水桶、静置桶均应及时排水、排污。

② 经常检查各设备的桶温，防止温度过高造成蜡料老化。

③ 每天检查蜡处理设备的各导热油的液面位置，液面应距设备顶端 200mm 左右，防止油液溢出，并注意检查设备有无渗油或者控温仪表失灵的现象，防止火灾；目前市场上也有热水或蒸汽加热的蜡桶，该类型蜡桶需要定期检查蒸汽发生的设定压力。

④ 定期清理除水桶和静置桶，建议每周 1 次。

⑤ 经常检查环境状态，避免灰尘和外来物混入蜡料当中。

（3）检测项目

① 蜡液水分检测。在蜡液液面下 3～5cm 的部位取样，用水分测试仪测试静置脱水后的蜡液中的水分含量，该项建议设为蜡处理日常检测项目，每桶蜡液经检测合格后方可进行下一步作业。

② 蜡液灰分检测。在蜡液液面下 3～5cm 的部位取样，灼烧后检测蜡液灰分含量，该检测为蜡处理定期检测项目，频率建议为每月 2 次。

③ 每班次至少检查每个设备的桶温 2～3 次，并做好记录，防止温度过高。

3. 模料准备

① 配制中温模料只有两步：化蜡、制备蜡膏。

② 化蜡温度：油浴化蜡炉温度为 90℃。

③ 配制模料：保温箱和小蜡缸恒温温度为 54～62℃，保温时间 24h 以上。

④ 供蜡机：恒温温度为 52～60℃，慢速均匀搅拌。

⑤ 射蜡输送设备：恒温温度为 52～60℃，慢速均匀搅拌，压力泵以 7MPa 的压力输送模料。

⑥ 收缩率检查。

注：目前蜡液转运至射蜡机储蜡桶后可以直接使用，不需要恒温放置。

三、压制蜡模

压制蜡模是熔模铸造生产中的重要工序，直接影响到型壳质量和铸件质量。制模工艺参数直接影响到蜡模质量。

1. 压制蜡模的工艺参数

压制蜡模的工艺参数见表 5-2。

表 5-2　压制蜡模的工艺参数

射蜡机	室温/压型温度/℃	24±2
	储蜡桶温度/℃	75～85
	冷却桶温度/℃	55～60
	蜡缸温度/℃	52～60
免缸射蜡机	射蜡嘴温度/℃	52～55
	射蜡压力/MPa	2～5
	保压压力/MPa	2～5
	射蜡时间/s	15～60（根据蜡模大小和壁厚而调整，有可能会更高）
	保压时间/s	5～60（根据蜡模大小和壁厚而调整，有可能会更高）
	冷却水温度/℃	9～12

说明：目前射蜡参数一般分为温度（储蜡桶温度、冷却桶温度、蜡缸温度、射蜡嘴温度）、时间（射蜡时间和保压时间）、压力（射蜡压力和保压压力）和流量（大多数公司对流量不做控制，是一个弹性调节）。

注：（1）蜡模应表面光洁，形状完整，轮廓清晰，尺寸合格。若有下列缺陷，如熔模局部有鼓泡、冷隔、裂纹、欠注、流线、表面粗糙、缩陷、变形、气孔及尺寸不合格等应报废，不得送去修模和组焊。

（2）严格控制取模后的存放；存放时间≥2～4h，一般产品放置≥2h，尺寸公差要求严格的产品≥4h（但是目前为了提高周转率，很多公司取消了存放时间），同时对于有特殊要求的蜡模应放置在专用的工装中。制模间和蜡模存放间应该恒温。

2. 操作规程

（1）检查射蜡机仪表、油压、保温温度、操作按钮等是否正常。按照技术规定调整射蜡机的射蜡压力、射蜡嘴温度、保压时间、保压压力等。

（2）将模具放在射蜡机的工作台面上，置于压板油压缸的中心，调整射蜡嘴使之与模具注蜡孔高度一致。检查模具所有芯子、活块位置是否正确，模具开合是否顺利等。

（3）打开模具，喷薄薄一层分型剂，合型后对准射蜡嘴。

（4）双手按动工作（启动）按钮，压制蜡模。

（5）抽出芯子，打开模具，小心取出蜡模。按要求放入冷却水或者存放盘中冷却。注意有下列缺陷的蜡模应该报废：

① 因模料中卷入气体，蜡模局部有鼓起的；

② 蜡模任何部位注蜡不足（充型不完整）或有破损的；

③ 蜡模有变形的；

④ 尺寸不符合规定的。

（6）清除模具上残留的模料，注意只能用竹刀，不能用金属刀片清理残留的模料，防止模具型腔和分型面受到损伤；用压缩空气吹净模具分型面、芯子上的蜡屑等，喷分型剂，合型。

（7）进行下一次蜡模压制。

（8）及时将蜡模从冷却水中轻轻取出，用压缩空气吹净蜡屑和水珠，并进行自检；将合格的蜡模正确放入存放盘中。

注：因为放水冷却蜡模会导致蜡模尺寸变形，所以尺寸要求较严的蜡模不建议放水冷却。

（9）每班下班或模具使用完毕以后，应用软布和棉棒清理模具，如发现模具有损伤或者不正常，应立即报告领班，由领班处理；并清扫射蜡机、工具和现场，做到清洁整齐，满足5S要求。

3. 注意事项

（1）压制蜡模时，首件必须进行检查，确认合格以后方可进行操作。制模过程中要严格遵守工艺作业标准的要求，不能变更工艺参数。

（2）模具型腔不要喷过多的分型剂，并要喷涂均匀；必要时可用压缩空气辅助将分型剂吹均匀。

（3）使用新模具时务必弄清楚模具组装、拆卸顺序及蜡模取出方法。

（4）蜡模整齐放在存放盘中，彼此应隔离以免碰撞；应注意隔（放）置方向，防止变形；如需要时应采用定型卡具等，避免蜡模变形。

（5）射蜡机工作时不准用手扶模具和将手伸入合型面台下，且不准单手操作按钮，防止人身安全事故。

4. 检测项目

每班打2～3件收缩率试样（$\phi100\times6mm$），冷却后测试其收缩率，并做好记录，以备反馈至蜡处理工序。

四、制作浇道/模头

射蜡机制作浇道/模头，可以整体制作，也可以分开制作再组合。

1. 操作规程

参照射蜡规程。

2. 注意事项

（1）模具型腔不要喷过多的分型剂。

（2）浇道/模头的表面应该完整，无凹陷、裂纹和披缝。有裂纹、凹陷缺陷的蜡模应进行修补，不能修补的应该报废。

五、修蜡模

1. 工艺要求

室温：（24±2）℃。

2. 操作规程

（1）修蜡模前检查。首先检查蜡模的存放时间是否满足标准要求，然后找到工艺作业标准，了解作业过程，目视检查经冷却、已经定型的蜡模外观有无缺陷，无缺陷的方可进行修模。尺寸精度要求高的蜡模，对重要尺寸也应进行检测，合格后再修模。

（2）修蜡模

① 去除蜡模上残留的飞边或分模线。用刀片的刃沿着蜡模小心、轻柔地刮出（除）飞边或分型线，不得损伤蜡模，对小飞边也可以用布擦除。

② 蜡模凹陷的修补：蜡模上有大而狭长的凹陷时，应采用修补蜡修复，修复后表面应该平整。

③ 气泡修补：蜡模上所有气泡必须挑破，用修补蜡修复，修复形状要正确。

④ 对要求高的重要件的蜡模，需进行流痕修复：用吸有三氯乙烷的棉布轻柔地擦拭流痕处，以去除流痕，注意不能伤及蜡模的本体。

⑤ 用吸有三氯乙烷的棉布轻轻地擦去蜡模油污及黏附的蜡屑，或用压缩空气将蜡屑吹干净，按要求把蜡模放在存放盘中。

（3）镶陶芯。对某些镶陶芯的蜡模，应小心地将陶芯滑入蜡模的孔洞，必须避免陶芯上的锐角刮伤蜡模。

（4）修蜡模后检查。检查蜡模是否完整、有无变形、表面粗糙度和字迹是否合格等。

（5）工作完毕，清理现场。

3. 注意事项

（1）修蜡模时，按工艺作业标准进行，不得损伤蜡模。

（2）修好的蜡模要按要求整齐摆放在存放盘中，防止变形。

六、蜡模焊接/组树

模组组装是按照工艺设计要求，把合格的熔模与浇注系统熔模组合成整体模组。浇注系统应保证铸件成形，不产生缩孔、气孔、裂纹等铸造缺陷，以及制壳和切割方便，能提高工艺出品率等。

1. 工艺要求

（1）室温：（24±2）℃。

（2）焊后蜡模上表面距浇口杯上沿最小距离（最小压头）≥70mm；蜡模内浇口到浇口棒底部距离为 15～20mm。

（3）焊后蜡模间距：≥9mm。

（4）内浇口高度：≥8mm。

（5）单浇口蜡模与浇口棒的夹角＜90°，焊接坚固。蜡模浇口与浇道要焊接牢固，并且交接部位不能有缝隙或虚焊，最好是保持 R 角过渡。

2. 操作规程

模组组装有两种方法：焊接法和黏结法。现在多用黏结蜡组树；焊接法虽然劳动强度大，生产效率低，但是简便灵活，适用性强，仍然被广泛使用。

焊接法：

（1）工艺要求

① 使用工具：电烙铁、烫蜡刀、氢氧焰发生器、氢氧水焊机、组焊工装等。

② 组树车间环境温度 22～26℃。

（2）操作步骤

① 对所有蜡模再进行目视检查，剔除不合格品。

② 按组树工艺作业标准选择模头/浇道的种类，并认真对照组树作业基准了解组树方式。

③ 对浇道蜡模进行严格的检查，剔除变形的、空心的、表面有裂纹的和螺母没上到位的。

④ 根据浇口杯选择合适的盖板，用挂钩将盖板固定在模头浇口杯上。上盖板前务必将盖板上的涂料浆、砂粒清除干净。上盖板后用焊刀或电烙铁将盖板和浇道的缝隙焊严，并可在浇口杯外侧面打上钢号，以区分材质，防止浇注材质错误或模头回炉错误。

⑤ 将电烙铁预热至工作温度，放好浇道蜡模，按工艺要求将蜡模整齐、牢固地焊接在浇道蜡模上，注意焊接处不得留有缝隙，电烙铁不得触及蜡模表面，蜡液不得滴到蜡模上。

⑥ 用压缩空气吹掉蜡模上的蜡屑，将蜡模吊挂在运送小车或悬挂链上，送到洗模工序。

3. 注意事项

（1）蜡模和浇道焊接应牢固，焊缝处不得有凹陷和缝隙。

（2）组树时应注意安全，严防触电、烫伤。

（3）组树用电烙铁应为安全电压（36V 或 24V），使用电烙铁时应轻拿轻放，尤其是电插头。使用前应仔细检查电插头是否短路或断路。

（4）注意安全，工作完毕后切断电源。

（5）劳保用品要佩戴齐全。

（6）盖板与浇口杯顶面之间的缝隙要用蜡液密封。

黏结法：

（1）工艺要求

① 使用材料：黏结蜡。

② 使用工具：恒温熔蜡炉、氢氧焰发生器、氢氧水焊机、组焊工装等。

③ 组树车间环境温度 22～26℃。

（2）黏结前准备

① 将修完蜡并经检验合格的蜡件摆放至组焊台上。

② 按产品作业基准选择对应的模头型号，并认真对照组树作业基准了解组树方式。

③ 认真检查模头，剔除变形、空心和螺帽未到位的模头。对有气泡和裂缝，但尚能使用的模头，应用电烙铁和修补蜡补好并焊严实。

（3）操作步骤

① 选择合适的盖板，并用挂钩把盖板固定在模头浇口杯上，上盖板前，将盖板上的涂料浆、砂粒清除干净。

② 将选好的模头固定在气动工装上。

③ 将黏结蜡放入恒温熔蜡炉中并将其加热到 110～130℃。

④ 把蜡件的浇口焊接面放入黏结蜡溶液面以下 2～3mm 处，然后迅速将蜡件拿出，粘在模头浇道上，注意浇口面与模头浇道面要粘接牢固、整齐，且不得有缝隙。

⑤ 蜡件组树的最小间距由蜡件接触面决定，各企业可根据实际情况而定。

⑥ 最上一排蜡件上端与浇口杯顶部距离≥70mm。

⑦ 蜡模内浇口到浇口棒底部距离为 15～20mm。

⑧ 组树完成后在浇口杯外侧面打上材质编号，以区分材质，防止浇注材质错误或模头回炉错误。

⑨ 组好的蜡树必须用压缩空气吹掉上面的蜡屑，然后将模组悬挂于专用转运小车或悬挂链上，并送至指定位置。

（4）注意事项

① 组树时确保蜡件浇口面没有水分，防止黏结不牢。

② 浇口杯顶面与盖板间隙要用蜡液密封。

③ 含蜡的废弃抹布等危险垃圾需要分类放入垃圾桶内。

④ 作业后必须对设备和设备周边进行清洁清扫，保持良好环境。

⑤ 车间禁止吸烟，禁止电焊作业；车间禁止存放易燃易爆物品。

⑥ 车间应对温度进行管控。

⑦ 作业时，劳保用品需要佩戴完整；作业完毕，要切断电源。

七、模组清洗

模组清洗是为了清除熔模表面的分型剂和蜡屑，并对蜡模表面适度蚀刻，提高涂料对模组的涂挂性。

1. 操作规程

（1）将清洗剂原液倒入清洗池中，注意不要兑水。

（2）把模组完全浸入清洗剂中，清洗时间（60±30）s，取出后悬挂于清洗池上方固定架上，用风枪吹除模组上聚集的清洗剂，使其不再有清洗剂滴落。

（3）蜡件上孔、槽、字体及转角部位须留少量清洗剂以便于沾浆，即目视有水迹但未聚集成滴状。

（4）把清洗完成的模组转移到移动架上待沾浆。

（5）清洗好的模组必须在 40min 内完成沾浆。

（6）抽查模组清洗的效果：

从同一批清洗的模组当中取出两组，浸入到硅溶胶溶液（其 SiO_2 含量约 28%，加入硅溶胶溶液质量分数 0.5% 的润湿剂）当中，抽出后小心检查是否完全润湿；或准备 2~3 块检查模组清洗效果的试样，能完全润湿说明清洗效果好。可将此模组在水中洗去硅溶胶，用压缩空气吹掉水分，吊挂在运送小车或悬挂链上待用，送到涂挂面层工作地。如模组不能完全润湿，则整批模组必须重新清洗。

2. 注意事项

（1）清洗操作前要戴好橡胶手套和围裙。

（2）清洗池液面下降时，需要及时补充新清洗剂，以保证模组能全部浸入清洗剂中。

（3）清洗剂在使用过程中，应不定时将掉入的蜡屑等杂物用 100 目不锈钢滤网清除。

（4）模组清洗间应有换气设备，空气要流通。

（5）组树清洗后应仔细检查是否有损坏、开裂、变形等缺陷，如有应该废弃。

（6）须将清洗池内的清洗剂转出，以便清理清洗池底部沉积的杂物。

第二部分：制壳

型壳制造是熔模铸造生产过程中的特殊工序，它的质量直接影响到铸件的尺寸精度、表面粗糙度，以及铸件产生的缺陷。据统计，熔模铸造不良品中，约 60% 以上是由型壳质量问题造成的。

一、制壳生产工艺流程图

型壳是由黏结剂、耐火粉料、撒砂材料等，经过配制涂料、浸涂料、撒砂、干燥和脱蜡等工序制成的，如图 5-2。

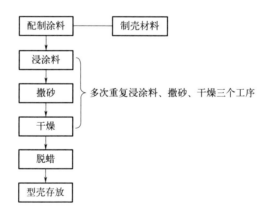

图 5-2　制壳工艺流程图

注：重要铸件的过渡层与面层工序相同，其它铸件的过渡层与加固层相同；也可以
配制专用的过渡层涂料，撒过渡层砂。企业根据自身生产情况，可适当地调整。

二、制壳材料（常用）技术要求

制壳材料技术要求见表 5-3。

表 5-3 制壳材料技术要求一览表

材料种类	硅溶胶型壳
技术要求	硅溶胶：SiO_2 含量 29%～31%，Na_2O 含量≤0.5%，密度 1.19～1.22g/cm³，pH9.0～10.5，运动黏度（m²/s）≤8×10⁻⁶（最好≤4×10⁻⁶），SiO_2 胶体粒径 8～20nm
	锆英粉、砂：ZrO_2+ SiO_2≥98.6%，其中 ZrO_2≥65%；TiO_2≤0.25%；Fe_2O_3≤0.10%，Al_2O_3≤1.0%；pH6.0±0.5；密度 4.2～4.6g/cm³；外观呈灰白色或掺灰黄的白色；粒度，锆粉 200～325目，锆砂 80～120 目
	煅烧高岭土粉、砂：Al_2O_3 40%～51%，$SiO_2$45%～55%，TiO_2≤2%，Fe_2O_3≤1.5%，CaO-MgO≤1%，K_2O-NaO≤0.7%，灼减≤0.3%；岩相，莫来石 65%，方英石 20%；非晶态：其余；密度 2.4～2.6g/cm³；粒度，16/30目，30/60目,60/80目，80/120目；粉尘量≤0.3%，含水量≤0.3%

注：① 为了满足铸件质量的需要，可选用刚玉粉等。
② 配制面层涂料需要加入适量的润湿剂及消泡剂。

三、配制涂料

涂料是型壳结构的基础，分为面层涂料、过渡层涂料和加固层涂料。面层涂料与金属液接触，它不应与金属液发生作用，并且应形成平整、光滑、致密又坚实的面层。过渡层涂料是为了使面层与加固层牢固结合。加固层涂料是为了加固、加厚型壳，使型壳具有良好的强度等。

1. 工艺要求

涂料的工艺要求见表 5-4。

表 5-4 硅溶胶涂料工艺要求一览表

涂料种类	硅溶胶涂料工艺要求
面层	粉液比（锆英粉：硅溶胶）(3.8～4.2)：1；加入润湿剂、消泡剂，加入量分别为硅溶胶质量分数的 0.16%～1%、0.12%～0.3%；黏度（35～50）s（4# 詹氏杯）；搅拌时间：新料≥24h,部分新料≥12h
过渡层	粉液比（煅烧高岭土粉：硅溶胶）(1.5～1.8)：1；新料搅拌≥10h,部分新料搅拌≥5h
加固层	粉液比（煅烧高岭土粉：硅溶胶）1.4：1；新料搅拌≥10h,部分新料搅拌≥5h

注：① 硅溶胶，常用低速连续式沾浆机（30r/min）搅拌配制涂料。
② 配制涂料"配比是关键，黏度随着温度变"。为此，也可以检测涂料的密度，相当于检测涂料的配比。
③ 润湿剂：外观是淡黄色黏稠液体；渗透力是标准品的 100%～110%；雾点是 40～50℃。
④ 消泡剂：外观是淡黄色油状液体；密度是 0.95～0.98g/cm³；黏度是 500～1000cP；pH= 7～8。

（1）新配制涂料时，要严格按照硅溶胶—润湿剂—锆英粉—消泡剂的次序加料。

（2）当新配制的涂料温度在工艺范围内时，检测涂料的黏度，若过高，加硅溶胶微调；若黏度过低，加锆英粉进行微调。

在使用过程中，若涂料的黏度升高，只能用蒸馏水调整，否则影响粉液比。

注： 过渡层涂料和加固层涂料均照此执行。

（3）正常生产时，涂料黏度每班上、下班前均需测定，并调整黏度至合格。

（4）涂料如不使用，面层涂料工作寿命＜14 天。

2. 操作规程

（1）检查设备电器开关是否处于正常工作状态。

（2）按比例将硅溶胶倒入涂料桶（沾浆机桶）内。

（3）开通沾浆机，使其旋转。

（4）加入硅溶胶（质量分数）的 0.16％润湿剂，混合均匀。

（5）按比例将耐火粉料缓慢地加入涂料桶中，注意防止粉料结块，靠搅拌机把粉料搅开。

（6）加入硅溶胶（质量分数）的 0.05％消泡剂，混合均匀。

（7）涂料基本混匀后，用詹氏杯 4♯检测涂料黏度；如黏度过高，加硅溶胶微调；如黏度过低，加耐火粉料微调。初测黏度可比要求的黏度稍高，因涂料搅拌后，涂料黏度将会略有下降。

（8）涂料黏度调整好后，盖上浆桶，以免蒸发。继续搅拌到工艺要求的时间后，再检测涂料黏度，达到工艺要求方可使用。

（9）正常生产时，每班制壳下班以前应按比例添加新料，直到涂料桶液面高度达到工作标准，测量其黏度合格后，继续搅拌到要求时间，方可使用。

（10）使用过程当中涂料黏度增高时，可用蒸馏水加以调整；过渡层和加固层涂料中不加润湿剂和消泡剂。

3. 注意事项

（1）面层涂料配制时要严格按加料顺序依次加入硅溶胶、润湿剂、锆英粉、消泡剂，加料顺序应该正确。

（2）涂料务必干净，不得有蜡屑、砂粒等，不得有过多的气泡。

（3）涂料黏度、密度、涂层厚度、pH 值、温度，每班上、下班前均需测定，并整理记录。

四、制壳

硅溶胶型壳高温强度好，制壳简单（只有"浸涂料—撒砂—干燥"三个工艺过程），是一项绿色环保工艺方法。

1. 工艺要求

制壳工艺参数如表 5-5。

表 5-5　制壳工艺参数

型壳层数	面层	过渡层	加固层	封浆
预湿剂	—	25％的硅溶胶溶液	必要时使用	—
涂料种类	面层	过渡层	加固层	封浆层
撒砂/目	锆砂 100/120	莫来砂 30/60	莫来砂 16/30	—
温度/℃	22～26			
湿度/%	60～70		40～60	
风速/（m/s）	—	>3		
干燥时间/h	2～8	>8		≥8

2. 操作规程

（1）查找产品工艺作业标准，了解制壳工艺，检查从清洗处推来的组树（模组）是否完整，是否清洗彻底，清洗后是否已彻底干燥（干燥时间≥45min）。

（2）检查涂料和设备是否正常，如不正常应加以调整：

① 检查各层涂料黏度是否合格，搅拌的时间是否合适；

② 淋砂机和浮砂桶工作是否正常；

③ 室温、湿度等是否正常。

（3）浸涂料。模组以约30°的角度缓慢浸入面层涂料中，浸入深度以不超过浇杯盖板为准，然后稍做旋转（5~10s）。注意消除蜡模沟、槽和尖角处的气泡。有铸字或细窄凹槽处，用毛笔涂刷和预先喷涂涂料。

（4）以较快的速度取出模组翻转，滴去多余的涂料。用压缩空气吹破包覆在蜡模孔洞和尖角内的气泡，不停地转动模组，直至在模组上形成完整的均匀涂层。若不能获得均匀完整的涂层，需要重新沾浆。

（5）撒砂。将附有均匀涂层的模组伸入淋砂机/浮砂桶中旋转，让全部表面均匀覆盖上一层砂。

（6）取出模组吊挂在运送小车上，等整车挂满以后，推至适当的位置，让面层型壳干燥2~8h。

（7）将面层已经干燥的型壳运送到制第二层型壳处。

（8）从运送小车上取下模组/组树，把模组浸入到硅溶胶预湿剂中，不超过2s，取出后滴约5s。

（9）取下型壳，以柔和的风吹去多余的浮砂。检查型壳内角、孔处是否完全干燥。如有涂层堆积、皱纹和开裂情况，应立即向领班反映情况。

（10）把型壳以约30°的角度缓慢浸入到过渡层涂料中，浸入深度以不超过浇杯盖板为准，然后稍作旋转（5~10s），需要注意检查型壳沟槽、转角部位是否存在气泡，如有气泡，需要用压缩空气吹破并重新浸浆。

（11）以稍快的速度取出型壳，不停转动，滴除多余的涂料，直至形成均匀的涂层，如孔洞处有涂料闭塞和堆积可使用压缩空气吹一下。

（12）将型壳伸入浮砂桶内敷砂，当浇口杯边缘有砂时，即可缓慢抽出型壳，振落多余的砂子。目视应无任何区域尚未被砂盖住；如有无砂覆盖处，可用手敷砂。

（13）把型壳吊挂回运送小车上，整车挂满后推到干燥区。

（14）将小车推到型壳第三层涂料处，取下模组轻摇，去除型壳上松散的浮砂。

（15）小心把型壳以约30°的角度缓慢浸入加固层涂料当中去，浸入深度以不超过浇杯盖板为准，然后轻轻转动至少10s。

（16）取出型壳，滴落多余的涂料；连续操作时，可挂在沾浆机上方的架上，让涂料滴回料筒，然后取下型壳，不停转动直至使各处涂料均匀；要注意浇口杯边缘处涂料不要太薄。

（17）将型壳伸入浮砂桶内敷砂，当浇口杯边缘已到达砂中，缓慢抽出型壳，去除多余的砂粒。

（18）把型壳吊挂在小车上，整车挂满后推到干燥区。

（19）根据产品工艺要求，重复（15）~（18）的步骤至封浆层，干燥时间≥8h。

（20）工作完毕，清理现场，擦净设备并保养。

3. 注意事项

（1）干燥是制壳工艺中最关键的工序。型壳的干燥程度与型壳的强度密切相关，因此应严格控制制壳间湿度、温度、风速、风量和涂料的黏度。每层型壳必须干燥后才能制下一层型壳。常用显色法检测型壳干燥的程度。

（2）要特别仔细制好面层，确保深孔、凹槽和尖角等处涂料和蜡模之间无气泡、涂料堆积、糊住孔等现象。面层型壳刚制完，不得置于风扇前后。注意面层和过渡层干燥速度不宜过快，干燥时间不应过长，以防出现龟裂等缺陷。

（3）每层型壳必须充分干燥后，再制下一层型壳；制下一层型壳前，必须抖掉上一层型壳的浮砂。

（4）应经常清除涂料表面的蜡屑等杂物。

（5）工作手套、围裙等必须保持无砂、无涂料，以免污染涂料。

（6）要确保型壳加固层干燥期间，型壳之间的空气流动，除湿机的功能处于最佳状态。

（7）取、挂型壳必须轻拿轻放，推送小车要平稳，避免型壳彼此碰撞，损坏型壳。

（8）注意防止浇口边缘处涂层太薄。

（9）严格控制砂中的含水量和含粉量，均应≤0.03%（质量分数）。

（10）快干硅溶胶型壳具有较高的湿强度、良好的高温强度、较低的残留强度。

（11）浮砂桶或淋砂机中的砂要每天定期过筛，以去除砂中的浆块。

五、脱蜡工艺

模料的热膨胀系数大于型壳的热膨胀系数，因此，脱蜡时易造成型壳开裂；所以，脱蜡的关键是"高温、快速"。

1. 工艺要求

脱蜡方法：蒸汽脱蜡。

脱蜡蒸汽压力：0.75～0.90MPa。

蒸汽压力达到0.6MPa的时间≤7s；脱蜡时间约10～20min。

2. 操作规程

（1）型壳准备

① 把已经达到规定干燥时间的型壳小车推到型壳储存区，从车架上取下型壳。

② 拆下挂钩、盖板等，并除掉浇口杯边缘多余的型壳材料。

（2）设备准备

① 脱蜡用蒸汽釜，蒸汽压力应达到0.90MPa，最低不得小于0.75MPa。

② 仔细检查蒸汽脱蜡过滤网是否需要清理或更换，防止脱蜡过程当中出现跑蜡等事故。

③ 开始脱蜡前，对蒸汽釜进行压力实验，并预热1～2次。脱蜡前，型壳必须存放在恒温室中。

（3）脱蜡

① 清除、刮净型壳浇口杯顶部的浮砂和涂料层。

② 把型壳快速倒放在蒸汽釜装载车上送入蒸汽釜，并立即关好机门。

③ 打开蒸汽阀，7s 内压力应该达到 0.6MPa。

④ 在 10～20min 内完成脱蜡。

⑤ 关闭蒸汽阀，打开排气阀，泄放蒸汽压力。泄压应该慢，时间在 1min 以上。

⑥ 压力表指示压力为 0.1～0.2MPa 以下时，打开排蜡阀，将蜡排放干净；打开蒸汽釜的机门，把装有型壳的装载车拉出。

⑦ 脱蜡后，检查脱蜡质量及型壳质量；型壳中的蜡料要脱净，浇口杯要整齐无裂纹。将合格的型壳送到指定地点，按浇注合金的牌号整齐倒放在架上，待焙烧。

（4）型壳修补

① 型壳表面上只有细微龟裂时，可在该处涂、沾涂料进行修补。

② 型壳因掉件产生孔洞时，可以用一块干净的型壳放在有孔的地方，再用涂料泥封上、干燥。或用加固层涂料和撒砂修补，方法是：用毛刷沾上涂料刷涂型壳的破损处，再撒上黏度合适的型砂；待涂层干燥后，再按照此法涂覆下一层，直至满足型壳质量要求。

③ 若型壳内部有掉砂或脏物，应去除。

④ 若型壳出现破碎、成片脱落或超过 0.5mm 的裂纹，应该通过质检人员报废。

（5）将排出的蜡液倒入温度 80～95℃ 的静置桶中，保持静置。

（6）工作完毕，清理所有设备和场地，应符合 5S 要求，并关闭锅炉。

3. 注意事项

（1）操作人员必须认真阅读蒸汽釜和加热锅炉的操作规程，熟悉其结构和各部分的功能。

（2）脱蜡过程中应经常查看蒸汽釜的压力表、水位计和安全阀是否正常。

（3）不要碰坏和刮伤蒸汽釜进门的密封填料，如有损坏出现漏气，应该立即更换。

（4）型壳从制壳间运到脱蜡处后要及时装到蒸汽釜中，若延长时间会造成型壳先期受热，因蜡料膨胀而造成型壳裂纹。

（5）输蜡管道要随时检查，确保管道在 70～85℃ 之间畅通。每天用完后用蒸汽清洗输蜡管道。

（6）蒸汽釜要每天排污一次，化验水质二次；每年除垢一次。

（7）蒸汽釜要用软化水，以减少水垢的产生。

（8）蒸汽釜的补水时间要注意控制。

（9）蒸汽釜设备必须按照相关法律法规交由有资质部门定期检测。

第三部分：熔炼与浇注

熔炼是熔模铸造生产过程中的特殊工序，熔炼操作直接影响到铸件质量的高低，尤其是影响到铸件的内在质量和使用性能。

一、熔炼生产过程工序流程图

熔炼生产包括筑炉、炉料配制、熔炼、型壳焙烧和浇注等五个工序，如图 5-3。

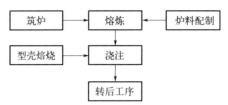

图 5-3　熔炼生产过程工序流程图

注：企业根据自身生产情况，可适当地调整。

二、筑炉

熔炼金属通常使用中频感应炉快速熔炼，使用前应筑好炉衬，常称筑炉。炉衬材料有碱性、酸性和中性三种，本工艺守则适用于筑碱性和中性炉炉衬。

1. 炉体构造

碱性感应炉正常使用时，炉体构造见图 5-4。

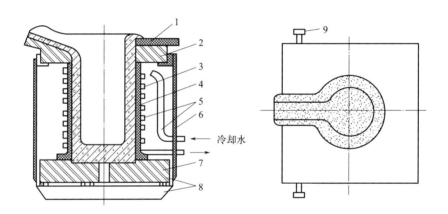

图 5-4　感应炉炉体部分结构图

1—水泥石棉盖板；2—耐火砖上框；3—坩埚；4—玻璃丝石棉布；5—感应圈；
6—水泥石棉防护板；7—耐火砖底座；8—铝制边框；9—转轴

2. 筑炉程序

碱性炉衬是以镁砂为基本材料组成，能抵抗碱性渣料的侵蚀，能除去 S、P，对炉料要求低；但是炉衬耐急冷急热性能差。冷炉启动时先要用小功率预热炉体，待炉衬内裂纹弥合后方可逐渐加大功率熔化金属。

（1）筑炉前准备

① 筑炉原材料：采购成品筑炉料。

② 工具：坩埚样模、锤子、钎子等。

（2）筑炉方式。打结坩埚用样模常用两种方法：钢板焊接、铸造。

钢板焊接的样模在坩埚打结后不取出，在烘干、烧结坩埚时起到感应加热作用，打一个炉衬就消耗一个样模。铸造的样模在坩埚打结后取出，可以长期使用。

筑炉一般采用干法筑炉。干法筑炉指筑炉材料中不加水，混匀后直接筑炉，筑完后不取出坩埚样模，直接加料烘干、熔化、烧结。

① 感应圈绝缘处理。

a. 用压缩空气吹净感应圈上的灰尘和脏物，再用 0.2～0.3MPa 的水压检查感应器是否渗漏。

b. 确定感应圈不渗漏、感应圈绝缘良好后，将膏状感应器保护料（线圈胶泥）糊在感应圈间隙中。自然干燥 24h，或者低温烘干。

c. 在感应圈内壁贴紧 1～2 层厚度为 2mm 的石棉布，石棉布的下面边缘向内壁折卷，上部用开门弹簧固定（在感应圈内壁涂抹一层厚度约 5mm 的耐火泥，自然干燥 24h，或者低温烘干）。

d. 在感应圈底部放上石棉板或者石棉布，或者用云母片，总厚度为 6～10mm（在感应圈底部贴上一层厚度约 10mm 的耐火泥，自然干燥 24h，或者低温烘干）。

② 配制炉衬材料。

不同粒度的耐火材料按比例称重，干混均匀，加水（水玻璃）混匀，达到"手捏成团、张指不散、又不粘手"的程度。然后用孔径为 $\phi6mm$ 的筛子过筛，盖上湿布，停放 1～2h 后再使用。

③ 筑炉底。

在炉底石棉板上铺一层 70～80mm 厚的筑炉料，用砂舂均匀地将其捣实为致密、厚度约 60～70mm 的一层。用叉状棒（或用钢钎）将其表面划松，弄粗糙；再铺 70～80mm 厚的筑炉料，捣实。多次重复直至捣实面高出感应圈最底圈（顶部）位置 20～30mm。

用圆形筑炉棒滚压使表面紧实，然后用耐火砖抹平，注意水平面至炉顶的高度，将多余的（超过 20～30mm）筑炉材料除去。用水平仪测水平，在确定到炉顶的尺寸后，再次用圆形筑炉棒滚压表面。

④ 筑炉壁。

a. 100kg 中频感应炉壁厚指标：上部 60mm；下部 75mm。

b. 将坩埚样模用砂纸处理干净，铁锈要全部去除。

c. 把坩埚样模放在炉底上，注意必须与感应圈同心；必要时用测量工具测定以调整型筒位置，保证与感应圈同心。摆正后用约 50kg 的压铁稳住。

d. 使用叉状棒把坩埚样模与石棉布（感应圈内壁）之间的炉底料划松，再一杯杯装入（分批加入）炉衬材料，每次装料高度约 20～40mm，在型筒与感应圈的环状圈内用砂舂沿圆周顺序捣实。如此反复进行，直至距（顶部感应圈）闸上边 50mm 处。

⑤ 筑炉领和装料口、出钢槽。

按要求配制炉领材料，打结用锤子和圆形棒筑炉领、出钢槽，用同样的炉衬材料另添加 5%～10% 的水玻璃，混合均匀后涂刷其表面。

⑥ 烧结。

a. 取下压铁，启动中频感应炉开始用 20%～30% 的功率烘炉。干法筑炉烘炉 3h 即可。

b. 在坩埚内装入炉料，先缓慢升温到 700～800℃，保温适当的时间，使炉衬材料中的结晶水完全消失；然后升温到 1450℃ 左右。

第一次装料不要太粗或太细：太粗的，搬运时易碰坏炉壁；太细的造成搭桥，使炉壁受到严重侵蚀。

c. 增加功率，将初装的炉料熔化，再继续投入炉料，一次加料 5kg 左右（注意：切勿加入生锈或含砂的炉料），直到金属液/钢水升到离炉顶 50mm 处。

d. 再升高功率，使金属液/钢水温度达到 1700℃ 左右；然后降低功率，保温 1h 完成烧结。

e. 停电，让金属液/钢水冷却至 1560～1570℃，再经除渣、脱氧后，把金属液/钢水浇到铸锭模中。

f. 完全烧结后，可以加料继续开炉，也可以停炉；若停炉，用原 2/3 的冷却水将炉衬缓慢地冷却 3～4h。

（3）炉衬的修补。生产中炉衬应经常检查和修补，非连续作业时，冷炉启动前，均应详细地检查炉顶、壁、底是否要修补。在连续熔化的时候，每出钢一次，也应该从炉顶观察炉底是否需要修补。

炉衬修补分为大修和小修：大修是重新筑炉，两次大修间熔化金属液/钢水次数称为炉衬寿命或者炉龄，一般为 80～150 次；小修是每天都要进行。

① 出钢槽和炉领修补：出钢槽和炉领易破损，开始作业前就应该进行修补；在连续作业当中，也要边熔炼边修补；修补是以相同的耐火材料填补（注：最好用耐火胶泥修补）。

② 壁面龟裂：裂纹在 2mm 以下的不必修补，超过 2mm 的裂纹需要修补。先用钢钎除掉四周的熔渣，再用耐火胶泥塞入裂缝中补平并压实。

③ 炉壁破损或小面积侵蚀：先用钢钎去除四周的炉渣，再用耐火胶泥补平并压实。

3. 操作要点

（1）严格按照操作程序筑炉。

（2）炉壁厚度应均匀一致：炉壁太厚时炉子容量变小且会增加电耗；炉壁过薄时，炉子寿命短且易发生穿炉等安全事故。

（3）筑炉材料要净洁，不能混入砂土、铁屑、木草屑和其它杂物。

（4）炉衬必须捣实、捣均匀。

（5）刚筑好的炉衬必须先烧结，完成烧结后才能使用。

（6）修补后的炉衬应进行必要的烘烤烧结。

（7）炉衬修补后，装料时表面平整的炉料紧贴在修补处，用稍低的功率烘烤修补处，然后按正常功率进行熔化。

三、炉料和配料

1. 炉料

① 选用与合金牌号相近或相同的优质型材边角料或精炼处理过的连铸棒料作为主料，一般回炉料的配入应≤30%；铸件质量要求高的不使用回炉料；用于调整成分的铁合金≤5%。

② 新用的金属炉料必须检查化学成分，合格才可使用。

③ 炉料应清洁、无锈蚀、干燥无水分、无易爆物等杂物；回炉料应经抛丸处理，无残留的型壳材料。

电解镍须经800℃烘烤的脱氢处理，其它的中途加入的铁合金均需称重后置于≥100℃的烘箱内，待用。

④ 造渣剂石灰和萤石应置于烘箱内备用，防止吸潮；也可采用专用的钢水净化剂，应称重和包装好备用；除渣剂应筛去灰分，经低温烘干后置于炉前备用。

⑤ 不同材质的金属炉料应分开堆放。

⑥ 有条件时，应使用压块；如是散料，应大小搭配。

2. 配料

① 根据合金牌号、技术要求，确定其控制成分，然后计算炉料中各元素的含量（包括烧损量），按下式计算：

$$K = \frac{K_0}{1-S}$$

式中　K——炉料中某元素的含量，%；

K_0——金属液中某元素的控制含量，%；

S——某元素的烧损率，%。

快速熔炼元素烧损率见表5-6。

表5-6　快速熔炼元素烧损率（%）

元素	C	Si	Mn	Cr	Ti	Al	W	V	Mo	Ni
碱性炉	5~10	30~40	20~30	5~10	40~66	30~50	3~5	5~50	5~20	0

② 根据炉料总重量，计算出各元素应有的含量。

③ 计算出回炉料中各元素的重量。

④ 计算出新料中各元素的重量。

⑤ 将炉料总重量中各元素的重量减去新、旧料中各元素的重量即为各元素的不足量，不足的元素可用铁合金或纯金属补充。

⑥ 将计算结果相加，并核对是否符合配料成分要求。

3. 注意事项

（1）经常检查称重设备，确保准确无误；称重设备必须定期校验，并在有效期内。

（2）配料时，至少两人在场，严格按照要求称重，并互相核对；称好的炉料要妥善保管。

（3）严格控制炉料质量，严禁混料。

（4）配料场地和工具必须清洁、无尘。

四、熔炼

1. 工艺要求

（1）熔炼时间。100kg金属液小于30min，150kg金属液要小于35min。

（2）出炉浇注温度。视铸件大、小，壁厚、薄而定；一般比金属熔点（液相线）高80～120℃。

（3）脱氧。碳钢件或低合金钢件预脱氧剂加入量：0.1％～0.2％锰铁、0.10％～0.15％硅铁；终脱氧剂加入量：0.15％～0.2％硅钙锰和0.05％～0.1％的铝。

2. 操作程序

（1）熔炼前准备

① 检查炉体情况：炉衬、铜管感应圈、冷却水管、炉体转动机构等是否正常，炉衬若需要修补应先修补好。

② 检查电源和电气控制系统是否正常。

③ 准备好工具和测温仪表等。

④ 启动冷却水系统，检查水压，铜管感应圈冷却水压力不小于0.15MPa。

⑤ 打开电力控制箱冷却水开关、炉体冷却水开关。

（2）装料

① 用80％～90％的干石灰和10％～20％的萤石作造渣剂加入炉底，加入量为炉料重量的1％左右；也可以加入炉料重量0.2％～0.5％的钢水净化剂，并将其1/2加入炉底，其余的在炉料开始熔化时加入。

② 将细小的炉料垫入炉底，再将难熔而且不易氧化的铁合金及纯金属，如钼铁、钨铁及电解镍等加入炉底；然后先加入回炉料，熔化以后再加入主料的边角料压块和棒料，加料时应该紧密竖立装入炉内，以便自下而上熔化时向下推料，并力求做到"下紧、上松"。其它易熔化的铁合金和纯金属应在预脱氧以后加入。

温馨提示 1：

由于感应炉具有炉膛深度与直径比大的特点，故金属液与熔渣层接触面积小；炉料是靠电磁感应而加热熔化。熔渣层是由熔化金属传热，故熔渣温度低；感应炉为提高电效率而炉壁厚度薄，故炉膛内不允许金属液过度沸腾冲击；所以说，感应炉不具备钢的熔炼功能，只是一个合格的金属快速重熔设备。因而要求炉料成分必须准确而清洁。

温馨提示 2：

碱性和中性炉衬可造碱性渣，炉料熔化产生的氧化物首先与溶渣接触反应，而不黏附炉衬，所以除非炉料非常干净，才不必造渣。

（3）熔化

① 当炉料装完以后，即可开启电源，满功率送电，以加快熔化速度，缩短炉料在大气中的接触时间，减少氧化、吸气。但在碱性炉的冷炉熔化时，由于镁砂炉衬有裂纹，需要用小功率送电，待受热的炉料将炉衬烘至发红，裂纹弥合后才可满功率快速熔化。在连续开炉时，则可直接满功率送电。

② 熔化过程中要及时推料和补加炉料，要防止因加料不当和不及时推料而形成的"搭桥"事故。

③ 当配入的回炉料多，且又未在炉底造底渣时，在炉料开始熔化并剧烈翻腾期间，分次加入专用的钢水净化剂。

④ 当炉料大部分熔化，金属液不再翻腾以后，要注意使熔渣层覆盖好金属液，以防止

金属液裸露被氧化。若渣量太少，可添加造渣剂；若熔渣层太厚，可撇除部分渣液。炉料比较清洁时可以采用单渣法，即"一渣到底"，中途不要再更换渣液；若炉料清洁度差，则采取双渣法，此时要更换全部的渣液。

温馨提示 3：

非真空感应炉熔炼时，炉料在加热和熔化过程中，炉料和已熔化而裸露的金属液不断被空气中的氧所氧化，即使部分炉料已熔化，但由于电磁搅拌力的作用，熔渣也覆盖不住金属液。只有当大部分炉料已经熔化，熔渣才能覆盖住金属液，使之与空气隔绝，因此熔化初期是金属液最易被氧化的时期。

为了减少金属液的氧化，有两种常规措施：一是加大电源功率，缩短熔化时间，即缩短了金属液与氧气接触的时间，一般常常把熔化时间缩短到十几分钟。二是在炉口安装氩（氮）气保护装置，在炉料的熔化初期打开惰性气体保护装置，将炉口上部空气驱走，形成惰性气体保护层；当金属液能完全被熔渣层覆盖时，再将惰性气体关闭。

温馨提示 4：

炉料熔化前期，在电磁搅拌力作用下金属液剧烈翻腾时期，分次加入钢水净化剂即复合熔剂与金属液充分接触，即与金属液中的硫氧化物、氧化铝和硅酸盐等固体夹杂物反应，形成低熔点的复合化合物而进入熔渣中被排除，从而达到了减少钢中夹杂物的目的。这种方法被称为熔剂精炼。钢水净化剂是专门配制的复合碱性氧化物。一是要在金属液剧烈翻腾期间加入才能达到反应的效果，这也是要在氧化前期先加回炉料的原因；二是钢水净化剂的加入量要适当，加入过多会对中性炉衬略有损伤。

（4）预脱氧

① 预脱氧的时间：当物料已全部熔化，但温度还不高的时候是预脱氧的最佳时期（由于脱氧反应是放热反应，所以加脱氧剂时，金属液的温度低有利于脱氧反应的进行；但温度过低不利于脱氧产物的排出），一般金属液预脱氧的温度在 1530～1570℃之间，如不锈钢要≤1550℃。

② 预脱氧剂的选择：选择脱氧效果较好，合金中允许残留量较高的锰和硅作为预脱氧剂，含碳量低的合金选用电解锰和结晶硅，碳钢选用低碳锰铁和优质硅铁；或者一次加入复合脱氧剂。

③ 预脱氧剂加入量：在最终合金中锰、硅残留量不超过标准的原则下尽量多加，以提高脱氧的效果。为使脱氧产物成为易于上浮的锰硅酸盐复合化合物，需使锰硅比例大于 1 或更高，一般最低加锰 0.3％，加硅 0.15％。

④ 预脱氧剂加入顺序：要先加锰，随后再加硅，脱氧剂经预热后推开渣面加到金属液中，随即覆盖金属液。

预脱氧：炉料化清并升温后即可进行预脱氧，先加锰铁，后加硅铁，再测量钢水温度；预脱氧的目的是脱出钢水中大部分的氧。高合金钢的温度稍低一些。脱氧后要有 3～5min 的静置时间，使脱氧产物充分上浮。

温馨提示 5：

锰和硅是金属液最好的脱氧剂，它们与氧的亲和力虽不及铝，但它们有两大优点：首先，它们对金属液共同脱氧时，是形成熔点低于合金的复合氧化物 $MnSiO_3$，它易于从金属液中聚集上浮；其次，合金中允许锰和硅的残留量较高，因而适当地过量加入，有利于脱氧反应的进行。

在使用锰硅脱氧时要掌握两点使用特点：一是在金属液处于低温状态时加入锰和硅脱氧，因为这是锰和硅脱氧效果最佳的时期；二是要先加锰，随后再加硅，这是因为硅脱氧产物 SiO_2 是一种絮状物，漂浮在金属液中不易排出，因而加硅前金属液中必须有大量的 MnO 存在，一旦出现 SiO_2，即被 MnO 包围，形成了 $MnSiO_3$ 的复合氧化物。

实践证明，不同的加入顺序，合金中夹杂物含量有显著的不同；同时这也是强调加锰量要大于加硅量，锰硅比至少大于一的原因。还有一种说法就是金属液中锰的含量高时，硅的脱氧效果会更好。

温馨提示 6：

用锰和硅将金属液中的大部分氧脱去，形成易于排出的脱氧产物，这是预脱氧的目的，但由于锰和硅与氧的亲和力稍差，金属液中还存在氧，所以只能将锰硅脱氧称为预脱氧。

（5）调整成分与升温

① 金属液预脱氧后立即取样，进行成分光谱分析；此时把电源调低至保温功率，根据分析结果，补加经预热的合金；金属液温度也不能太高，以减少烧损；一些难熔化的、密度大的元素应该先加入。

② 当金属液成分合格后，立即满功率快速升温，达到最高熔化温度（须测试温度）。

注：最高熔化温度应根据不同钢种来确定。例如 304 不锈钢一般为 1680～1700℃。

③ 几个主要合金的加入程序和时间是：

a. 镍一般在装料的时候加入。

b. 铬在脱氧良好的条件下加入，但含铬量多时，在装料的时候加入，可装在炉底部，以减少烧损。

c. 钼和钨应以小块在炉料熔化后加入。

d. 硅和锰，加入量不多，可在炉料熔化后脱氧前加入。

e. 钒、铝、钛、硼、锆必须在脱氧良好的情况下加入，先后次序为钒、铝、钛、硼、锆。如果合金中铝和钛含量较多，钒量较少时，钒应该在铝、钛加入后再加。

④ 在每次加入合金元素以后，必须根据加入量来决定升温的时间，当加入较多铝、钛时，要停电降温，防止合金液过热产生飞溅。

⑤ 当合金元素全部加入，且终脱氧完成后，调整金属液温度使其达到出炉的温度。

温馨提示 7：

预脱氧后，金属液中的氧含量较低，此时向炉内添加各种比较容易氧化的元素合金，其氧化损耗小，产生氧化夹杂物也少。这一时期通过添加合金和炉前快速分析，是确定金属液化学成分是否合格的关键时期。

（6）停电静置

① 化学成分合格的金属液达到了最高熔化温度以后，立即关闭电源，金属液中的电磁搅拌停止，有利于预脱氧后产生的悬浮在金属液中的脱氧产物漂浮到熔渣层中。

② 对容量为 100～150kg 的感应炉，静置时间一般控制在 2～3min；由于电源关闭，金

属液温度开始下降，当温度太低时，金属液黏稠度增大，夹杂物不易浮出，故过长的静置时间并没有效果。若金属液中的夹杂物太多，可再次升温至最高熔化温度以后进行第二次停电静置。

③ 停电静置期间应该严格覆盖金属液，也可用硅酸铝纤维棉盖住炉口面。

温馨提示8：

停电静置的目的是让金属液中前期产生的氧化夹杂物在没有电磁搅拌的干扰下向上浮而进入熔渣层，达到金属液的净化。实现这个目的的关键是提高金属液的温度，以降低其黏度，使夹杂物上浮阻力减小。但是金属液温度过高，又存在着氧化和吸气的风险，因此，静置时确定金属液合适的最高温度，也即开始静置的温度很重要。一般来说，合金元素含量高的钢比碳钢和低合金钢的液相线要低，但合金元素含量高的钢，其金属液的黏度亦高。

因此选择过热度即液相线温度与静置温度的区间要高，如304不锈钢的液相线温度是1454℃，静置温度选择1700℃，过热度就达到了246℃；而8620低合金钢的液相线温度是1504℃，静置温度选择1700℃，过热度仅仅为196℃。

（7）终脱氧及精炼。金属液脱氧是为了尽量减少其含气量，防止铸件产生气孔；同时最大限度地减少金属液中氧化夹杂物，防止铸件产生夹杂物。终脱氧是感应炉重熔法熔炼中重要的环节之一。

① 终脱氧的温度。金属液静置后，其温度接近浇注温度时，即可进行终脱氧。温度过高或过低时，均应调整到浇注温度后方可进行终脱氧。

② 脱氧方法。金属液中的氧，主要以FeO的形式存在。目前应用最广泛的方法是用脱氧剂脱氧，即用脱氧能力大于铁的元素做脱氧剂。脱氧反应是将金属液中的FeO还原，也是脱氧元素的氧化反应。脱氧方法又分为扩散脱氧和沉淀脱氧。

——扩散脱氧，是把脱氧剂加到炉渣中，让脱氧元素与炉渣中的FeO作用，降低炉渣中FeO的含量。随着金属液/钢水中的FeO向炉渣中扩散，从而间接脱除金属液中的FeO。

这种方法的优点是脱氧产物留在炉渣中，使金属液/钢水中的氧化夹杂物较少。缺点是速度较慢，脱氧时间长，而且单独使用此方法不能充分地脱氧。

——沉淀脱氧，是将脱氧剂加到钢水中，让脱氧元素直接和钢水中的FeO发生反应而脱氧。这种方法的优点是脱氧时间短；缺点是脱氧产物（MnO和Al_2O_3等）大量留在钢水中，影响钢水的质量。

感应炉的炉渣温度低，黏度高，渣量多，而且钢渣界面小，熔炼时间短，扩散脱氧较困难，故要采用以沉淀脱氧为主的综合脱氧方法。

③ 脱氧剂。脱氧剂首先要有比铁强的脱氧能力，在一定的温度和压力下，对于相同含量的脱氧元素而言，元素的脱氧能力越强，金属液中的残留氧量则越少。常见的元素的脱氧能力，由强到弱的排列顺序是：Re、Ca、Mg、Al、Ti、B、Si、C、P、Mn、Cr、W、Fe。另外，脱氧剂生成的脱氧产物应比较稳定，并便于从金属液中排除。实际生产中，感应炉用的脱氧元素最多的是Mn、Si、Al和Ca等。

Mn的脱氧能力较弱，但锰与强脱氧剂Si、Al等配合使用时，可形成易熔的脱氧产物进入炉渣，使钢水中的夹杂物量减少。

Si的脱氧能力较强，比锰要强十倍以上，但脱氧产物SiO_2熔点较高（1710℃），悬浮在金属液中难以上浮，不宜单独使用，常与锰配合使用或配成硅锰合金使用。

Ca 是一种强脱氧剂，其沸点在 1492℃，密度仅为铁的 1/5。Ca 易漂浮在炉渣面上发挥作用，一般以硅钙、硅钙钡、硅钙钡铝合金的形式加入金属液中作为脱氧剂。

Al 脱氧能力在 1600℃时比硅要强 30 倍，而且能细化钢的晶粒，是很好的金属液/钢水终脱氧剂。但 Al 的脱氧产物 Al_2O_3 熔点很高，呈细小分散固态质点悬浮在金属液中，不易从金属液/钢水中聚集上浮；而且 Al 还能将炉渣中的 MnO、SiO_2、Cr_2O_3 等中的 Mn、Si、Cr 还原，因此终脱氧时加入大量的 Al 还会引起成分的变化。

④ 脱氧剂的加入量。脱氧剂用量要适当，加入太少脱氧不好，但加入太多反而可能增加钢中非金属夹杂物的含量，甚至会影响合金成分。如碳钢用 0.05%～0.1%的硅钙锰合金及 0.08%～0.1%的纯铝作终脱氧剂；不锈钢用 0.15%～0.3%硅钙锰合金后，再用 0.04%的纯铝作终脱氧剂，或用多元复合脱氧剂硅钙铝钡合金，其加入量应根据该合金的含铝量计算，注意不锈钢抛光件不可用铝脱氧，以防止产生白点。

⑤ 脱氧剂的加入次序。推开渣面，先加硅钙锰合金，在同一位置立即插铝。铝密度小，含钙的合金易燃烧；在加入方法上要考虑回收率，可做成脱氧棒或用钟罩压入法，将脱氧剂加入到金属液内部。

⑥ 精炼。对某些合金，根据工艺要求，可在终脱氧后，向金属液中加入稀土合金或者含钙合金等的精炼剂，或者加入纳米氮化钛等晶粒细化剂，以改善和提高合金的性能。其加入量和加入方法由工艺文件规定。

温馨提示 9：

铝和氧的亲和力强，是合金的最强氧化剂，故将其作为金属液的终脱氧剂。铝脱氧的缺点是形成的脱氧产物 Al_2O_3 为簇状的氧化物，铝加到金属液的表面时会与空气中的氧形成氧化铝膜，当它搅入金属液中时就不易浮出而形成硬质脆性夹杂物，所以不锈钢抛光件最忌讳的就是铝作为脱氧剂。克服这一缺点的办法就是在加铝脱氧以前，先加入硅、钙、锰等元素，这样形成的脱氧产物就不是单一的氧化铝，而是多元的复合氧化物，其易分离浮出。

温馨提示 10：

稀土和含钙合金，对金属液有精炼作用，包括：

一是，它们与氧有极强的亲和力，故对金属液有深度的脱氧作用。

二是，稀土及其氧化物的熔点高于合金，合金在凝固时增加了结晶核心，因而有细化晶粒的作用。

三是，金属液当中存在微量的钙和稀土元素时，金属液脱氧留下的少量氧化夹杂物将被细化成球状，因而对合金的危害性减小；但是稀土合金必须在终脱氧完成后再加入，否则会产生过多的稀土氧化物，反而污染了金属液。

此外，纳米氮化钛是非常纯净的细小的晶粒细化剂，加入量仅为万分之几，就有很好的效果，因而不至于污染金属液；但必须将其加入到金属液的内部才有效。

（8）除渣

① 终脱氧完成以后，立即进行初步除渣，即用钢钎挑除大块覆盖渣，再用干燥的颗粒状的除渣剂撒于渣面上，沾除覆盖渣并用钢钎挑除，反复除渣两次后，在金属液面上均匀地撒上除渣剂覆盖金属液，即可向浇包中出钢。

② 若以熔炉代替浇包进行叉壳浇注时，则在初步除渣后关闭电源，均匀撒上除渣剂形成沾渣层，用钢钎撬动沾渣层，沾除金属液面和炉壁上的稀渣，正反两面沾渣后挑出炉外，如此进行 3～4 次的快速除渣操作后，金属液面清洁无渣，即可叉壳浇注。

③ 除渣过程金属液裸露在空气中，出渣操作必须快速有效，以减少金属液再次氧化污染。同时，在开始除渣以前，通知浇注和叉壳人员做好出钢浇注准备。

温馨提示 11：

对于用熔炉叉壳直接浇注来说，除渣是很重要的操作步骤。因为高温下熔渣稀薄，与金属液很难分离；若浇注型壳，必然在铸件内部留下细小的渣孔缺陷。为此，要选用质量好的除渣剂，也要有熟练的除渣操作技能。如果采用茶壶浇包浇注型壳，则在炉内除渣时要求不必太严格，因为有茶壶浇包的撇渣功能来保证。

温馨提示 12：

目前工厂普遍使用的除渣剂是珍珠岩，它是一种酸性硅酸盐的玻璃质火山熔岩矿，经过破碎、筛分和低温烘烤，去除自由水的颗粒物。将它加到高温金属液和熔渣层上时，立即膨胀发泡，因而具有较强的吸附金属液表面稀渣的功能。在使用除渣剂除渣时，应按照"颗粒无灰、均匀淋洒、轻柔沾渣、迅速挑除、注重效果、减少频次"的方法和原则去做，因为除渣剂不同于造渣剂，它本身杂质多，而且含有结晶水，过多地使用也会污染金属液，同时它的熔点低，在金属液表面停留过长的时间也会形成稀渣，反而达不到吸附稀渣的作用。

（9）出钢浇注

① 清扫炉面，用气嘴吹去炉面和出钢槽上的灰尘、砂粒和杂质，出钢槽不宜过长，若经过修补一定要预先彻底烘干，以尽量缩短金属液流经距离和防止金属液吸潮。此时可用整块的硅酸铝纤维棉盖住炉口，以达到保温的效果。

② 叉壳浇注时，叉壳和浇注两者要配合紧凑，实现准确、连续和快速的浇注操作。一般每炉浇注的时间应控制在 3～4min 内，如浇注时间过长，金属液氧化严重，需再向炉内投入铝块补充脱氧。

③ 若为转包浇注，需将终脱氧剂留下一半，分次加在浇包底部由金属液冲入脱氧。浇包需烘烤至暗红色才能接盛金属液，并应采用茶嘴式撇渣浇包。

④ 出钢浇注过程中，随着炉内金属液逐渐减少，应逐步减小电源功率，使金属液的浇注温度保持相对稳定。

（10）停炉

① 把功率旋钮扭到"零"的位置，关掉中频炉电源。

② 打开炉体冷却水系统的定时开关，停炉后冷却至少 6h。

3. 注意事项

（1）调整成分的合金加入次序应该合理，同时应注意温度调整。

一些难熔的和密度大的合金应先加入，与氧亲和力较大的合金元素，则必须在脱氧良好的条件下才能加入，并且加入时温度也不能太高，以减少烧损。

每次加入合金元素时必须根据加入量而决定升温时间，当加入铝、钛较多时，应停电降温。

（2）严格按要求进行脱氧。

（3）熔炼过程中尽量减少除渣次数，因炉渣覆盖在金属液表面可以防止金属液氧化，除渣次数太多容易造成金属液氧化。

（4）合金加入前应预热，加入量要严格称量。

（5）严格按照设备操作、维护规程进行设备操作和维护，熔炼过程中要注意经常检查炉衬情况，防止穿炉。

（6）应确保炉料表面没有水分（水珠），以防加料过程爆炸伤人。

（7）佩戴好劳保用品。

五、型壳焙烧

1. 工艺参数

焙烧温度：950～1200℃。

焙烧时间：保温时间大于30min。

2. 操作步骤

（1）查找产品工艺作业标准，了解焙烧过程和参数，检查焙烧炉和控温表是否正常，炉床是否平整、干净。

（2）仔细检查需焙烧的型壳，型壳应完好无缺陷，有缺陷的型壳必须修补好。

（3）清理干净型壳浇口杯边缘的砂粒，防止砂粒等杂物进入型壳中。

（4）小心地把型壳装入焙烧炉中：

后浇注的型壳先装炉，放在炉后部；先浇注的放在炉前部。型壳离炉门的距离至少10cm，以防止太靠近炉门位置的型壳焙烧不透。

型壳浇口杯向下放置在焙烧炉炉床上，注意型壳之间不要相互接触，以防型壳碰损；且型壳不要与炉壁接触。

（5）待型壳内残蜡烧尽，浇口下部没有明火冒出时，关上炉门。

（6）升温：炉内温度在950～1200℃时，型壳保温时间大于30min；焙烧好的型壳通常为白色或淡蓝色。

（7）打开炉门，用叉子叉出型壳，目视检查型壳有无裂纹，同时翻转型壳使浇口杯向上，将型壳叉到炉前，配合浇注工将浇口杯中心对准出钢槽接钢水。

（8）焙烧炉要与熔炼炉配合，熔炼时应经常观察焙烧炉内型壳的焙烧状况，没达到焙烧要求的型壳不得浇注。

当金属液成分合格，可以浇注时，打开焙烧炉炉门，叉出型壳浇注，型壳从焙烧炉中叉出到浇注的时间按照工艺参数要求执行。

注：连续生产时，型壳可以热装炉。

3. 操作要点

（1）严格控制焙烧温度和时间，并记录。

（2）定期校验温度表，确保显示温度准确。

（3）焙烧炉各处温度应均匀，型壳放置应合理，型壳受热要均匀。

（4）装炉时注意型壳浇口杯的摆放位置，防止型壳中掉入杂物。

（5）开、关炉门动作要快，防止炉温下降过多。

（6）炉床至少每周用扫把或压缩空气清理一次，确保清洁。

（7）采用电阻炉焙烧型壳，装取型壳时应关闭电源，以防触电。

六、浇注

1. 工艺要求

（1）按合金牌号要求，进行浇注。

（2）做到"三同时"，即浇包同时烘烤好、金属液/钢水出钢温度同时调整好、型壳同时焙烧好，才能浇注。

（3）浇注温度按工艺技术规定。

（4）每炉出钢金属液/钢水必须在规定时间内完成浇注。

（5）金属液/钢水浇入型壳要"引流准、注流稳、收流慢"。

（6）严格挡渣。

2. 操作规程

（1）佩戴劳保用品。查找产品工艺作业标准，了解浇注过程和参数，检查吊包架、转盘等运转是否灵活，吊钩上是否有杂物，把手是否好用。当确认各方面都合格以后，方可准备浇注。

（2）当符合"三同时"的规定时，挂上浇包，拉到熔炼炉前，将脱氧剂加入浇包内，对准炉嘴，接满金属液/钢水后，及时撒上除渣剂除渣。

（3）打开焙烧炉的炉门，用叉子将型壳快速叉出，将浇口杯对准熔炼炉出钢槽接钢水。

（4）浇注过程中，浇包与型壳浇口杯的垂直距离保持在 50～100mm 之间，在工艺规定的时间内完成浇注。

（5）转动熔炼炉炉体浇注；浇注时要"引流准、注流稳、收流慢"，防止金属液（钢水）喷溅、断流或细流。

（6）连续用叉子将型壳叉到熔炼炉前，保持连续浇注，并尽量将金属液（钢水）浇完；若浇注时间过长，需中途再次脱氧。

（7）浇注后的型壳应迅速盖上罩子并建立还原性气氛冷却。

（8）浇注冷却后的型壳送到指定的地点，分炉次摆放。

3. 注意事项

（1）有下列情况，不准浇注：

① 未进行终脱氧的金属液；

② 型壳没焙烧好；

③ 浇包没烘烤好；

④ 金属液温度不符合有关规定；

⑤ 浇包的熔渣没除净。

（2）应使从焙烧炉中叉出型壳至浇注的时间尽量缩短，以避免型壳温度下降过多。

（3）浇注速度依铸件的大小和结构确定，应注满浇口杯。每炉金属液应尽快浇完，防止金属液再次氧化。

（4）浇注时，不准有断流、紊流现象，不允许产生溢流和飞溅。

（5）浇注过程中若不更换钢牌号，可允许残留少量金属液以提高下一炉熔化速度；若更换钢牌号时，则必须把包内或炉内剩余的金属液倒干净。

（6）如用浇包，严禁将浇包浇得太满，一般不超过浇包容积的 80％。

（7）浇注过程中应检测金属液的浇注温度，控制在规定的范围内。

（8）对易产生缩孔、缩松的铸件，浇注后可在浇口杯上撒些发热剂，以加强浇口杯的补缩能力。

第四部分：后工序

后工序是熔模铸造生产过程中的重要工序，也是常常被忽视的工序；然而，后工序是实现机械化、半自动化甚至自动化的潜力工序，是降本增效的工序。

一、后工序生产过程工序流程图

后工序生产包括：型壳清理、切割浇口、磨内浇口、抛丸、精磨内浇口、热处理和钝化等工序。如图 5-5。

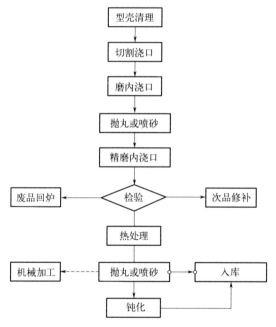

图 5-5　后工序生产过程流程图

注：企业根据自身生产情况，可适当地调整。

实线是必须经过的过程；虚线是企业根据具体情况而定。

二、振动脱壳

型壳清理用机械脱壳和高压水清砂等，常用机械脱壳，即振动脱壳。

1. 工艺要求

（1）铸件上型壳需清理干净，铸件的盲孔、深孔和凹槽处允许留有少量的残壳。

（2）振壳时，不得损伤铸件。

（3）振壳过程中应尽量减少扬尘，最好采用湿法脱壳。

2. 操作规程

（1）振壳机脱壳

① 检测振壳机、空压机及其管路系统是否正常。

② 打开压缩空气总阀门，检查设备运行是否正常。

③ 将铸件组直浇道垂直放置在振壳机锤头下，打开进气阀，使锤头压紧铸件组。

④ 打开振动子，振除铸件上的型壳，振动时间根据铸件特点、要求而定，以铸件上的型壳清除干净为宜。

⑤ 关闭振动子，松开夹紧装置，取下铸件组。

⑥ 工作完毕以后，打扫工作场地，清理设备，并加油保养。

（2）手工脱壳

① 仔细检查工具，确保安全可靠以后，方可开始脱壳工作。

② 用锤子、大锤或风镐锤击浇口棒，反复敲击，直到型壳清除干净为止。严禁用锤直接锤击铸件。

③ 对于盲孔、深孔或深槽处振不掉的型壳，必须用钎子仔细清理。

④ 工作完毕，打扫工作场地。

3. 注意事项

（1）任何情况下不得在产品上留下压痕或者伤痕，铸件不应有变形。

（2）振壳时间不宜太长，避免铸件产生裂纹。

（3）振壳过程中应注意人身和设备安全。

三、切割浇口

采用砂轮切割机切割浇口。

1. 工艺要求

（1）砂轮片的直径根据铸件的轮廓尺寸选择；砂轮片直径＞150mm。

（2）砂轮最高工作线速度为 50～80m/s。

（3）铸件上浇口预留残根≤2mm。

（4）切割截面大的铸件时应防止铸件过烧。

2. 操作规程

（1）穿戴好劳动保护服等，检查设备防护罩、通风系统等是否完好。

（2）安装并紧固砂轮片，然后开机空转 1～2min，使设备处于正常工作状态，注意砂轮片旋转应该平稳；如果不平稳，应停下检查，重新紧固砂轮片。

（3）将整个铸件组固定在砂轮切割机适当的位置上，使切口对准砂轮片的刀口。

（4）开动砂轮切割机，将浇口、冒口与铸件分开，切割时砂轮片刀口应与内浇口、冒口方向垂直。

（5）初步目视检查，将有浇不足、缩孔等明显缺陷的铸件分类摆放，并统计数量。

（6）把切割下来的铸件按照次序放在毛坯箱中，把浇道、冒口按合金种类堆放，回收待用。

（7）工作完毕以后，打扫工作场地，清理设备，并加油保养。

3. 注意事项

（1）切割时，整个铸件组必须固定；如固定有困难，可用木板等夹垫，防止滑动。

（2）切割过程中必须注意不能损伤铸件，不得使铸件变形。

（3）切割过程中要注意人身安全。

（4）砂轮切割机上必须安装通风装置，切割时必须打开通风。

四、磨内浇口

1. 工艺要求

（1）对于小批量生产的中小型铸件，用风动砂轮或电动砂轮磨去铸件上的浇冒口残根；大批量生产的可以用专用机床进行加工。

（2）去除浇冒口残根时，应防止加工处严重过热。

（3）铸件加工后浇冒口残根高度：加工面残根高度<0.5mm；非加工面加工至齐平，但不得损伤铸件本体。客户有特殊要求的铸件，内浇口的残根高度要按照客户的要求执行。

2. 操作规程

（1）检查设备和除尘通风系统是否正常。

（2）如用砂轮磨削，应调整托板和砂轮的间隙至 3～5mm，并将托盘紧固牢靠。

（3）用手转动砂轮一周，确定无问题时，在启动砂轮机正常运转 2～3min 后方可开始工作。

（4）打开吸尘器或除尘通风系统，用专用工具夹持或手持铸件，靠在托板上打磨残余浇口和修磨铸件焊补处。

（5）将磨好的铸件放入专用箱中。

（6）工作完毕以后，关闭电源，清理设备和现场。

3. 注意事项

（1）经常检查砂轮及其托板的磨损情况，磨损严重时要及时更换。

（2）不允许在砂轮机侧面打磨铸件；严禁将两个铸件同时打磨或两人同时在一个砂轮机上面打磨铸件。

（3）磨削过程中注意防止铸件磨削面严重烧伤，不允许撞击、敲伤铸件。

（4）表面质量要求高的铸件，内浇口用砂轮磨削后，再用砂带抛光。

（5）确保清除浇冒口残根的设备能够正常使用。

五、抛丸清理

使用抛丸清理滚筒、履带抛丸清理机、转台喷丸清理机、抛丸清理机等抛丸设备清理铸件。

1. 工艺要求

（1）按设备规定装载量装铸件，不允许超载。

（2）钢丸直径：0.3～1.0mm。

（3）抛丸时间：视铸件的大小、形状而定，抛丸后的铸件不允许留有型壳或氧化皮。

2. 操作规程

（1）查找产品工艺作业标准，了解抛丸过程及参数；检查设备运转情况是否正常。

（2）将铸件装在抛丸清理滚筒内或者转台上。

（3）按设备规定开通抛丸清理机，对铸件进行抛丸清理。

（4）抛丸一定时间后，按设备规定程序进行停机操作。

（5）戴上防护手套，取出清理好的铸件；放入零件箱里，不得放在地上。

（6）工作完毕以后，关闭电源。认真检查叶片、抛头、护板等部件的磨损情况；如磨损严重，要及时更换。清理设备和生产现场。

3. 注意事项

（1）钢丸大小影响铸件表面质量和清理效率，丸径最大不得大于1.0mm。按照铸件表面粗糙度选择合适丸径的钢丸。

（2）清理不锈钢铸件时应采用不锈钢丸。

（3）每次抛丸的铸件大小和清理难度要基本一致。

（4）抛丸清理机、除尘器要经常清理和整理。

（5）对有细长孔的铸件，其孔内型壳难以清除时，在抛丸前可用水泥钻头将孔中的型壳钻通，以利于抛丸清理。

六、喷砂处理

1. 工艺要求

（1）铸件内残留型壳必须喷净，铸件表面光泽统一。

（2）喷完砂的铸件必须戴手套取出，放入零件箱中，不得放在地上。

2. 操作程序

（1）检查设备是否正常。

（2）将铸件放在工作筐中，开动喷砂设备，对铸件表面喷砂。

（3）戴手套，将喷完砂的铸件取出，送检入库或转到下道工序。

（4）工作完毕，关闭电源，清理设备和场地。

3. 注意事项

（1）所有砂料不允许有过多的粉尘，否则应先过筛去除粉尘后再用。

（2）检查喷嘴直径是否合适，喷枪及吸砂管是否堵塞。

七、化学清砂

1. 碱煮法

（1）碱煮法是把带有残砂的铸件放入NaOH或KOH溶液中加热煮沸，让黏结剂中的SiO_2与碱生产硅酸钠或硅酸钾的液体，从而使残留的砂与铸件分离。

（2）碱煮工艺参数，见表5-7。

2. 泡酸处理

铸件深孔、小孔、窄槽中残留的型砂，可以通过把铸件浸泡在$w(HF) \geqslant 40\%$的氢氟酸中0.5～4h，然后用水洗至中性，并用热水清洗去除。

表 5-7 碱煮工艺参数

序号	用途	碱煮			时间/h	中和与清洗
		碱液	温度/℃	型壳碱煮液消耗量/kg		
1	碳钢铸件表面黏砂	w（NaOH）= 20%～30%	沸腾	0.8～1	4～8	热水清洗
		w（KOH）= 40%～50%		1.3～1.4		
2	合金钢铸件表面黏砂	w（NaOH）= 15%～25%		0.8～1		氧化铬 90g + 硫酸 30g + 氧化钠 1.2g + 水 1kg，温度 18～28℃，时间 2～3min。中和处理后再用流动的清水冲洗
3	陶瓷型芯	按照陶瓷型芯常用的脱芯釜脱芯方法				

注意： 氢氟酸有毒，最好不用这种方法。采用此法的操作者必须穿戴防护服，工作场所必须具有良好的通风条件。

八、钝化（酸洗）

1. 工艺要求

（1）采购符合环保要求的钝化液。

（2）钝化液温度：55～65℃，或常温。

（3）钝化时间：2～5min。

（4）冲洗次数：3～5 次。

2. 操作规程

（1）按比例配制钝化液，搅匀，调整好温度。

（2）将需钝化处理的铸件放在钝化液中，浸渍 0.5～5min。

（3）把铸件从钝化液中取出，再放入常温的清水中漂洗 2～3 次。

（4）随后用高压水枪冲洗 3～5 次。

（5）最后把铸件放在沸水池中冲洗 3～5 次。

（6）用压缩空气将铸件吹干。

3. 注意事项

（1）铸件钝化前需经抛丸处理，抛丸后的铸件要及时进行钝化。

（2）定期检查钝化液是否失效，若失效应重新按比例配制。

（3）失效的钝化液要收集在专门的容器内集中处理，不得随意倾倒，防止污染。

（4）操作人员应戴好防护用品，再进行操作。

（5）碱煮、酸洗、钝化后的废液必须集中处理，使其达到环保排放要求；或交给有资质的污水处理公司集中处理。

九、焊补

1. 工艺要求

（1）采用氩弧焊机焊补。

（2）铸件上允许焊补的缺陷：

① 铸件表面或穿透的孔穴（渣孔、砂孔、气孔等）；

② 铸件内部的缩孔、缩松；

③ 铸件表面的机械损伤和少量的浇不足等。

（3）铸件上不允许焊补的缺陷：

① 蜂窝状气孔、针孔等；

② 大面积分散的缩松；

③ 铸件裂纹、冷隔；

④ 图纸或技术要求规定不允许焊补的铸件或铸件上规定不允许焊补的部位。

（4）不锈钢铸件允许焊补缺陷的面积和数量，如表 5-8。

表 5-8 不锈钢铸件允许焊补缺陷的面积和数量

铸件类别	部位	允许焊补的缺陷最大尺寸/cm²		一个铸件上允许焊补数量/处
		点状缺陷	线状缺陷	
关键铸件	指定部位	2	3	1
	一般部位	4	6	2
重要铸件	指定部位	3	4	2
	一般部位	6	8	3

（5）根据铸件化学成分及质量要求，选择不同的焊条、不同的方法进行焊补。

（6）焊补前，应清除缺陷并制焊补坡口。

（7）铸件焊补应在热处理前进行；第一次焊补后若不能消除原来缺陷，绝不允许进行第二次焊补。

（8）铸件允许焊补的缺陷及缺陷的大小、部位、数量，按铸件验收标准或协议要求执行。

2. 操作规程

（1）检查设备、工具、焊条等，并制好焊补坡口；做好焊补准备工作。

（2）把待焊补的铸件缺陷位置向上放在工作台上。

（3）按铸件缺陷大小、深度及特点选择焊条和焊补方法。

（4）焊补好的铸件在空气中缓慢冷却，送砂轮处进行打磨修整，分类存放。

（5）焊补打磨后的铸件需要重新进行热处理。

（6）工作完毕及时切断设备电源，清理设备和工具，搞好现场卫生。

3. 注意事项

（1）焊补应由经考试合格的、具有操作证的焊工进行。

（2）铸件焊补后不允许有气孔、裂纹、夹杂等缺陷。

（3）不得损伤铸件及造成铸件过热变形。

十、热处理

1. 工艺要求

根据铸件的材质、性能要求来选择热处理工艺，常用的热处理工艺如表 5-9。

表 5-9 常用热处理工艺参数

材质	热处理工艺
碳钢	若没有其他特殊要求，需进行正火或退火处理
低合金钢	若没有其他特殊要求，需进行正火或退火处理
304、316 不锈钢	（固溶化）加热到 1030～1150℃，保温 60～90min 后，出炉水淬

注：铸件热处理的保温时间根据铸件壁厚等来决定。

各企业根据生产铸件的具体材质，再制定相应的热处理工艺。

2. 操作程序

（1）检查热处理设备和温控系统等是否正常。

（2）将待热处理铸件装入热处理筐中，其高度需低于筐顶 80～100mm。

（3）打开炉门，将装好铸件的筐送到热处理炉中，动作应该平稳迅速。

（4）按铸件热处理的工艺要求，设定热处理工艺曲线，送电升温。

（5）关上炉门，按照热处理工艺曲线在规定的时间内升温至规定的温度，并在规定的恒温温度下保温规定的时间。

（6）停止加热保温，按工艺要求使铸件冷却。

（7）取样测硬度和其它与热处理有关的项目，合格后，送到下道工序。

（8）铸件热处理后，硬度不合格时，允许重新进行热处理；但不能超过三次。

（9）工作完毕，清扫现场，清理设备。

3. 注意事项

（1）经常检查炉温、温控系统是否正常。

（2）铸件在保温过程当中不得开启炉门，或人为断电，炉门要关紧。

（3）热处理时每炉均应该有记录，仪表盘上的记录纸必须及时更换，工艺记录曲线不能重叠。

（4）易变形的铸件在热处理过程中应采取相应的工艺措施，尽量减少变形量。

十一、矫正

1. 工艺要求

（1）铸件矫正要根据铸造合金牌号、铸件形状结构和有关的技术要求选择矫正的设备、方法和工艺参数，如表 5-10。

（2）矫正后的铸件几何形状和尺寸，应符合铸件图纸规定的技术要求。

（3）矫正后的铸件应进行表面质量和内部质量检验。

（4）铸件矫正应在铸件热处理后进行，矫正后的铸件应进行消除应力退火。

（5）矫正后的铸件不能有裂纹或超过规定的机械损伤。

表 5-10 铸件的矫正方法

	矫正方法		设备与工装
冷矫	手工矫正	手工敲击；杠杆弯曲；千斤顶拉伸	钳台；专用矫正夹具；矫正测具
	机械矫正	压力机加压矫正；专用机具矫正	油压机或摩擦压力机；专用矫正设备
热矫	在夹具中加热矫正；加热后压力矫正		矫正模及夹具；油压机或摩擦压力机

2. 操作程序

（1）根据铸件的合金牌号、形状结构以及相关的技术要求，按表 5-10 选择矫正方法、设备和工艺。

（2）检查设备、工具等是否符合工艺要求，做好准备工作。

（3）如果是热矫，应把加热炉先升温到要求的温度或用夹具把铸件夹好放入炉内加热或者直接把铸件放入炉内加热，并在预定温度下保温一段时间，直到铸件热透为止。

（4）如果采用油压机或者摩擦压力机热矫铸件，铸件热透后立即取出，放在压力机上加压矫正；加压压力应根据铸件的合金牌号和铸件的具体形状结构而定。

（5）应检查矫正后铸件的尺寸和形状、位置偏差等是否符合图纸要求。

（6）目视检查铸件表面是否有裂纹或者机械损伤，必要时还应该进行煤油浸润或者磁力探伤、荧光渗透，甚至是 X 射线检查。

（7）矫正合格的铸件放在零件筐内，送去喷砂处理，然后进行消除应力热处理。

（8）工作完毕，清理设备、整理夹具和其他工具等；清扫环境卫生。

3. 注意事项

（1）铸件热矫加热时，温度和保温时间应根据铸件牌号特性和铸件的形状来确定。

（2）用压力机进行冷矫或者热矫时，一定要掌握好矫正的压力。

（3）根据铸件复杂程度和矫正量，可以采取热矫或冷矫，并需有专门的矫正工装。

十二、砂带机修磨

1. 工艺要求

修磨后铸件表面光滑。

2. 操作程序

（1）检查设备运转是否正常，砂带是否需要更换，保护罩是否完好。

（2）操作者站在砂带机前，手持铸件进行修磨；磨好的铸件放在箱中。

（3）工作完毕，清理设备和场地。

3. 注意事项

（1）更换砂带时要注意方向。

（2）修磨绝不允许损伤铸件。

第二节　熔模铸造水玻璃工艺守则

总则

① 本工艺守则适用于低温模料，手工或压蜡机制模，水玻璃黏结剂制壳，酸性中频感应炉熔炼与浇注的碳钢、合金钢等熔模铸件。

② 本工艺守则规定了熔模铸造生产过程中各工序的技术要求、操作规程、注意事项和检查项目。

③ 本工艺守则包括四个部分，即：

第一部分：制作蜡模；

第二部分：制作型壳；

第三部分：熔炼与浇注；

第四部分：后工序。

第一部分：制作蜡模

一、制模工艺流程图

易熔模简称熔模，也称蜡模。压制蜡模是熔模铸造工艺中的重要工序之一，是获得优质铸件的前提条件。

影响蜡模质量的因素主要有：模料（或称"蜡料"）、压型、制模工艺和制模设备等四个方面。

制作蜡模，也称制模，由配制、压制、冷却、修模和组树等工序组成。其主要工艺流程如图 5-6。

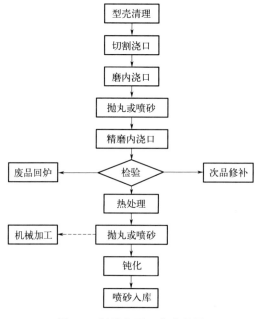

图 5-6　制模主要工艺流程图

二、蜡料制备

1. 适用范围

（1）规定了蜡料制备的工艺要求、操作程序、注意事项和检查项目。

（2）适用于蜡料制备生产流水线：稀蜡配制—管道输送到蜡膏制备机盛蜡桶—制备稠蜡—管道输送至压蜡机蜡膏保温缸。手工生产参照执行。

2. 工艺要求

（1）蜡液温度：70～90℃，严禁超过 90℃。

（2）稀蜡温度：65～80℃。

（3）蜡膏保温缸水温：48～50℃。

（4）蜡膏应搅拌均匀呈糊状，温度控制在 45～48℃，其中不允许有颗粒状蜡料。

（5）蜡料酸值：105±5。

（6）蜡料配方，见表 5-11。

表 5-11　蜡料配方

材料名称	重量配比/%				
	配方 1	配方 2	配方 3	配方 4	配方 5
石蜡	50	25	10	5	—
硬脂酸	50	25	10	5	5
回收蜡		50	80	90	95

注：① 配制新蜡采用配方 1，正常生产采用 3、4 两种配方，配方 5 用于压制浇口棒。
② 生产中根据蜡模质量分析结果，适量增加或减少硬脂酸量，冬季的酸值取下限，夏季的酸值取上限。

3. 操作程序

（1）启动设备，检查运转是否正常，是否漏水、漏气、漏蜡，有问题应及时排除。检查保温缸水温是否符合工艺要求。

（2）按蜡料配比把石蜡、硬脂酸和回收蜡分别称好，加入化蜡桶内，加热至全熔状态，其温度不得超过 90℃。

（3）把蜡液输送到蜡膏制备机盛蜡桶内，可采用压送或泵送蜡料的方式。

（4）启动蜡膏制备机，打开盛蜡桶阀门，使蜡料均匀流在刮蜡滚筒上，进行蜡片生产。

（5）根据蜡片质量，及时调整蜡料温度和刮蜡液筒冷却水的流量。

（6）当搅蜡缸内有 2/3 的蜡时，启动搅拌机进行搅蜡直至呈糊状蜡料为止。

（7）紧固搅蜡缸盖，用压缩空气把蜡膏送到蜡膏保温缸内。

4. 注意事项

（1）稀蜡需用 100 目筛过滤，去掉杂质后方能使用。

（2）不允许有影响质量的空气和水分混入蜡膏中。

（3）化蜡桶和盛蜡桶每月清理两次。

（4）蜡膏保温缸、搅蜡缸属于压力容器（应定期年检），应定期检查有关紧固件及密封机构的使用情况，发现问题应及时处理，正常工作压力严禁超过 0.50MPa。

5. 检查项目

(1) 每班必须测量蜡液温度和保温水温度 3～4 次，控制在工艺要求范围内并做好原始记录。

(2) 每周测定一次蜡料酸值，按照 GB/T 14235.1—2018 进行。

(3) 蜡膏压送前必须在搅蜡缸内测量其温度，严格控制在工艺要求范围内。

三、蜡模制作

1. 适用范围

(1) 规定了蜡模制作的工艺要求、操作程序、注意事项和检查项目。

(2) 适用于低温蜡料的蜡模制作。

2. 工艺要求

(1) 室温：16～28℃（最好控制在 18～25℃，最高不超过 30℃）。

(2) 压蜡机输蜡管循环水温度：45～48℃。

(3) 蜡膏压注温度：45～48℃；压力：0.2～0.5MPa；保压时间：3～10s。

(4) 压蜡冷却水温：14～24℃；冷却时间：20～100s。

(5) 蜡模冷却水温：14～24℃；冷却时间：10～60min。

(6) 蜡模清洗液温度：20～28℃；清洗液中加入 0.5% JFC，或中性肥皂水，或用环保洗涤用品代替。

(7) 脱模剂：10 号变压器油或松节油。

(8) 蜡模表面光洁，形状完整，轮廓清晰，尺寸合格，不允许有缩陷、凸包裂纹等缺陷。

3. 操作程序

(1) 手工制模

① 检查压型的分型面、型腔、脱模机构、定位销、紧固件是否完整清洁；涂擦分型剂，装配并紧固压型。

② 注蜡：把蜡枪嘴对准压型的注蜡孔，旋开阀门使蜡膏注入型腔并保压 3～10s，关闭阀门，移走蜡枪。

③ 冷却：把注满蜡膏的压型浸入水内或放在工作台上冷却，冷却时间视蜡模形状与质量要求具体掌握，一般冷却 20～100s。

④ 取模：拆开冷却后的压型，取出蜡模并及时放入水中继续冷却。有特殊要求的蜡模应放在专用夹、辅具上冷却。

⑤ 清型：用压缩空气吹除型腔、型芯上的水和蜡渣，视取模状况涂擦脱模剂。

⑥ 合型：装配清理干净的压型，按②～⑤的次序再次制模。

⑦ 交班：工作完毕应把压型清理干净，打扫工作环境后交班，若不再生产时，压型应及时交还压型库保管。

(2) 机械制模

① 检查压蜡机的润滑、电气及气动系统是否正常，调整限位、顶模机构，调节循环水

系统和蜡膏输送系统；根据不同产品的压型注蜡孔，调整固定蜡枪嘴的位置。

② 用压缩空气吹除压型型腔内的水和蜡渣，涂刷分型剂，启动压蜡机。

③ 压蜡机按自控程序完成：合型—注蜡—保压—循环水冷却—开型—预模—停机。

④ 蜡模自动掉入水槽中，用专用工具及时扒开，按蜡模冷却时间取出蜡模。

⑤ 按②～④的程序连续制模。

⑥ 工作完毕后用压缩空气清除压蜡机和压型上的水和蜡渣，水槽中的蜡渣和注蜡道必须清理干净，打扫工作环境后交班，并作好交接班记录。

4. 蜡模修整

（1）用修模刀除去分型面上的披缝和其他不应有的凸起（包括注蜡残余），用稀蜡填补缺陷并修饰光滑。

（2）自检合格的蜡模在清洗槽中用清洗液进行清洗，清除分型剂，用压缩空气吹除蜡模表面上的蜡屑和水分。

（3）清洗干净的蜡模按品种整齐摆放在规定的器具中交检查员进行验收。

5. 注意事项

（1）压型应定期用煤油清洗，进行必要的保养。

（2）蜡模在运输、贮存中应轻拿轻放，不得整盘倾倒，防止变形和碰伤。

（3）蜡模贮存时间不得超过 15 天（存放时间根据蜡模结构、蜡模库温度等条件而定），超时间的蜡模应重新检查。

6. 检查项目

（1）自检蜡模质量应符合工艺要求，自检合格后按规定填写交检单，并注明零件号（名称）、交检数量、制造日期等。

（2）检查员负责蜡模的检验，在交检的每个品种的蜡模中抽取 20％检验。当其中有 5％不合格时，该批蜡模不能验收，做返修或报废处理。

四、浇口棒制作

1. 适用范围

（1）规定了浇口棒制作的工艺要求、操作程序、注意事项和检查项目。

（2）适用于浇注或压注方式制作的浇口棒。

2. 工艺要求

（1）室温：18～28℃（最好控制在 18～25℃，最高不超过 30℃）。

（2）蜡膏温度：45～48℃；压力：0.20～0.50MPa。

（3）蜡膏保温水温度：45～48℃。

（4）蜡棒的表面应光滑平整，不得有孔洞、凹陷、裂纹、披缝。

（5）浇口棒的结构尺寸与规格：

① 常用浇口棒的形式，如图 5-7。

② 部分常用浇口棒的规格，如表 5-12。

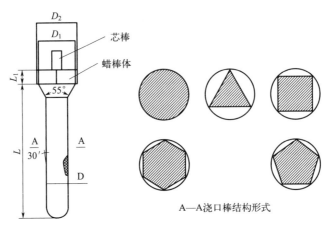

图 5-7　浇口棒的结构形式

表 5-12　浇口棒规格

序号	蜡棒名称	规格		D /mm	D_1 /mm	D_2 /mm	理论值	
		代号	外接圆×L/ (mm×mm)				边长/mm	重量/kg
1	圆形棒	○	$\phi38×300$	$\phi38$	$\phi60$	$\phi75$		3.0
			$\phi44×300$	$\phi44$	$\phi60$	$\phi75$		3.5
2	三角棒	△	$\phi55×300$	$\phi55$	$\phi65$	$\phi80$	24	4.5
3	四棱棒	□	$\phi48×300$	$\phi48$	$\phi60$	$\phi75$	22	3.5
			$\phi56×300$	$\phi56$	$\phi65$	$\phi80$	26	4.5
			$\phi62×300$	$\phi62$	$\phi75$	$\phi90$	32	4.5
4	五棱棒	⬠	$\phi48×300$	$\phi48$	$\phi60$	$\phi75$	18	3.5
			$\phi56×300$	$\phi56$	$\phi65$	$\phi80$	22	4.5
5	六棱棒	⬡	$\phi48×300$	$\phi48$	$\phi60$	$\phi75$	16	3.5
			$\phi56×300$	$\phi56$	$\phi65$	$\phi80$	20	4.5

注：浇口棒选择示例——△$\phi55$mm×300mm，即为外接圆为 $\phi55$mm，长度为 300mm 的三角棒。

3. 操作程序

（1）检查制棒机、棒压型是否漏水，清除压型中的蜡渣和杂物，涂擦分型剂。

（2）将注蜡孔对准棒压型中心，打开阀门使蜡膏注入棒压型内。控制蜡膏注入量，待蜡膏到浇口杯与直浇道交接处时关闭阀门，然后将芯棒插入蜡膏中，以棒压型顶部为准，多余的蜡膏用铲子除去，不足的用蜡膏补平。

（3）蜡棒在制棒机中冷却 5～15min 后取出，放在水槽中继续冷却 5～10min，然后按规格分类摆放在蜡棒小车内。

4. 注意事项

（1）芯棒表面应清洁干净，不允许带砂及杂物。

（2）蜡棒浇口顶面应平整，不得有凸起和孔洞。

5. 检查项目

（1）每班测量蜡膏保温水温度 2～4 次，严格控制在工艺要求范围内。

（2）蜡棒按规格分类验收，检查标准按"工艺要求之（4）、（5）"规定执行。

五、蜡模组树

1. 适用范围

（1）规定了蜡模组树的工艺要求、操作程序、注意事项和检查项目。

（2）适用于低温蜡模的组树。

2. 工艺要求

（1）室温：18～28℃（最高不得超过 30℃）。

（2）焊后蜡模上表面与浇口杯上沿最小距离（最小压头）≥70mm；蜡模内浇口到浇口棒底部距离为 15～20mm。

（3）蜡模最小间隙≥9mm。

（4）蜡模与浇口棒的夹角＜90°，焊接坚固，不得有尖角与缝隙。

（5）组树的蜡模应均匀，不得有蜡滴、蜡渣、灰尘等杂物。

3. 操作程序

（1）检查电烙铁（或电炉）是否漏电、完好，然后送电，备用。

（2）检查浇口棒和蜡模是否完整与清洁，不准组树不合格的蜡模。

（3）按有关工艺参数和要求进行组树。

（4）修整好的模组，质检合格后按品种分类挂在专用模组小车（架）上。

4. 注意事项

（1）不合格的浇口棒与蜡模不允许组树。

（2）组装好的模组不允许放在地面上，应挂在蜡模小车（架）上，并停放在规定位置。

5. 检查项目

（1）模组符合有关工艺参数之后，必须按"工艺要求之（2）～（5）"的规定进行 100％的检查。

（2）组树好的模组不允许掉件，掉件的模组补上后，方为合格。

第二部分：制作型壳

型壳制作，也称制壳，是熔模铸造生产过程中的特殊工序之一，它的质量直接影响到铸件的尺寸精度、表面粗糙度，以及铸件产生的缺陷。据统计，熔模铸造不良品中，约 60％以上是由型壳质量问题造成的。

一、制壳生产工艺流程图

型壳是由黏结剂、耐火粉料、撒砂材料等，经过配制涂料、浸涂料、撒砂、硬化和脱蜡等工序制成的，如图 5-8。

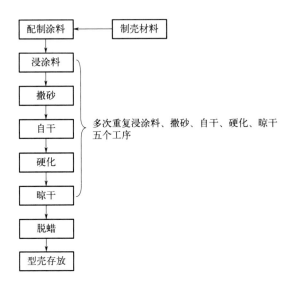

图 5-8　水玻璃型壳制作工艺流程图

注：重要铸件的过渡层与面层相同，其它铸件的过渡层与加固层相同；也可以
配制专用的过渡层涂料，撒过渡层砂。企业根据自身生产情况，可适当地调整。

二、涂料配制

1. 适用范围

（1）规定了涂料配制的工艺要求、操作程序、注意事项和检查项目。

（2）适用于以结晶氯化铝为硬化剂，石英粉、铝矾土系列为耐火材料的水玻璃涂料
配制。

2. 工艺要求

（1）工艺材料主要技术参数

① 水玻璃主要技术参数（一般选用），如表 5-13。

表 5-13　水玻璃技术参数

w（Fe）/%,≤	w（水不溶物）/%,≤	密度（20℃）/（g/cm³）	w（Na₂O）/%	w（SiO₂）/%,≥	模数
0.05	0.40	1.368～1.394	8.2	26.9	3.1～3.4

注：本节提供的数据仅供参考。

② 结晶氯化铝主要技术参数，如表 5-14。

表 5-14　结晶氯化铝硬化剂的工艺性能

项目	浓度（质量分数）/%	密度/（g/cm³）	Al₂O₃（质量分数）/%	碱化度（质量分数）/%	pH 值	JFC（质量分数）/%
数值	31～33	1.16～1.17	6～7	<10	1.4～1.7	0～0.1

③ 石英粉主要技术参数（用于面层涂料），如表 5-15。

表 5-15　石英粉主要技术参数

SiO$_2$ 含量/%	Fe$_2$O$_3$ 含量/%	含水量/%	粒度
> 98.0	≤0.1	≤0.3	270#

④ 高铝合成粉主要技术参数（用于加固层涂料），如表 5-16。

表 5-16　高铝合成粉主要技术参数

Al$_2$O$_3$ 含量/%	SiO$_2$ 含量/%	Fe$_2$O$_3$ 含量/%	含水量/%	胶质价/%	粒度
65～75	20～30	≤2.5	≤0.3	18～22	200#

⑤ 铝矾土粉主要技术参数（用于加固层涂料），如表 5-17。

表 5-17　铝矾土粉主要技术参数

Al$_2$O$_3$ 含量/%	Fe$_2$O$_3$ 含量/%	含水量/%	粒度
> 80.0	≤1.5	≤0.3	200#

⑥ 煤矸石粉主要技术参数（用于加固层涂料），如表 5-18。

表 5-18　煤矸石粉主要技术参数

Si$_2$O$_3$ 含量/%	SiO$_2$ 含量/%	Fe$_2$O$_3$ 含量/%	含水量/%	粒度
40～46	49～55	≤1.2	≤0.3	200#

（2）涂料配比，如表 5-19。

表 5-19　涂料配比

| 涂料种类 | 粉液比 | JFC 加入量 |
	结晶氯化铝硬化剂：石英粉	（按质量计算）
面层	1.10～1.25：1	0.05%
加固层	1.05～1.15：1	0.05%

（3）涂料黏度，如表 5-20。

表 5-20　涂料黏度

黏度/s　温度/℃　涂料种类	≥8～10	>10～15	>15～20	>20～25	>25～30	备注
面层	60～55	55～50	50～45	45～40	40～35	用于结晶氯化铝硬化剂
加固层	26～24	24～22	22～20	20～18	18～16	

注：① 室内低于 8℃，涂料黏度应提高：面层应提高 2～3s，加固层应提高 1～2s。
② 室内高于 30℃，涂层黏度应降低：面层应降低 2～3s，加固层应降低 1～2s。
③ 手工制壳的涂料黏度应增加：面层应提高 5～10s，加固层应提高 2～3s。
④ 温度控制在 18～28℃时，只需绘出相应的"温度-涂料黏度"曲线。

3. 操作程序

（1）检查涂料搅拌机运转是否正常，按表 5-20 的规定分别计算水玻璃、粉料、JFC 的加入量，并准确称量。

（2）按表 5-19 的规定，水玻璃加水处理合格后一次性加入涂料搅拌机中，加 JFC 搅匀，粉料应分 2～3 次加入，边加边搅拌至涂料全部均匀，再搅拌 60～90min。可间断搅拌，每次搅拌时间不得小于 30min。

（3）配好的涂料应静置 4～8h，使用前应充分搅拌，达到表 5-20 的规定后方能使用。

4. 注意事项

（1）若在面层与加固层之间增加过渡层，其涂料黏度应在面层的基础上降低 5～10s。

（2）涂料配比作为一次性配料的工艺要求，最终按室温调整到工艺规定的黏度。即"涂料粉液比是关键，黏度随着温度变"。

5. 检查项目

（1）水玻璃、耐火粉料按进货批次进行检验，检验结果应符合表 5-13～表 5-18 和有关材料标准要求。

（2）涂料黏度测定采用体积 100mL、流出孔 $\phi(6\pm0.02)$mm 的标准流杯，每班测定 1～2 次，测定结果应符合表 5-20 的规定。

（3）定期采用不锈钢涂片或玻璃片测定涂料的覆盖性（涂料厚度及均匀性），要求达到涂料无堆积、涂层均匀。

（4）水玻璃模数、涂料的黏度和覆盖性的测定方法，按 JB/T 4007—2018《熔模铸造涂料试验方法》的规定进行。

三、制壳

1. 适用范围

（1）规定了制造型壳（也称制壳）的工艺要求、操作程序、注意事项和检查项目。

（2）适用于水玻璃、石英砂、铝矾土砂、高岭石系列砂等材料的型壳制造。

2. 工艺要求

（1）室温：15～32℃；湿度：40%～60%。

（2）工艺材料主要技术参数

① 水玻璃涂料应符合表 5-19 和表 5-20 的规定。

② 石英砂技术要求，应符合表 5-21。

表 5-21　石英砂的技术要求

SiO_2 含量/%	Fe_2O_3 含量/%	含粉（泥）量/%	含水量/%	面层粒度	加固层粒度
>97	≤0.2	≤0.2	≤0.3	70#（0.0212）	20#（0.85）

铝矾土砂（适用于加固层）技术要求，应符合表 5-22。

表 5-22　铝矾土砂的技术要求

Al$_2$O$_3$ 含量/%	SiO$_2$ 含量/%	Fe$_2$O$_3$ 含量/%	含粉量/%	粒度
>80	≤1.5	≤0.3	≤0.3	20#（0.85）

高岭石系列砂（适用于加固层）技术要求，应符合表 5-23。

表 5-23　高岭石系列砂技术要求

Al$_2$O$_3$ 含量/%	SiO$_2$ 含量/%	Fe$_2$O$_3$ 含量/%	含粉量/%	含水量/%	粒度
40~46	49~50	≤1.2	≤0.3	≤0.3	20#（0.85）

③ 结晶氯化铝硬化剂的工艺参数，应符合表 5-24。

表 5-24　结晶氯化铝硬化剂的工艺参数

层别	浓度 （质量分数）/%	温度 /℃	硬化时间 /min	干燥时间 /min	备注
面层	31~33	20~25	5~15	30~45	硬化干燥后冲水
加固层	31~33	20~25	5~15	15~30	不冲水

注：① 为了加速硬化反应，加固层硬化剂温度可逐层升高，但是最外层温度≤45℃。
② 涂料层数按铸件单重选择。一般铸件单重≤0.4kg 的涂四层半，＞0.40~1.00kg 的涂五层半，＞1.00kg 的涂六层半。特殊铸件如多孔复杂铸件，单重＞2.5kg 的铸件采用手工制壳，其涂料层数参照一般铸件要求执行。

温馨提示：生产经验表明，结晶氯化铝硬化水玻璃型壳的硬化速度较慢，反应形成了硅胶和铝胶，所以使用结晶氯化铝硬化型壳的强度高。从表 5-14 可知，为了加速硬化，可在硬化剂中加入质量分数为 0.1% 的 JFC，以提高硬化剂的渗透能力。

结晶氯化铝硬化剂的黏度较高，晾干时较难滴除，为了防止硬化剂没有完全滴除造成的型壳分层，一般在面层晾干后准备做下一层时，用水冲型壳以去除型壳表面残留的硬化剂，再经稍稍晾干后制作下一层。

生产中常用密度和 pH 值这两个指标来调整硬化剂。硬化过程中结晶氯化铝消耗后，硬化剂的密度会下降，pH 值会上升，可加入结晶氯化铝使结晶氯化铝硬化剂的密度保持在 1.16~1.17g/cm^3、pH 值保持在 1.4~1.7 之间。此时结晶氯化铝的浓度应在 31%~33%，就可以正常使用。结晶氯化铝硬化剂浓度与密度的关系，如表 5-25。

表 5-25　结晶氯化铝硬化剂浓度与密度的关系

浓度（质量分数）/%	16.7	28.6	31.03	35.30	37.5	56.10
密度/（g/cm^3）	1.082	1.140	1.160	1.170	1.198	1.318

3. 制壳线操作程序

（1）检查所有设备运转是否正常。

（2）先将涂料充分搅拌均匀，测量涂料黏度、硬化剂参数，启动干燥室设备，测量风温，使所有的指标都控制在工艺要求的范围内。

（3）制壳线撒砂方式有两种：一种是沸腾式撒砂，另一种是雨淋式撒砂。启动撒砂机，把撒砂效果调整到最佳状态。

（4）开动制壳线，将合格的模组挂在吊具上，按"浸涂料—撒砂—自干—硬化—晾干"五步程序，制作规定层数的型壳。

（5）在浸涂料、撒砂工序中，要切实负责，对一、二层难涂挂之处，需用排刷点刷或用压缩空气吹，消除气泡。必须勤加砂子，确保撒砂机有一定量的砂子，每涂一层，筛去一次砂疙瘩。

（6）制壳完毕，浇口杯顶部用专用工具打平，浮砂、壳皮用压缩空气吹干净。然后把模组从吊具上取下，按品种存放在专用的模组小车（筐、架）上。

4. 手工制壳操作程序

（1）将当班生产的模组全部挂在硬化槽上方的吊架上，按"制壳线操作程序之（1）～（3）"的有关程序做好制壳前的准备工作。

（2）从吊架上取出模组，按照"浸涂料—撒砂—自干—硬化—晾干"五步程序，制作规定层数的型壳。

5. 注意事项

（1）水玻璃型壳的撒砂，一般面层、过渡层、加固层全部用石英砂，也可以从第三层开始用铝矾土砂或高岭石系列砂。应因地制宜，以最低的成本保证最佳的型壳质量为原则选择型壳用砂。

（2）在生产过程中，应保证涂料黏度、温度、硬化和干燥时间等符合工艺要求，若检查不符合要求时，应立即停止生产，调整合格后再生产。

（3）工作中要经常检查硬化槽内是否有模组或零件掉入并及时捞出。

（4）模组掉件处应补上足够的层数，掉件大于三分之一者不再继续涂制。

（5）模组应按品种摆放整齐，不允许堆层加码。

（6）硬化槽、干燥室、涂料槽、撒砂机应定期清理，保证良好状态。

6. 检查项目

（1）涂料黏度、硬化温度、干燥温度每班检测 3～4 次，做好原始记录。

（2）每周化验一次结晶氯化铝硬化剂中 Al_2O_3 含量、B（碱化度）含量。

四、热水脱蜡

1. 适用范围

（1）规定了模组热水脱蜡的工艺要求、操作程序、注意事项和检查项目。

（2）适用于低温蜡料的模组热水脱蜡。

2. 工艺要求

（1）脱蜡液温度：90～98℃。

（2）脱蜡液：草酸。

（3）脱蜡时间：15～25min（按模组大小，以脱尽蜡为准）。

（4）脱蜡前模组存放时间：≥24h。

3. 操作程序

（1）检查脱蜡槽是否漏水、漏蜡，起吊设备运转是否正常。

（2）测量脱蜡液温度、pH 值，符合工艺要求后方能生产。

（3）按品种分批装筐脱蜡，装筐时严禁堆码，以免损坏模组。

（4）模组下水前，必须将浇口杯上部的浮砂或壳皮用热水或压缩空气冲/吹干净。

（5）将脱蜡筐浸入脱蜡液中，开始记脱蜡时间，8～10min 后将筐吊起，拔出芯棒，再将筐浸入继续脱蜡。脱尽蜡后用双手拿着型壳将水倒尽。

（6）脱尽蜡的型壳，分品种摆放在专用小车或其他器具上，按指定的位置存放或发送到焙烧工序。

4. 注意事项

（1）脱蜡过程中要经常检查脱蜡液温度、pH 值是否符合工艺要求，如不符合工艺要求要及时调整；要保持一定量的脱蜡液，脱出的蜡料应及时通过蜡水分离器流入储蜡槽中。

（2）脱蜡液温度不得低于 90℃，型壳内的蜡一定要脱净。

（3）严禁在脱蜡液沸腾的状态下脱蜡及单手提浇口杯倒水。

（4）保持工作场地的清洁，严禁脏物掉入型壳内。

（5）每周清理一次脱蜡槽。

5. 检查项目

（1）每班必须测量脱蜡液温度、pH 值 3～4 次，并做好原始记录。

（2）型壳验收

① 型壳厚度≥8mm（四层半制壳工艺的型壳厚度不小于 6mm）；

② 每组型壳掉件超过三分之一的应作报废处理，严禁流入下道工序。

五、蜡料处理

1. 适用范围

（1）规定了模组蜡料处理的工艺要求、操作程序、注意事项和检查项目。

（2）适用于低温蜡料的处理。

2. 工艺要求

（1）脱蜡液温度：90～98℃。

（2）待处理蜡料与水的比例：蜡料：水＝3：1。

（3）脱蜡时间：15～25min（按模组大小，以脱净蜡为准）。

（4）蜡料处理用草酸。

（5）脱蜡前模组存放时间：≥24h。

（6）处理合格的蜡液应呈褐色或黄色透明状，须在槽中静置 2h 以上方能流入下道工序。

3. 操作程序

（1）检查处理槽是否漏水、漏蜡，有问题要及时处理。

（2）按"工艺要求之（1）"的规定分别将要处理的蜡料和水加入槽中，打开蒸汽阀门，加热至沸腾，保持沸腾状态 45～60min，温度控制在 95～105℃。

（3）按"工艺要求之（4）"的规定，在蜡料沸腾状态下缓慢加入草酸，持续沸腾一定时间后关闭蒸汽阀门。

（4）打开处理槽阀门放掉酸水后，加入适量水加热至沸腾并保持 10～15min，反复 2～3 次，测量酸水的 pH 值，若在规定的范围内，停止蜡料处理。

（5）按"工艺要求之（5）、（6）"的规定检查蜡液，合格后，经配有过滤网的泵送到沉淀槽备用。

4. 注意事项

（1）沉淀槽每周清理一次，清理时沉淀槽必须清理干净。

（2）严禁把水加入酸液中，防止酸液伤人。

（3）严禁将处理槽的蜡液直接泵入化蜡槽内，必须按"操作程序之（5）"的规定进行。

（4）当处理完的蜡料发黑时，必须按"操作程序之（2）～（4）"重新处理，直到合格为止。

5. 检查项目

（1）每班化验一次处理后蜡料的酸值，测定方法按 GB/T 14235.1—2018 进行。

（2）每处理一槽须测量一次槽内底部酸水的 pH 值，工序检查员每天抽查一次，做好原始记录。

第三部分：熔炼与浇注

熔炼是熔模铸造生产过程中的特殊工序之一，它的质量直接影响到铸件的质量，尤其是影响到铸件的内在质量和使用性能。

一、熔炼生产过程工序流程图

熔炼生产包括筑炉、炉料配制、熔炼、型壳焙烧和浇注等五个工序，如图 5-9。

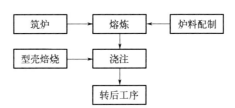

图 5-9　熔炼生产过程工序流程图

注：企业根据自身生产情况，可适当地调整。

二、筑炉

1. 适用范围

（1）规定了中频感应炉炉衬的打筑、修补及烘烤的工艺要求、操作程序、注意事项和检查项目。

（2）适用于 60～500kg 酸性炉衬和中性炉衬的中频感应炉。碱性炉衬按照《熔模铸造硅溶胶工艺守则》执行。

2. 工艺要求

（1）筑炉原材料

① 精制石英砂：4♯～6♯、6♯～10♯。

② 精制石英粉：不小于140♯，使用前将硬块破碎成粉状。

③ 高铝砂：7～9mm、6♯～12♯、10♯～20♯、20♯～40♯、40♯～70♯。

④ 高铝粉：200♯，用前过筛去除杂物。

⑤ 耐火黏土：不少于140♯，用前过筛去除杂物。

⑥ 工业硼酸：不大于0.25mm，用前过筛去除杂物。

⑦ 水玻璃：模数2.6～3.4，密度1.30g/cm^3，不合格时应调整。

⑧ 石棉绳：直径不小于ϕ15mm，多股编。

⑨ 石棉布：柔软，厚度不小于1mm。

（2）坩埚样模（见图5-10、表5-26）。

表5-26　坩埚尺寸（mm）

尺寸	炉子型号			
	60kg	150kg	250kg	500kg
ϕA	220	275	320	420
ϕB	150	220	250	320
ϕC	170	250	280	360
D	350	520	600	720

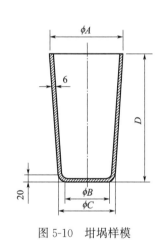

图5-10　坩埚样模

3. 操作程序

（1）准备好锤子、风镐等捣实工具。

（2）准备好感应器

① 用压缩空气（压力0.3MPa）吹净感应圈上的尘埃。

② 用0.3MPa压力的工业水通过感应器内，观察有无漏水现象。

③ 将石棉绳用水玻璃浸湿后填在感应圈每匝之间，再用小锤轻轻将表面推平。

④ 用混好的泥料环绕感应圈内径均匀地涂上一层，自然干燥2～4h。涂抹厚度以均匀覆盖感应圈为准。

⑤ 泥料干后，将2～5mm厚石棉布卷成筒状放入感应器内，下边缘向内壁折卷，然后用弹簧圈胀紧，石棉布的重叠厚度不小于40～60mm。

⑥ 把厚度为8～10mm的石棉布设在感应圈底部凹穴中。

（3）筑补炉材料的配制

① 筑补炉材料配比应符合表5-27、表5-28的规定，其数量按照炉体大小确定。

表 5-27　酸性炉衬筑补炉材料配比（%）

材料	炉体	炉领	补炉	泥料
石英砂 4# ～6#	70～75	50	50～60	—
石英砂 6# ～10#	—	—	10～20	—
石英粉 270#	25～30	10	30～40	50
耐火黏土 200#	—	40	—	50
水玻璃 M= 2.6～3.4	—	（6～10）	—	（5～10）
硼酸	2～3	（1～2）	（2～3）	—
水	适量	—	适量	—

注：表中括号内数字为外加量。

表 5-28　中性炉衬筑补炉材料配比（%）

材料	炉体	炉领	补炉	泥料
高铝砂 7～ 9mm	30	—	—	—
高铝砂 6# ～ 12#	30	—	20	—
高铝砂 10# ～ 20#	—	40	30	—
高铝砂 20# ～ 40#	10	30	—	—
高铝砂 40# ～ 70#	—	—	35	—
高铝粉 200#	30	30	—	50
耐火黏土 200#	—	（5～10）	5	50
水玻璃 M= 3.0～3.4	—	—	—	（5～10）
硼酸	（1～3）	—	（50）	—
水	适量	—	适量	—

注：表中括号内数字为外加量。

② 筑补炉材料的混配。将不同种类与规格的筑补炉材料按配比要求进行干混，用搅拌机混料时，每次干混时间不少于 15min（可直接用于干筑炉体），然后加适量水进行湿混。配好的材料用手捏起来不过分粘手或过于松散即可使用（凭借操作经验）。

（4）筑炉操作

① 打筑炉底。在炉底上撒一层 80～100mm 厚的筑炉材料，用风镐将其捣实后，将其表面耕松，再撒一层厚 40～60mm 的筑炉材料，再捣实、耕松。反复进行直到符合规定高度（即达到感应圈第一圈以上或与第二圈平齐）。

② 放置坩埚。将坩埚样模放在炉底上，使坩埚中心位置与感应圈中心位置一致，摆放好后放入压铁（约 50kg）并校正中心位置，防止偏斜。

③ 打筑炉体。先耕松坩埚样模和石棉布之间的炉衬材料，撒一层 40～60mm 厚的混配筑炉料，用风镐捣实。反复进行，直到筑到与坩埚样模顶端平齐（或稍低）为止。打筑过程中应保证层次之间衔接良好，炉体紧实均匀，严防坩埚样模偏斜。

④ 打筑炉领。在炉领上涂一层水玻璃，用混好的筑炉材料按一定坡度附在炉上并修饰光滑。打筑紧实后，刷一层水玻璃，取出压铁和坩埚样模。

（5）坩埚烘烤、烧结

① 烘炉前在样模取出后的坩埚底部装入一层焦炭，中间放碎钢料，钢料周围再装满焦炭。

② 通水、通电，开始输入功率为 10kW，1～2h 后增大到 20kW，以后依次增大到 60～80kW 为止。连续烘烤时间不少于 6～8h（视炉子容量不同而定）。

③ 烘好后，倒出烘炉料。装入金属炉料，按规定操作。坩埚中的金属液面应到最上边缘（与坩埚样模顶端平齐），持续保温 45～55min 后可出钢浇注。可连续熔炼 3～4 炉，以使炉膛烧结良好。

（6）炉子修补及烘干

① 当炉膛底部直径和深度达到表 5-29 所列数值时，或当炉衬局部损坏严重、发黑等时均须停止使用，进行修补。

表 5-29　炉膛底部直径和深度

炉膛	60kg	150kg	250kg	500kg
底部直径	≥140	≥215	≥310	≥510
深度	≥450	≥640	≥710	≥810

② 补炉前应完全清除炉内残钢及钻进炉壁的钢块和熔渣。

③ 在清理好的炉壁上涂刷一层稀释过的水玻璃（碱性炉涂刷卤水），将配好的补炉料倒入炉内，用手将其附贴在炉壁上，并经三次以上打筑直到结实为止。

④ 在修好的炉壁上再涂刷一层水玻璃（或卤水），自然干燥 2h 以上。

⑤ 向补好的炉内装入炉料，通水、通电进行烘烤。先缓慢升温到 700～800℃，烘烤 1h 后增大功率送电熔化。待炉内熔炼满后，烧结 30min 以上即可出钢浇注。

4. 注意事项

（1）填筑坩埚应连续工作至全部完成。

（2）筑炉的松紧要适当，过紧时坩埚受热后产生过大的应力易出现裂纹，过松时影响坩埚使用寿命。

5. 检查项目

（1）检查坩埚尺寸，应符合表 5-26 规定要求。

（2）检查筑补炉料配比，应符合表 5-27 或表 5-28 的规定要求。

（3）检查筑补炉的烘烤、烧结状况，应符合操作程序（5）和（6）的有关要求。

三、浇包筑补及烘烤

1. 适用范围

（1）规定了浇包打筑、修补及烘烤的工艺要求、操作程序、注意事项和检查项目。

（2）适用于浇包打筑与修补的制作及烘烤的工艺操作。

2. 工艺要求

（1）浇包外壳按标准图纸用 2～3mm 的钢板焊制，其底部和周围均匀钻 $\phi 4～\phi 6mm$ 孔若干个。

（2）浇包筑补材料配比应符合表 5-30 规定。

表 5-30　浇包筑补材料配比表

项目	酸性包				中性包			碱性包			
材料	石英砂	石英粉	黏土粉	水玻璃	高铝砂	高铝粉	水玻璃	镁砂	镁粉	黏土粉	卤水
规格	6# 3.35	270# 0.053	200# 0.075	d1.30～ 1.32	6# 3.35	200# 0.075	d1.30～ 1.32	6# 3.35	200# 0.075	200# 0.075	d1.30
配比	50	30	20	适量	60～65	35～40	适量	50	40	10	6～8
备注	三种浇包材料可任选一种，优先选用中性材料										

（3）浇包烘烤时间：打筑的新包≥1.5h，修补的旧包≥0.5h；浇包应烘烤至暗红色方可使用。

3. 操作程序

（1）筑补浇包材料的准备。按表 5-30 的规定配比，将砂粉置于铁板或容器内配制均匀后加入适量的水玻璃拌和均匀备用。

（2）浇包的打筑

① 先在浇包内壁上刷一层黏土浆或高铝粉浆，在其底部撒一层 80～90mm 厚配制好的材料，然后捣实；包底的厚度不小于 60mm。

② 将筑包材料附贴在包壁及包嘴上，打筑结实，其厚度为 40～50mm。

③ 在打筑修饰好的浇包衬壁上刷上一层涂料，存放在指定的位置备用；急需使用时也应自然干燥 2h 以上，方能进行烘烤。

（3）浇包的修补。将浇包壁衬损坏的部位认真清理干净，涂刷一层耐火粉浆（酸、中性包）或卤水（碱性包）。

在配好的材料中加适量水玻璃或卤水混配均匀，附在修补处，打实与原浇包壁衬同时修饰好，在修补处涂上一层涂料后备用或直接送至烘烤工序。

（4）浇包的烘烤。将筑补好的浇包吊放在专用平板小车上，送至烘包器对准油嘴或煤气嘴，打开控制阀点火，按"工艺要求之（3）"的规定进行烘烤。

4. 注意事项

（1）浇包在使用过程中，要经常检查其两侧吊耳的焊缝是否脱离，有问题要及时修复。

（2）采用煤气烘包时，应先点火后开煤气阀门。煤气压力低于 0.08MPa 时，停止使用，通知有关人员及时处理。

5. 检查项目

（1）检查浇包烘烤质量，应符合"工艺要求之（3）"的规定要求。

（2）若用煤气烘烤应检查煤气压力，控制在 0.08～0.10MPa 范围内。

四、型壳焙烧

1. 适用范围

（1）规定了以柴油、煤气为燃料的型壳焙烧的工艺要求、操作程序、注意事项和检查项目。

（2）适用于贯通台车式焙烧炉进行型壳装箱、焙烧、出炉等工序的生产；箱式炉焙烧可参照执行。

2. 工艺要求

（1）燃料主要技术参数

柴油：符合国家标准的规定。

煤油：成分 $CO \geqslant 15\%$，$O_2 \leqslant 0.8\%$；压力 $0.08 \sim 0.10MPa$。

（2）焙烧温度：$850 \sim 950℃$。

（3）保温时间：$60 \sim 90min$；视装炉量而定，以型壳充分焙烧为准。

（4）焙烧合格的型壳出炉时，呈白色、淡蓝色、粉红色，不冒黑烟。

3. 操作程序

（1）检查设备完好情况，并做好点检记录

① 检查炉门升降机构、铸工输送器运行是否正常。

② 检查挡车器开动是否灵活。

③ 检查输油管（煤气管）、阀门是否漏油（漏气）。

④ 检查煤气压力表是否准确。

（2）型壳装炉

① 型壳在搬运、装箱过程中必须轻拿轻放，不得将杂物掉入型腔内。有损伤及浇冒口断裂的型壳严禁装箱，必须修补好后再装箱。

② 严格按照工艺规定组树，依据熔炼时间、熔炼的金属液量正确装箱。

③ 型壳装箱必须稳实、端正，严禁悬空。

④ 型壳装箱情况应有装炉时间、品种、数量、钢种等原始记录，并及时反馈给熔炼、浇注工序。严禁型壳返烧。

（3）型壳焙烧

① 开启炉门，开动铸工输送器，将装好型壳的台车送进焙烧炉内。

② 启动引风机，把抽风管的挡风板开至最大。当焙烧点燃、燃烧正常后，及时调节挡风板，防止大量热量排出。

③ 当柴油焙烧时，先开风门，再开油嘴，然后点火燃烧，燃烧后及时调节风量、油量，使燃油呈雾状，确保其完全燃烧。

④ 当用煤气焙烧时，将点火棒点燃，伸至烧嘴前，快速打开煤气旋塞阀，待煤气点燃后，及时调节煤气量、空气量，使其在最佳状态燃烧。

⑤ 当炉温达到 $850℃$ 时，及时调节油量或煤气量，使炉温控制在工艺要求范围内。

（4）型壳出炉。当焙烧炉温度和保温时间达到工艺要求，型壳的焙烧质量符合工艺要求之（4）的规定时，打开炉门，启动铸工输送器，放开挡车器的挡块，将烧好的型壳准确地运到浇注台。

型壳出炉操作人员必须与熔炼工序、浇注工序的操作人员密切配合，同步进行，保证在规定的型壳空冷时间内完成浇注工作。

型壳浇注完毕应及时运到冷却区域进行冷却，冷却 1h 以后将铸件从台车上取出，放置在专用箱内。清除台车及焙烧盘上的钢渣、碎壳，铺平砂子，便于下次再装型壳。

4. 注意事项

（1）掉件超 1/3 或破损未修补好的型壳、有效压头小于 60mm 的型壳、浇口杯断裂的型壳，禁止装箱焙烧。

（2）确保型壳焙烧质量，严禁随意提高炉温。

（3）以煤气为燃料的焙烧设备，必须制定煤气焙烧安全操作注意事项。

5. 检查项目

（1）型壳焙烧温度每隔 20min 检查一次，做好原始记录。

（2）焙烧炉控制柜上的测温仪表每 15 天校验一次并做记录，使用过程中若发现失准，应及时维修，确保控温准确。

五、熔炼

1. 适用范围

（1）规定了铸钢熔炼的工艺要求、操作程序、注意事项和检查项目。

（2）适用于 60～500kg 酸、碱性炉衬中频感应炉的铸钢熔炼。

2. 工艺要求

（1）铸钢化学成分与熔炼调整成分取值应符合表 5-31。

表 5-31　铸钢件化学成分表

钢种	合金元素						
	含量/%					≤	
	C	Mn	Si	Cr	Mo	S	P
ZG230-450	0.30	0.50	0.90			0.01	0.01
ZG270-500	0.40	0.50	0.90			0.01	0.01
ZG310-570	0.50	0.50	0.90			0.01	0.01
ZG20Cr	0.15～0.25	0.50～0.80	0.25～0.45	0.70～1.00		0.05	0.05
ZG40Cr	0.35～0.45	0.50～0.80	0.25～0.45	0.80～1.10		0.04	0.04
ZG40CrMo	0.35～0.45	0.50～0.80	0.25～0.45	0.80～1.10	0.20～0.30	0.04	0.04
ZG1Cr13	≤0.15	≤0.6	≤1.0	12.0～14.0		0.03	0.04
ZG2Cr13	0.16～0.24	≤0.6	≤1.0	12.0～14.0		0.03	0.04

（2）金属液熔化温度：1570～1590℃。

（3）金属液浇注温度：依据铸钢牌号、零件结构按有关工艺规定执行。

3. 操作程序

（1）熔炼前的材料准备

① 废钢块度应小于炉膛内径的四分之三，表面无锈蚀、无油污、无水渍等。

② 回炉料除无砂子外，与废钢同等要求。

③ 合金的制备，其规定应符合表 5-32。

表 5-32　合金的块度要求

合金	碳极	硅铁	锰铁	烙铁、钼铁	脱氧剂
规格/mm	3～20	10～30	10～40	按加入量适当掌握大小	20～50g/块

④ 酸性炉造渣剂为玻璃，玻璃中应无杂物，块度控制在 20～30mm。

⑤ 碱性炉造渣剂为：石灰石 80%＋萤石 20%。

（2）熔炼前的设备准备

① 炉衬的打筑与修补按"炉衬的打筑与修补"标准的规定执行。

② 炉衬应无裂纹、无孔洞、无机械损伤，严重损蚀的炉衬应停止使用。

③ 冷却系统、感应圈、电缆等状态良好，炉体倾转机构及电葫芦运转正常。

（3）熔炼前工具准备：准备好捣料棒、取样勺、取样模。

（4）配料计算：根据焙烧型壳数量、钢号以及感应炉体的容量，配制所需材料，最好采用同种钢号的炉料及适量的回炉料。化学成分调整取值按表 5-31 执行，合金元素的吸收率按表 5-33 执行。

表 5-33　合金元素的吸收率

元素	C	Si	Mn	Cr	Mo	Al
吸收率/%	80～90	60～70	70～80	90～95	80～90	50～70

① 铁合金加入量＝炉料总重量×（取值－分析值）/铁合金元素含量×吸收率。

② 碳极加入量＝炉料总重量×（取值－分析值）/碳极中碳的含量×吸收率。

③ 含碳量平均值＝（1♯钢重×1♯钢含碳量＋2♯钢重×2♯钢含碳量＋……）/（1♯钢重＋2♯钢重＋……）。

④ 08♯钢脱碳加入量＝炉料总重量×（分析值/取值－1）。

（5）熔炼操作

① 根据钢种的化学成分及感应炉体积容量，计算各种材料的需要量。

② 先在炉底加入适量的小块炉料，然后用较大块度炉料装满炉子；装料时，底部应密实。

③ 通水、通电开始熔化。按中频炉体的容量、规格，及时调整电容，控制功率因数在 0.9～1.0 范围内，可控硅电源功率、电流、频率，按设备操作规程执行。要及时捣料，防止"搭桥"。炉料下沉后，要及时往炉内加料，捣料和加料时要防止金属液飞溅，加料时应将炉料预热。

④ 在第一批炉料全部熔化后，及时造渣，以防止金属液吸气和起保温作用。

⑤ 当炉料全部熔化，金属液量约占炉体容积的 2/3～3/4 时，将金属液加热至 1550～1570℃，扒开炉渣，用脱氧剂脱氧。然后取炉前分析试样，送化验室进行元素含量分析。

⑥ 取样后及时造新渣，并继续进行熔化，这时一般加同种钢号的回炉料，等待分析报告。

⑦ 准确调整化学成分，根据炉前分析报告，迅速计算所需材料的数量，预热后加入炉内。

⑧ 采用锰铁、硅铁复合沉淀脱氧，同时锰铁、硅铁也做铁合金补加量，按表 5-23 之规定计算加入量，同时加入脱氧剂进行预脱氧。然后加入 $100\sim200g$ 的除渣剂进行出钢前的终除渣，除渣不得少于三次，以除尽渣为准。

⑨ 当炉内金属液温度达到有关工艺要求，成分合格，且脱氧除渣情况良好时，即可出钢；出钢需进行包内终脱氧。出完第二包后，取炉后分析试样。出钢时要及时检查炉衬腐蚀情况，当确定无问题时，可继续使用；若炉衬侵蚀严重，应倒炉。每炉要做好原始记录和交接班工作。

4. 注意事项

（1）熔炼使用的各种材料应符合材料标准，使用时应附有成分报告单；不同成分的材料应分类存放，严禁混料。

（2）当化验结果与炉前计算误差大于 1% 时不能出钢，应再次取样化验，按第二次分析结果调整成分后方能出钢。

（3）出钢时，电源功率应大于 $60kW$，应有专人控制。

（4）在熔化过程中如发现电源输出功率低、电流较高、仪表指针摆差较大及冷却水温超过 $60℃$ 时，应停止熔化，待检修好后，再开始熔炼操作。

（5）电缆漏水、冒烟及电源控制柜出现异常时，应立即停电检修。

（6）脱氧剂用量应小于金属液总量的 0.15%，一次称量按金属液量等分，分别加入炉内及烧包内。

（7）锰铁、硅铁应根据炉前分析结果，按表 5-33 之规定计算加入量，在脱氧前加入炉内。

（8）若炉后试样分析不合格，浇注的铸件组必须隔离存放，并将该炉第 $2\sim3$ 包浇注的铸件组取两个铸件加倍复查，由专人取样，炉前工不得取样。

5. 检查项目

（1）金属液化学成分每炉应进行炉前、炉后分析，按 GB/T 223 的规定进行。

（2）检查金属液熔化温度和浇注温度是否符合工艺要求，每炉测定一次。

（3）检查金属液脱氧情况和除渣次数是否符合规定，检查员随机抽查。

六、浇注

1. 适用范围

（1）规定了金属液浇注的工艺要求、操作程序、注意事项和检查项目。

（2）适用于悬挂输送吊架式浇注金属液的操作。

2. 工艺要求

（1）金属液浇注温度、型壳浇注温度应符合有关工艺规定要求。

（2）金属液浇入型壳，应做到"引流准、注流稳、收流慢"。

（3）严格挡渣。

（4）做到"三同时"，即浇包同时烘好、金属液同时合格、型壳同时焙烧好后才能浇注。

3. 操作程序

（1）检查吊包架转盘等运转是否灵活，吊钩上是否有杂物，把手是否好用，当确认各方面合格后，方可准备浇注。

（2）当符合"工艺要求之（4）"的规定时，挂上浇包，拉到熔炼炉前。将脱氧剂加入浇包内，对准炉嘴接满金属液后，及时投入除渣剂。

（3）将金属液吊送到浇注台上，在 2～3min 内去除熔渣和钢渣，将包嘴对准型壳进行浇注。

（4）浇注过程中，包嘴与型壳浇口杯的垂直距离保持在 50～100mm 之间，在有关工艺规定的时间内完成浇注。

4. 注意事项

（1）未进行终脱氧的金属液不准浇注。

（2）型壳未焙烧好不准浇注。

（3）浇包未烘烤好，金属液温度不符合有关工艺规定不准浇注。

（4）浇包的钢渣未除尽不准浇注。

（5）浇注时不准有断流、紊流现象，不许产生溢流及飞溅。

（6）浇注速度依零件大小掌握，注满浇口杯。

（7）浇注过程中改换钢号时，包内剩余金属液要倒干净。

（8）严禁将浇包冲得太满，一般不超过浇包容积的 85％。

5. 检查项目

（1）检查"三同时"执行情况，并做好原始记录。

（2）浇注过程中应抽查金属液浇注温度，控制在规定的范围内。

第四部分：后工序

后工序是熔模铸造生产过程中的重要工序之一，也是常常被忽视的工序；然而，后工序是实现机械化、半自动化甚至自动化的潜力工序，是降本增效的工序。

一、后工序生产过程流程图

后工序生产包括脱壳与落件、碱煮清洗、磨内浇口、热处理、矫正、焊补和防锈等，如图 5-11。

二、振动脱壳

1. 适用范围

（1）熔模铸件振动脱壳的工艺要求、操作程序、注意事项和检查项目。

（2）适用于以手工锤击和机械振动两种方式进行铸件组的清砂，以及用锤击与气割两种方式进行铸件组的落件。

2. 工艺要求

（1）铸件的型砂，除盲孔、深孔及个别死角处允许有少量残砂外，其它表面的壳皮均应

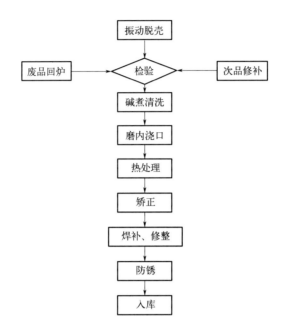

图 5-11　后工序生产过程流程图

注：企业根据自身生产情况，可适当地调整。

脱落干净。

（2）采用气割落件的铸件组内浇道的型砂必须清理干净。

（3）振动脱壳机清砂时，夹具顶针与浇口棒中心对正，铸件组与顶针呈 170°～180°的角度。

（4）落砂时铸件组的温度<50℃。

（5）锤击落件的部位和方向应符合有关工艺规定。

（6）气割落件的铸件内浇口残余允许最大为 3～5mm，超长者应再次气割。

（7）清砂时不得损伤铸件本体，防止锤裂、变形、击伤等缺陷的产生。

3. 操作程序

（1）手工锤击清砂

① 检查工具，确认安全可靠后，方可开始工作。

② 将铸件组垂直立放于垫铁或地面上，大锤沿浇口棒轴线方向用力锤击使型砂受振脱落。

（2）脱壳机落件

① 检查气管、油管、接头是否接好、安全可靠。

② 打开油阀加油，3min 后关闭油阀，检查供油情况。

③ 打开空气锤开关，试运行 3～5min；空气压力为 0.45～0.65MPa。

④ 放上铸件组，并使其浇口棒与顶针对正，按上一步要求开始落砂操作。

⑤ 每隔 2h 注一次油，并注意检查设备动态和性能状况。

（3）锤击落件

① 用小锤（铜锤或铅锤）按有关工艺规定的部位和方向锤击铸件，使铸件全部从浇口棒上脱落。

② 落件完毕应按品种装入产品箱内，浇口棒应按钢号分类存放。

（4）气割落件

① 工作前认真检查乙炔瓶、氧气瓶、割具等，安全后才能开始操作。

② 按程序点燃割枪，调整火焰。

③ 准备好待气割落件铸件组，摆放方向，保证不割伤铸件。

④ 尽量缩短内浇口残余长度，避免返工再割。

⑤ 将割下的铸件按品种装入产品箱内，浇口棒应按钢号分类存放。

4. 注意事项

（1）无论采取什么落件，均不能损伤铸件本体。

（2）每班工作完毕，应关闭氧气瓶、乙炔瓶及电源等，检查安全情况。

5. 检查项目

检查铸件表面有无裂纹、变形、击伤、割伤、缺肉等缺陷。有缺陷的铸件应分类存放，可修复的铸件送焊补工序进行修补，不能修复的铸件进行废品统计后，作回炉料处理。

三、碱煮清洗

1. 适用范围

（1）规定了铸件碱煮清洗的工艺要求、操作程序、注意事项和检查项目。

（2）适用于在氢氧化钠热水溶液中静置碱煮清洗及滚筒碱煮清洗铸件的残留型砂。

2. 工艺要求

（1）NaOH 水溶液的浓度 20%～30%，密度 1.2～1.3g/cm^3。

（2）NaOH 水溶液的温度：100～110℃。

（3）碱煮时间：静置法 8～16h；滚筒法 4～8h。

（4）清洗温度：80～100℃。

（5）清洗时间：30min。

（6）碱煮清洗后的铸件表面不允许残留壳皮或糊状的硅酸盐。

3. 操作程序

（1）用手工或抛丸滚筒清理铸件表面、深孔、盲孔、死角处的大量残留型壳。

（2）滚筒碱煮程序：

① 将铸件装入滚筒内，最大装载量为滚筒容积的 1/2，扣紧出口盖。用行车吊起后轻稳放置于机械传动装置上，用螺栓紧固。

② 向碱煮槽内通入蒸汽，加热碱煮液达到"工艺要求之（2）"的规定温度，启动电动机开始工作并持续至"工艺要求之（3）"的规定时间。

③ 停止蒸汽加热，松开紧固装置，用行车将滚筒吊起并轻稳放置于专用支架上。按上述方法吊入清洗槽清洗。

4. 注意事项

（1）不准在加热状态下向槽内添加氢氧化钠（危险）。

（2）将铸件放入和取出碱煮槽时，应小心轻放，严防碱液溅出伤人。

（3）滚筒进出口盖锁扣及碱煮传动机构的紧固装置必须安全可靠。

（4）碱煮液废水必须统一回收、处理，或交给有资质的公司进行处理。

5. 检查项目

（1）铸件上的残留型壳或硅酸盐未清洗干净时，应重新碱煮或清洗。

（2）每班经常查看槽液温度，定期分析碱煮液 NaOH 的含量，测定密度。

四、磨内浇口

1. 适用范围

（1）规定了铸件内浇口磨除的工艺要求、操作程序、注意事项和检查项目。

（2）适用于砂轮机磨除铸件的内浇口。

2. 工艺要求

（1）磨内浇口残余量：平面±0.50mm，弧面$+1.00$mm、-0.5mm；或符合有关工艺规定要求。

（2）磨除内浇口时不准损伤铸件本体。

3. 操作程序

（1）检查砂轮机、通风除尘系统及专用夹具工作状态是否正常。

（2）调整托板与砂轮机的间隙至 $3\sim5$mm，并将托板紧固牢。调整半自动磨浇口机滑道与砂轮的间隙至保证每个品种铸件内浇口磨除后符合"工艺要求之（1）"的规定要求。

（3）用手转动砂轮一周，确认无问题后，启动砂轮机正常运转 $2\sim3$min 后，方可工作。

（4）打开通风除尘系统，用专用夹具或手将铸件靠在托板或滑道上，大件与小件分别在 $\phi600$mm、$\phi400$mm、$\phi250$mm 三种型号的砂轮机上磨去内浇口。

（5）将磨过内浇口的铸件分类装箱，送往热处理工序。

4. 注意事项

（1）砂轮工作面磨钝后，用砂轮修整刀清理至工作状态。当判定不能继续使用时应立即更换，避免造成安全事故或影响本工序生产。

（2）不准在砂轮片两侧面打磨铸件，严禁两个铸件同时打磨或两人同时在一个砂轮面上打磨操作。

5. 检查项目

（1）检查磨后铸件内浇口残余量，应符合"工艺要求之（1）"的规定。

（2）检查铸件本体有无损伤。

五、热处理

1. 应用范围

适用于熔模铸造碳钢件、合金钢件的正火、退火及调质（淬火与回火）热处理。

2. 工艺要求

（1）熔模铸造碳钢件、合金钢件一般进行正火热处理，可按需要进行退火处理或调质（淬火与回火）热处理，常用铸钢热处理规范见表 5-34。

表 5-34 采用铸钢热处理规范

钢种	退火			正火			淬火			回火，洛氏硬度			
	加热温度	冷却	布氏硬度	加热温度	冷却	布氏硬度	加热温度	冷却	洛氏硬度	300℃	400℃	500℃	600℃
ZG25	—	—	—	885~915	出炉空冷	131~179	—		—				
ZG35	850~880	炉冷	126~197	860~900		143~197	850~890	水或盐水	45	40~42	31~33	23~25	18~20
ZG45	800~870		137~207	840~880		156~217	820~850		50	45~48	35~38	28~32	20~22
ZG55	780~800		156~217	820~860		166~229	800~820	水	55	50~52	36~38	30~32	—
ZG60	770~810		160~229	800~850		179~255	800~820	水或油	60	52~54	42~44	30~32	—
ZG20Cr	860~890		≤179	870~900		143~197	—	—	—	—	—	—	—
ZG40Cr	860~890		≤207	870~890		179~229	830~860	水或油	55	45~48	35~48	28~32	
ZG50Cr	800~820		≤229	830~850		≤235	820~840		60	52~54	42~44	30~32	
ZG40CrMo	830~850		≤217	850~860		≤250	850~860	油	60	52~54	42~44	30~32	
ZG1Cr13	930~950		≤179	—		—	1050	水	38~40	—	—	—	22~30
ZG2Cr13	930~950		160~187	—		—	1050	油	47~49				25~40

（2）铸件装夹方式和装炉量应根据热处理设备、铸件单重选择确定，设备温度误差不大于 10℃。

（3）当加热温度达到表 5-35 规定后，保温时间应根据铸件材质、结构、壁厚和装炉量选择确定，同时按铸件品种制定热处理工艺参数。

（4）铸件进炉前，炉温不低于 600℃。

（5）铸件在加热保温过程中，不应人为中断送电或开启炉门。

（6）铸件出炉后随料罐（筐）空冷，不允许进行吹风、喷水等强制冷却操作。

3. 操作程序

（1）检查设备、控制柜、控制仪表、热电偶及零件装夹具等的使用状态，正常后，送电升温。

（2）选用装夹具按热处理工艺规定方式和装炉量，将铸件正确地装夹完毕。

（3）先断电，再打开炉门（盖），然后装料进炉，操作应安全、平稳、迅速。

（4）关严炉门（盖），送电升温，加热并保温至热处理工艺参数范围。

（5）根据仪表记录的数据，保温时间达到要求时，立即断电；按热处理规范规定的冷却方式及热处理工艺参数分别完成铸件的正火、退火、调质热处理。

4. 注意事项

（1）及时更换仪表记录纸，工艺曲线记录不重叠、混乱。

（2）每班操作前应检查控制仪表是否校验合格。

（3）易变形的铸件在热处理过程中应采取相应的工艺措施，尽量减少变形量。

5. 检查项目

（1）每班应时刻注意控制仪表的工作状况，发现异常情况应立即通知值班电工、仪表工处理。

（2）操作者、检查员应按热处理规范要求检查铸件或试样的硬度，检查频次为 3～6 件/炉。

六、抛丸（喷砂）清理

1. 适用范围

（1）规定了铸件抛丸（喷砂）清理的工艺要求、操作程序、注意事项和检查项目。

（2）适用于铸件表面残留铸造砂型、氧化皮、锈斑等黏物的清除。

2. 工艺要求

（1）材料

① 钢丝切丸：直径 0.8～1.2mm，粒度分布应符合表 5-35 的规定。

表 5-35　钢丝切丸粒度分布

粒度（直径/mm）	0.8	0.9	1.0	1.2
重量百分比/%	15	25	50	10

② 铸钢丸：直径 0.4～0.6mm 或直径 0.6～0.8mm，粒度分布应符合表 5-36 的规定。

表 5-36　铸钢丸粒度分布

粒度（直径/mm）	1.0 或 1.2	0.8	0.6	0.4	0.3
重量百分比/%	35	25	20	15	5

③ 石英砂粒度 1～3mm（喷砂用）。

（2）根据铸件形状、结构、大小等合理选用相应的设备，按设备规定装载量装铸件，不允许超载。

（3）抛丸（喷砂）时间视铸件大小、形状而定，抛丸（喷砂）后的铸件不允许留有型壳和氧化皮。

3. 操作程序

(1) 检查设备运转情况是否正常。

(2) 按"工艺要求之(2)"的规定将铸件装到相应的设备中,按设备的规定进行抛丸(喷砂)清理。

(3) 抛丸(喷砂)一定时间后,按设备规定程序进行停机操作。

(4) 取出清理好的铸件。

(5) 工作完毕后,认真检查叶片、抛头、护板等部位的磨损情况,检查喷嘴直径是否合适,喷枪及吸砂管是否堵塞,如发现异常应及时更换。

4. 注意事项

(1) 易相互咬合、易变形的两种以上(含两种)的铸件,不准混装同机抛丸。

(2) 铸件热处理后须冷至45℃以下才能装载抛丸。

(3) 喷砂所用的砂料不允许有过多粉尘,否则应先过筛去除粉尘后再用。

5. 检查项目

检查抛丸(喷砂)清理后铸件表面质量是否符合铸件图或有关工艺要求。

七、矫正

1. 适用范围

(1) 规定了铸件矫正的工艺要求、操作程序、注意事项和检查项目。

(2) 适用于铸件表面的精整和变形矫正。

2. 工艺要求

矫正后铸件应符合铸件(毛坯)图的规定及有关技术条件和要求。

3. 操作程序

(1) 检查设备、矫正模具、手工工具、夹具及夹辅具,做好准备工作。

(2) 根据铸件缺陷情况选择正确的精整或变形矫正方法进行操作。

(3) 需热矫正的铸件,应选用低于70~100℃的回火温度,加热后迅速完成矫正操作。

4. 注意事项

(1) 矫正时不得损伤铸件本体。

(2) 调质铸件应在回火出炉后立即矫正,热矫正时不应进行吹风强制冷却操作。

(3) 工作前应认真检查压力,排除安全事故及隐患。

5. 检查项目

(1) 每批铸件矫正都应做首件检查,矫正后应送检查点进行检验。

(2) 矫正工装及检具,应定期检定,确保合格。

八、焊补

1. 适用范围

适用于铸件表面缺陷的焊补。

2. 工艺要求

（1）根据铸件化学成分选择不同的焊条或焊丝，并针对缺陷产生的部位、形式确定焊补方式。

① 电弧焊补选用焊条"H15A-4"，一般焊补铸件非加工面上的缺陷。

② 选用 $\phi3\sim\phi4mm$ 焊丝进行铸件加工面及其它部位缺陷的气焊焊补。

（2）焊补不得损伤铸件本体，修复后的铸件应符合铸件（毛坯）图要求。

（3）第一次焊补后若不能消除缺陷，不允许进行第二次焊补，应按报废处理。

3. 操作程序

（1）检查设备、工具、焊条（焊丝）是否符合要求，做好准备工作。

（2）按铸件缺陷的位置、大小、深度和特点，确定焊补方式，选用焊条（焊丝）。

（3）将缺陷部分基体熔化后立即清除熔渣，直至露出金属基体，及时熔化焊条。

（4）焊补后的铸件应在空气中缓慢冷却，经砂轮打磨平整，然后进行热处理以消除焊补应力。

4. 注意事项

（1）铸件焊补后不允许有气孔、裂纹、夹渣或"咬肉"等缺陷。

（2）当缺陷较大且深时，应采用分层焊补处理；不得损伤铸件及造成铸件变形。

5. 检查项目

（1）检查焊补的铸件质量是否符合铸件（毛坯）图，焊补的位置是否符合有关工艺规定。

（2）若有漏焊的缺陷，应分类存放，作返修处理。

九、防锈

1. 适用范围

（1）规定了铸件防锈的工艺要求、操作程序、注意事项和检查项目。

（2）适用于铸件表面的防锈处理。

2. 工艺要求

（1）防锈液成分与配比、pH 值，如表 5-37。

表 5-37 防锈液成分与配比、pH 值

材料名称	亚硝酸钠	无水碳酸钠	三乙醇胺	苯甲酸钠	水	pH 值
过渡液	5%~8%	0.5%	—	—	余量	≥8.0
防锈液	20%	—	0.6%	5%	余量	≥8.0

（2）待防锈铸件表面必须清洁，无锈蚀存在。

（3）防锈保质期为 60~90 天。

3. 操作程序

（1）将铸件装箱（筐）吊入过渡液槽中，上下窜动 2~4min，吊起，使液滴基本滴净。

（2）将在过渡液中处理好的铸件吊入防锈槽内浸蚀并上下窜动 1～2min，吊起，待液滴基本滴净后，按要求入库。

4. 注意事项

（1）槽内过渡液和防锈液的量必须能使铸件全部浸没。

（2）防锈后的铸件应存放在干燥的库房内，不得淋水，若淋水应重新防锈。

5. 检查项目

（1）每 15 天取样分析一次过渡液和防锈液，同时检查 pH 值。

（2）铸件防锈期超过 60 天后，应检查并做相应处理。

第六章　铸件检验与缺陷修复

第一节　铸件检验

铸件质量标准是定量地表示铸件满足一定要求的适用程度。铸件质量检验是按照铸件质量标准或验收技术要求进行的一项必需工作，是铸造生产过程中必不可少的一道重要工序。铸件质量的终端检验检查，是防止不合格铸件出厂的最后一道关卡。

一、铸件检验内容

铸件的质量检验包括外观质量检验和内在质量检验。

外观质量包括铸件的尺寸、形状、表面粗糙度、色泽、表面硬度和表面缺陷等。

铸件外观检测一般不需要破坏铸件，而是借助于必要的量具、样块和检测仪器，用肉眼或低倍放大镜即可确定铸件的外观质量。

内在质量包括化学成分、力学性能、金相组织、显微组织、内部缺陷和特殊性能。

普通铸件一般只要求化学成分及室温常规力学性能；较重要的铸件应检验内部缺陷，有时还要进行金相检验、化学分析和特殊性能检验等。

在特殊条件下工作的铸件应该检验所要求的特殊性能，例如高温力学性能、低温力学性能、断裂性能、疲劳性能、蠕变性能、压力密封性能、摩擦性能、耐磨性能、耐腐蚀性能、减振性能、防爆性能、电学性能、磁学性能，以及其它的物理性能和化学性能。

二、铸件检验方法

1. 外观质量检验

（1）检验次数。铸件外观质量检验应至少两次：

第一次，铸件清理型壳后的初检，把没有发现外观质量问题的铸件切除内浇口（可以减少后工序的不必要损失和浪费）。

第二次，铸件抛丸或清砂后，检验出不良品；并判定其是返修，还是报废。

（2）检验方法。铸件应该100％地进行外观质量检验，外观缺陷检验有目视检验和无损检验两种方法。

目视检验又有两种方法：

一是，用肉眼。直接检验出铸件外部显露的气孔、缩松、渣孔、砂眼和浇不足等缺陷。

二是，借助于低倍放大镜直接检验铸件的表面，检验出用肉眼难以直接检验到的微小的表面缺陷。

无损检验：用磁粉、渗透等方法检验。

现场生产表明，铸件的表面缺陷只要不影响其使用性能即可，经供需双方签字认可后，进行"封样"，并以此作为检验的标准。这样既有利于加快检验的进度、降低检验成本，又能避免不必要的损失。

（3）尺寸、形状检验。铸件的几何形状和尺寸一般都在产品试制过程中就进行过检验。

在铸件批量生产和工艺稳定的条件下，其形状和尺寸主要依靠压型和正确执行工艺来保证，可以视情况对铸件形状和尺寸进行抽检。所以，要定期校验压型并检查员工的工艺纪律。

对铸件基准面的尺寸和零件装配有直接影响的形状和尺寸，可用卡尺、千分尺、卡规、量规或塞规等检验工具进行检验。

（4）表面粗糙度检测。采用目检、表面粗糙度对比试块、表面粗糙度仪等方法。

（5）表面硬度检测。布氏硬度法、洛氏硬度法等。

2. 内在质量检验

内在质量的检验方法有断口、低倍、高倍和无损探伤等方法。

（1）铸件断口。铸件断口的检验属于金相检验中的初始检验范围。一般用肉眼或$\leqslant 10$倍的放大镜直接观察铸件的断口，并初步判断铸件的内部组织结晶程度、晶粒度均匀度、晶粒大小以及铸件内部有无非金属夹杂物等情况。

（2）低倍检验。低倍检验是宏观地检验铸件的内部组织，其放大倍数不超过 50 倍。通过低倍可以检验铸件的裂纹、缩松、夹杂物、偏析等。

低倍与断口判断的显著差别在于，断口试样可不经任何加工和处理，而低倍试样必须经过抛光和腐蚀才能检验。

（3）高倍检验。高倍检验是利用高倍显微镜对试样进行微观检验。检验铸件内部组织结构和脱碳层深度。其所用试样必须经过磨光、抛光和腐蚀。高倍检验所用的设备有光学显微镜和电子显微镜等，可检验金相组织、晶粒度、夹杂物、脱碳层等。

（4）无损探伤。铸件的无损探伤有磁力探伤、射线探伤、超声波探伤、涡流探伤，以及荧光法、照射法、渗透检验法等；磁力探伤应用较为普遍。应该注意的是，无损探伤只能在一定的条件下使用，即有其适用性；对于复杂的铸件只能按照具体情况选择使用。

3. 铸件的化学成分检验

铸件的化学成分检验应分为炉前检验和炉后检验两次。

（1）炉前检验。根据金属液的炉前化学成分检验结果，再适当地添加电极碎粒等调整含碳量，加入硅铁、锰铁，调整金属液的硅、锰含量。熔炼合金钢时，还要加入相应的铁合金调整化学成分。

（2）炉后检验。按照熔炼的炉次逐炉进行检验，试样应在每炉浇注中期获取。

化学成分检验方法有常规化学分析法和光谱分析法两种，如表 6-1。

熔模铸造常用化学分析法标准代号（常用）：GB/T 223.63、GB/T 4336、GB/T 11170。

取样：

用钻头等工具在试样上取样屑来进行测定。试样袋上必须注明取样日期、班次、炉次（熔炼炉号）、材质（合金牌号）、取样人等信息，便于日后追溯。

表 6-1 化学成分检验方法

方法名称		特点	应用
常规化学分析法	容量法	分析较准确，一般测定误差为含量值的 0.2% 左右，分析方法简便	通常用于测定含量在 1% 以上的元素
	重量法	分析准确，但速度慢，周期长	一般用于测定含量在 10% 以上的元素
	比色法	灵敏度高，速度较快	主要用于测定低含量或微含量元素
光谱分析法	原子吸收光谱	快速，容易掌握，灵敏度高，对样品破坏性小，能同时测定多种元素	定性、半定量、定量分析
	摄谱	方法简单、快速	定性、半定量和部分元素的定量分析
	光电（直读）光谱	分析速度更快，1min 可以同时分析钢中 20 多种元素，还可以同时分析试样中几十种杂质元素，准确度高；对于常量和微量元素比常规化学分析精度高，但对于高含量元素的分析精度尚不及化学分析；操作简便，全部自动化操作	各种合金的快速定量分析，应用广泛

4. 铸件的力学性能检验

（1）检验设备。常规力学性能检验是在室温条件下进行，检查项目通常包括抗拉强度、屈服强度、屈服点延伸率、断面收缩率、冲击韧性和硬度。抗拉强度、屈服强度、屈服点延伸率和断面收缩率是在拉力试验机上测定的。拉力试验机应该符合 GB/T 16825 的规定。

冲击韧性是在冲击试验机上测定的，冲击试验机应该符合 GB/T 3808 的要求。

硬度是用各种硬度计测定的。

上述检验设备应定期由国家计量部门进行鉴定，并在有效期内使用。

（2）试样选择。拉伸试样的类型、横截面形状、标尺、尺寸和表面质量应该符合 GB/T 228.1 的规定。

冲击试样，冲击实验的条件、方法及实验结果的处理应符合 GB/T 229 的规定。

选用单根成形拉伸试样（检测试样的屈服强度 σ_s、抗拉强度 σ_b、延伸率 δ 和断面收缩率 Ψ）和冲击试样（检测冲击韧性 A_k）各 4 只，并与需要检测的铸件同炉浇注、同炉热处理。力学性能检验时各用 3 只（另 1 只备用），检验中有数据异常时，则使用备用试样再试。选取三只试样的平均值，即为检验的结果。

硬度试验测定。检测铸件硬度的常用方法有布氏硬度法和洛氏硬度法两种。对于铸钢等金相组织均匀一致的铸造合金，洛氏硬度、布氏硬度和抗拉强度之间存在有一定的换算关系。参照 GB/T 1172—1999《黑色金属硬度及强度换算值》。

根据铸件力学性能验收标准、协议要求，检测相应数量的试样，当检验数据不合格时，允许使用双倍试样对不合格项目重复检验；双倍检验仍不合格时，允许对铸件及试样重复热处理一次，重新检验全部力学性能，检测结果应一次合格。因试样本身有冶金缺陷（如气孔、夹渣等）而导致检验结果不合格时，该试验结果无效，应重新补样检验。

（3）非常规力学性能检验。非常规力学性能检验包括断裂韧性、疲劳性能、蠕变性能、高温力学性能、低温力学性能等。

第二节　缺陷修复

一、修复原则

铸件及其缺陷是一对孪生的"兄弟"，有了铸造生产就有铸件缺陷。不管采用什么铸造方法，何种铸造工艺，只能减少铸件缺陷的数量，减轻铸件的缺陷程度；但是，不能彻底消除铸件缺陷。

有超过允许范围的缺陷的铸件，应该称为"不合格品"，不合格品可以"让步接收""修复"或"报废"。如果铸件上的缺陷经过修复后，不仅能够满足铸件的使用性能要求，而且修补工艺可行、经济合理（用于修复而投入的人力、物力和财力获得的利润大于重新投入铸件生产的利润，这样在经济上是合理的），就可以进行修复；再经过热处理、打磨、表面处理后再次检验，合格后入库。

铸件修复是铸造生产过程当中必不可少的一道重要的工序。铸件修复的目的在于避免重复生产，赢得时间，保证工期；同时节约能源，有利于环保；并且，提高铸件合格率，创造更多的经济效益。

二、修复方法

铸件缺陷的修补办法较多。一般铸件上有较大孔洞缺陷时可以焊补；铸件上存在与表面连通的细小孔洞时可采用浸渗处理等。重要铸件内部有疏松等缺陷时可用热等静压处理等。分述如下。

1. 焊补

（1）焊补方法与设备的选择、特点及适用范围，如表 6-2。

表 6-2　焊补方法与设备的选择、特点及适用范围

焊补方法		设备	特点及适用范围
气焊		氧气与乙炔发生器	设备简单、操作方便，但焊接质量较差，适用于静止条件下工作的低碳钢和铜合金铸件的焊补
电弧焊	电焊	交流弧焊机、直流弧焊机	设备简单、操作方便，适用于静止或振动载荷下工作的碳钢、低合金钢和不锈钢铸件的焊补
	氩弧焊	交流手工氩弧焊机、直流手工氩弧焊机和直流脉冲氩弧焊机	电弧热量集中、热影响区小、焊接质量高；适用于各种载荷下工作，要求焊缝坚固紧实的不锈钢、铝、钛、高温合金等铸件的焊补

（2）焊补工艺。焊补是修复铸件缺陷常用的方法之一。选择正确的焊补工艺，能够使焊补部位得到与铸件母材相同或相近的力学性能和金相组织，可以满足铸件使用性能要求。

焊补工艺，如表 6-3。

表 6-3　焊补工艺

工序	主要操作与工艺参数				
清理缺陷部位	焊补之前，必须对铸件缺陷部位进行必要的清理，以使焊补易于操作，并且保证焊补部位的质量。 焊前清理包括去除铸件表面黏砂、氧化皮、油污等。 对缺陷部位进行开坡口，坡口的形状应该根据缺陷的性质和铸件的特点来确定，一般采用 U 形或 V 形的坡口，有穿透性裂纹时开 X 形坡口。 　　为了保证焊接的焊补金属和母材金属良好地熔合和防止裂纹，坡口的底部以及转角的地方不应该存在尖角；同时为了防止坡口焊接的裂纹进一步扩大，在开坡口之前，应该在裂纹末端和距离裂纹末端 5～10mm 的地方钻孔，孔径在 φ5～φ6mm，孔深超过裂纹 2～3mm				
预热铸件	为了减小铸件焊补时产生的应力和变形，铸件应该预热后再焊补。 铸件是否需要预热以及预热的温度，主要是根据铸件的物理性质、结构形状及缺陷所在的部位来决定。 例如，对于结构复杂、壁厚不均匀、导热性差、热膨胀系数较大的铸件，特别是缺陷位于应力集中的部位，焊补前需要进行局部或整体预热。 铸钢件 150～500℃，铝合金 350～450℃，铜合金（气焊）400～450℃或（电弧焊）200～350℃，对低碳钢和低合金钢铸件，其结构简单，缺陷较小时可以不预热，高锰钢一般不预热，中碳钢和高碳钢需预热				
烘干焊条	低氢型的低碳钢焊条在 250℃下烘烤 1～2h，不锈钢焊条在 250℃下烘烤 2h。 低合金钢和堆焊的焊条的烘烤温度＞250℃，烘烤 2h，或按照制造厂的规定烘烤				
焊补	焊补时尽可能平焊。 为了防止焊补时产生裂纹和变形，可采用直接法、逆向法、跳焊法、分步法、堆焊法等，每焊补一层应适当地敲击，以减少内应力。 焊缝或者周围有气孔、裂纹时应立即重新焊补。 焊补时，应该合理地选择焊条直径和电流，如下表： （见下方表格）				

焊条直径/mm		2.5	3.2	4.0	5.0	6.0
焊接电流/A	碳钢焊条	50～80	100～210	160～210	200～270	260～300
	低碳钢焊条	60～90	90～120	140～190	190～220	—
	奥氏体不锈钢焊条	50～80	80～100	110～150	160～200	—
	不锈钢焊条	—	80～120	120～160	160～200	—
	堆焊焊条	6～1000	80～140	130～190	190～240	220～260
高锰钢铸件应在水淬后焊补						

工序	主要操作与工艺参数
清理	铸钢件可以用尖角锤敲出熔渣，并用钢丝刷清除残留的熔渣。 铝合金件可以用 60～80℃的热水，或者含 2%～3%铬酐的热水冲洗或者清洗，用钢丝刷清除熔渣
热处理	焊补后一般需要进行热处理，结构钢 500～700℃回火；ZG1Cr18Ni9Ti，需要 1050℃固溶处理；ZG1Cr13、ZG1Cr13 需要 1050℃淬火，750℃回火；ZGCr17Ni2 需要 680℃回火，空冷；铜合金在 200℃炉内缓冷和/或450～550℃退火；钛合金 550～650℃退火；铝合金重新热处理。 具体热处理制度按铸件的验收标准或协议要求进行

注：焊补操作要点如下。
① 尽可能使铸件的焊补部位处于水平的位置，以便于操作。
② 为了防止铸件产生裂纹和变形，可以根据不同缺陷采取不同的焊接办法。
③ 焊补的叠合宽度应大于坡口宽度的 1/3。
④ 焊补缺陷较大或者未经预热的铸件，为了防止铸件过热或产生裂纹，应该焊完一段或者一层以后，就清除焊缝表面的熔渣，当焊缝稍冷以后，再继续焊补。
⑤ 焊补经预热的高碳钢或合金钢铸件时，焊补后应该将铸件置于炉内或者覆盖石棉板，以防止铸件产生裂纹。当缺陷位于重要部位，且焊补的面积又较大的时候，焊补后应该立即进行回火处理，消除焊补产生的内应力。
⑥ 对机械加工后出现缺陷的铸件表面进行焊补的时候，非焊补的部位应该用石棉板遮盖。
⑦ 在同一铸件上有大小不同的缺陷时，应该由小到大交替焊补。
⑧ 除第一层和最后一层焊补外，每一层焊接以后都可以适当地进行敲击，以减少内应力。
⑨ 焊缝和其周围如存在气孔或裂纹，应该立即清理重新焊补；焊补不能超过两次。

　　（3）焊补产生的缺陷。在焊补过程中，熔池的温度约在 1770℃±100℃，焊条熔滴点的温度约在 2300℃±200℃，相对于整个铸件在瞬间产生 1500℃以上的温差；同时熔池的温度会通过热影响区向外部扩散、冷却。

　　热影响区的温度也会呈梯形不断变化。热影响区的物理、化学变化较熔池区域更加复杂。以低碳钢铸件缺陷焊补处热影响区为例，如图6-1。

　　在焊补缺陷过程中，焊缝和热影响区产生裂纹（如图6-2）、硬点和焊缝色差是焊补缺陷的三大难题，因此，焊补铸件缺陷时应该事先充分考虑到：正确地选择焊机、焊条、焊机电流，以及焊前预热温度和时间；焊中保温温度和时间；焊后保温温度、时间，及冷却速度等。同时在焊补过程中不断地敲击焊缝，有利于分散焊缝区域的应力，保证焊补的合格率。

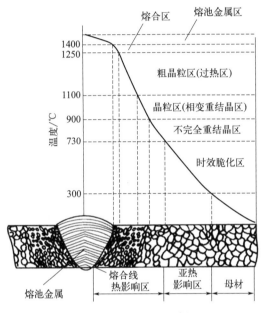

图6-1　热影响区示例

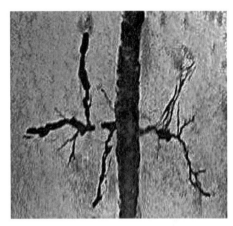

图6-2　焊缝及热影响区产生的裂纹（着色探伤）

　　（4）铸件缺陷修补机。铸造行业每年的废品损失很大，而传统的焊补工艺存在裂纹、硬点和色差三大难点；为此，铸件缺陷修补机的出现，具有重大的现实意义和经济技术意义。

　　① 修补机的特点。铸件缺陷修补时，基体不升温、焊补点与铸件本体无色差、无变形、无裂纹、无硬点、不影响加工性能、无内应力潜在隐患等。因此，不需要焊补前预热和焊补后热处理等工序。

　　修补机有两类：一是黑色金属铸件缺陷修补机；二是有色金属铸件缺陷修补机。现介绍黑色金属铸件缺陷修补机。

　　② 黑色金属铸件缺陷修补机的操作工艺和修复特点。

　　操作工艺：设备外部操作很简单，只有正极、负极两个输出端，输出电压低于3V（正常安全电压36V），在操作时可以不考虑绝缘安全防护措施。负极通过磁铁直接与铸件相连；正极是焊接笔，焊接笔直接与正极相连。该设备不需要专用的焊条，而是取自于铸件本体加工过程中产生的无锈、无砂等杂质的铁屑。在操作过程中，无有害的光、气、尘的产生，无需戴防护镜或防护帽，可以戴无色的平镜。

③ 修补机焊补的十大特点：

一是：冶金结合，修补点牢固、致密，不易脱落。

二是：常温焊补，基体不发热，焊补点附近金相组织不改变，没有应力集中等现象。

三是：不产生热变形，不出现裂纹，没有硬化，没有硬点，不影响机械加工。

四是：没有色差，修复后不留痕迹。

五是：焊补效果满足 X 射线检测标准。

六是：操作简便，可以直接手握、眼视，焊位准确、焊点小，焊后修整量少。

七是：焊补前不需要预热，焊后不需要热处理。焊补时没有咬边、烧痕、飞溅，形位公差不会改变，可以用于精加工后的焊补；焊补后不影响铸件的后续热处理，如正火、退火、淬火等。

八是：成本极低，可以忽略不计；该设备每小时耗电低于 0.5kW，补材是加工后的铁屑等。

九是：焊补时无毒、无烟、无光、无尘、无噪声、无环境污染，无需穿戴防护用品，安全、环保。

十是：为企业挽回了大量的废品损失，同时减少了能源浪费和环境污染。

铸件焊补涉及铸件的寿命和可靠性，而可靠性是产品的重要特性。焊补件的可靠性是否与非焊补件一致，就要在修补工艺、焊补质量上给予高度重视。如果焊补质量没有保证，哪怕焊补区有 1% 的缺陷，也会在铸件使用过程当中发生问题，造成物质上以及公司信誉上的重大损失。因此，铸件修补后的质量必须进行严格的检验。检验焊补前的缺陷处是否清理干净、待焊表面是否清洁、焊接坡口是否合理等。焊补后检验焊缝是否平整，焊补处和周围有没有裂纹、夹杂等缺陷。

2. 浸渗处理

铸件存在缩松等缺陷无法焊补，且铸件工作压力不大或工作温度较低时，可采用浸渗方法加以修补，如图 6-3。

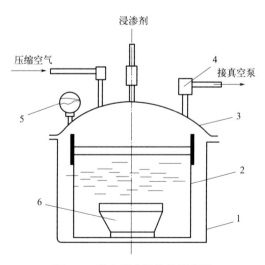

图 6-3　真空压力浸渗法示意图

1—压力浸渗罐；2—铸件筐；3—盖；4—真空阀；5—压力表；6—铸件

浸渗方法有两种：真空压力浸渗法、内压浸渗法。

① 真空压力浸渗法。是把干净的铸件置于压力浸渗罐内，密封后抽真空。然后注入浸渗剂，加压使浸渗剂渗入铸件的缺陷处，再加温固化，使浸渗剂把缺陷补上。

② 内压浸渗法。内压浸渗法用于大铸件或已机加工的承压件。把有渗漏缺陷的铸件内腔放入浸渗剂中，在压力下让浸渗剂渗入缺陷孔隙中，然后固化。其示意图见图 6-4。

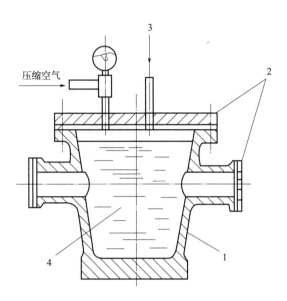

图 6-4　内压浸渗法示意图

1—铸件；2—密封盖；3—加料口；4—浸渗剂

a. 浸渗剂，如表 6-4。

表 6-4　浸渗剂

浸渗剂种类	主要组成和性能	应用
硅酸盐浸渗剂	以水玻璃为基料，加入金属盐、稳定剂、固化促进剂、表面活性剂与增韧剂等。这类浸渗剂有 wwJ8201、LIS8611。其黏度低，浸渗效率高，固化物耐热、耐腐蚀、耐油、耐水	用于钢铁、铜铸件，可密封 0.15mm 以下的缝隙，使用温度 500~800℃
厌氧浸渗剂	以丙烯酸酯为基料，添加引发剂、促进剂、表面活性剂和阻聚剂等，ZY-S1、AIS-10 属于此类型。其黏度小、渗透力强，可在常温下固化。固化物收缩小，耐油、耐水、耐磨	用于铝、铜，以及钢铁铸件，可密封 0.3mm 以下的缝隙，使用温度 150℃
沥青与亚麻油类浸渗剂	L06-3 沥青底漆或 Y001 清漆，使用时用 200 号的溶剂油或松节油稀释。其黏度较大，在加热状态下浸渗。对铸件无腐蚀性，固化物耐油、耐水、耐腐蚀	用于铝、镁合金铸件

b. 浸渗设备。国产的有 IJS 系列真空压力浸渗设备，其规格按照浸渗罐直径（mm）有 $\phi800$、$\phi1000$、$\phi1200$、$\phi1400$、$\phi1600$ 等多种型号。

c. 浸渗工艺，如表 6-5。

表 6-5　浸渗工艺

工序	主要操作及工艺参数
前处理	铸件浸渗前应完成打磨、修整和热处理工序—吹砂或者用 60～80℃ 的金属清洗剂或低浓度的碱溶液清洗 3～5min 脱脂—用循环水清洗 3～5min。在 60～80℃ 下烘干铸件，铝、镁铸件用沥青与亚麻油类浸渗剂时，铸件需预热到 110～120℃
浸渗处理	组件装罐—浸渗罐抽真空到 4～10kPa，在真空下 10～15min—关闭真空泵—将浸渗剂吸入浸渗罐内，浸没铸件（L06-3 沥青底漆 65～80℃，Y001 清漆浸渗剂要在 60～65℃，其余浸渗剂不加热）—通过压缩空气加压至 0.4～0.6MPa，保持 10～15min
清洗	清洗铸件表面残留的浸渗剂：硅酸盐浸渗剂和厌氧浸渗剂用清水漂洗；清漆、亚麻油浸渗剂用汽油或者工业丙酮清洗；L06-3 沥青底漆浸渗剂可留作铸件底漆不必清洗，但需要用刷子刷匀
固化	将铸件加热使浸渗剂固化：硅酸盐浸渗剂在 80～100℃ 下固化 1～2h，厌氧浸渗剂在室温下固化 3～4h，L06-3 沥青底漆浸渗剂在 175～200℃ 下固化 3～5h，Y001 清漆浸渗剂在 200℃ 下固化 3～6h
检验	按照铸件的技术要求进行密封性实验，若不合格允许再次进行浸渗处理，但重复次数不能超过三次

3. 热等静压处理

航天航空等行业使用的铸件质量要求高，报废率也高，为修复铸件内部的小孔隙（缩孔、缩松、裂纹等），同时提高铸件力学性能，可对铸件进行热等静压处理。

（1）热等静压处理方法。是把铸件置于密封耐压容器内，抽真空后充入惰性气体，升温加压，使金属产生蠕变-扩散，从而让铸件内部空穴闭合，铸件致密化。如 Rene120 高温合金铸件经热等静压处理后，其气孔率由 0.5% 降到 0.03%，低周热疲劳性能提高 6～10 倍。由于热等静压处理（HIP）设备容量越来越大，运行和装料方式的改进等原因，成本大幅度下降，在不远的将来，该法可能用于航天航空业以外的其它行业的铸件处理上。

（2）铸件热等静压处理的工艺参数。铸件热等静压处理的工艺参数如温度、压力和时间的选择，需根据铸件合金种类加以确定。温度一般为合金固相线温度 T_s 的 0.6～0.9。压力应高于被处理材料的屈服强度和蠕变强度，时间需要 2～4h，或更长。

（3）铸件热等静压处理工艺。部分航天航空行业使用的熔模铸件热等静压处理工艺参数如表 6-6。

表 6-6　热等静压处理工艺

工序	主要操作及工艺参数
铸件表面处理	将与铸件表面连通的缺陷焊补封闭，对铸件表面吹砂并进行砂处理
装炉	把铸件装入处理筐内，再把筐装入高压缸内。封闭盖，紧固框架
抽真空	启动真空系统，使高压缸内真空度≤1330Pa
通冷却水	开启冷却系统
充惰性气体加压	充入高纯度氩气 [w（Ar）99.99%]，加压
加热	加热炉送电，缓慢加热，使高压缸的温度和压力达到规定值
保温、保压	按工艺规定保温、保压一定的时间
降温、泄压	加热炉断电，缸内温度下降；缸内温度降至规定的温度时开启泄压，排空缸内残留的氩气
出炉	铸件出炉

思考：你认为这个铸件是否应该焊补？为什么？

附录　熔模精密铸造缺陷中英文对照

一、铸件缺陷中英文对照表

编号	中文	英文
A111	阳脉纹	Yang veins (Positive veins)
A112	飞翅	Joint flash
A121	毛刺（黄瓜刺）	Metal thorn (Cucumber thorn)
A122	蠕虫状毛刺	Worm-shaped burrs
A131	金属珠	Metallic shot
A211	鼓胀	Bulging
A212	冲砂	Sand cut
B111	析出气孔	The precipitating gas hole
B121	卷入气孔	Blow holes
B122	侵入气孔	Invasive gas hole
B123	皮下气孔	Sub-surface blow hole
B131	气缩孔	Blow hole shrinkage
B211	外露缩孔	Exposed shrinkage hole
B212	凹角缩孔	Concave shrinkage hole
B221	内部缩孔	Internal shrinkage
B222	缩松	Shrinkage porosity
B223	疏松	Porosity
C111	热裂纹	Hot cracking
C112	冷裂纹	Cold cracking
C113	缩裂	Shrinkage cracks
C121	温裂纹（热处理裂纹）	Warm cracks (Heat treatment cracks)
C211	冷隔	Cold shut
C212	脆断	Brittle fracture
D111	橘子皮	Orange peel
D112	疤痕	Scar
D113	结疤	Scab
D121	表面粗糙	Rough surface
D131	麻点	Pitting

编号	中文	英文
D141	阴脉纹	Yin veins（negative veins）
D142	龟纹	Moire
D143	鼠尾	Rat-tail
D151	凹陷	Concavity
D152	缩陷	Shrinkage
D211	机械黏砂	Abreuvage
D212	化学黏砂	Chemical scab
D221	夹砂	Sand inclusion
E111	浇不足	Insufficient pouring
E211	表面跑火	External fire escape
E212	内腔跑火	Internal fire escape
F111	变形	Deformation
F211	尺寸超差	Size over tolerance
G111	渣孔	Slag hole
G112	砂眼	Blow hole
G113	冷豆	Cold shot
G114	渣气孔	Slag-blow hole
G211	非金属夹杂物	Non-metallic inclusion
G212	金属氧化夹杂物	Metallic inclusion
H111	铸态脱碳	Decarburizationin cast condition
H112	正火脱碳	Normalized decarburization
H121	树枝状组织	Dendritic structure
H122	晶粒粗大	Coarse grain
H123	魏氏组织	Widmanstatten structure
H124	宏观偏析	Segregation
H211	等轴晶叶片晶粒粗大	Coarse grains of the equiaxed crystalline blade
H212	等轴晶叶片细晶带	Fine grain band of the equiaxed blade
H213	等轴晶叶片柱状晶	Columnar crystal of the equiaxed crystal blade
H311	定向凝固柱晶叶片断晶	Fracture of the directionally solidified columnar blade
H312	定向凝固柱晶叶片横向晶界	Transverse grain boundary of the directionally solidified columnar blade
H313	定向凝固柱晶叶片柱晶偏离	Deviation of columnar grains in the directionally solidified column blade
H314	定向凝固柱晶叶片区中的等轴晶	Equiaxed crystals in the region of the directionally solidified column blade
H315	定向凝固柱晶叶片柱晶生长不均匀	The columnar growth of the directionally solidified columnar blade is uneven

二、型壳缺陷中英文对照表

编码	中文	英文
XK-01-01	茸毛	Furry
XK-02-01	面层剥落	Partial detachment ofthe surface layer
XK-03-01	飞翅	Joint flash
XK-04-01	蚁孔	Ant holes
XK-05-01	蠕孔	Worm holes
XK-06-01	气孔	Blow holes
XK-07-01	脉纹	Veins on the inner surface of the shell
XK-08-01	裂纹	Cracks
XK-09-01	变形	Deformation
XK-10-01	鼓胀	Bulging
XK-11	分层	Layering of the shell
XK-11-01	涂料层分层	Layering between reinforcement layers and coatings
XK-11-02	砂粒之间分层	Layering between reinforced sand layers
XK-11-03	涂料-砂粒之间分层	Layer separation between surface coating and reinforcement layering sand
XK-12-01	酥松	Loose
XK-13-01	搭棚	Bridging
XK-14-01	黑壳	Black shell
XK-15	型腔残留物	Cavity residue
XK-15-01	残留型砂和型壳材料	Residual sand and shell materials in the mold cavity
XK-15-02	型腔残留盐类和皂化物	Residual salts and saponification substances in the cavity
XK-15-03	型腔残留黑点	Residual black spots in the cavity
XK-16-01	蛤蟆皮	Toad skin
XX-01-01	型芯裂纹	Core cracks
XX-02-01	型芯变形	Core deformation
XX-03-01	型芯花纹	Core patterns
XX-04-01	型芯断裂	Core fracture
XX-05-01	并芯	Parallel core

三、蜡模缺陷中英文对照表

编码	中文	英文
LM-01-01	飞翅	Joint flash
LM-02-01	欠注	Insufficientpouring
LM-03-01	鼓泡	Bubbling
LM-04-01	流纹	Flow liner

续表

编码	中文	英文
LM-05-01	冷隔	Cold shuts
LM-06-01	表面粗糙	Rough surface
LM-07-01	鼓胀	Ballooning
LM-08-01	气孔	Gas hole
LM-09-01	裂纹	Cracks
LM-10-01	夹杂物	Inclusion
LM-11-01	缩陷	Shrinkage
LM-12-01	位移	Displacement
LM-13-01	错位	Dislocation
LM-14-01	顶杆凹坑	Toprod depression
LM-15-01	变形	Deformation/Be out of shape
LM-16-01	尺寸超差	Size error
LM-17-01	芯蜡分离	Core separation
LM-18-01	断芯	Core breakage

参 考 文 献

［1］ 潘玉洪．熔模铸造缺陷图册［C］．嘉兴：中国铸造协会质量控制与测试技术学组，1979.

［2］ 《熔模铸造缺陷手册》编委会．熔模铸造缺陷手册［M］．北京：国防工业出版社，1983.

［3］ 潘玉洪，朱伟杰．什么是熔模铸造缺陷分析．沈阳：洲际铸造，2018，08-2018，11.

［4］ 朱伟杰，潘玉洪．质量统计分析七种工具．沈阳：洲际铸造，2018，12-2019，03.

［5］ 朱伟杰，潘玉洪．蜡模缺陷分析．沈阳：洲际铸造，2019，04-2019，08.

［6］ 朱伟杰，潘玉洪．型壳缺陷分析．沈阳：洲际铸造，2019，09-2020.02.

［7］ 朱伟杰，潘玉洪．铸件缺陷分析．沈阳：洲际铸造，2020，03-2021，05.

［8］ 潘玉洪，朱伟杰．熔模铸造缺陷图册［M］．长沙：湖南科技出版社，2016.

［9］ 姜不居．实用熔模铸造技术［M］．沈阳：辽宁科学技术出版社，2008.

［10］ 陈冰．熔模铸件缺陷分析及对策［C］．武汉：中国铸造协会精密铸造分会，2007.

［11］ 清华大学．熔模铸造（Ⅰ）工艺守则［J］．武汉：中国铸造协会精铸分会，CICBA/B-01，1998.

［12］ 李海树．熔模铸造（Ⅱ）工艺守则［J］．武汉：中国铸造协会精铸分会，CICBA/B-02，1998.

［13］ 谢成木．熔模铸造（Ⅲ）工艺守则［J］．武汉：中国铸造协会精铸分会，CICBA/B-03，1999.

［14］ 姜不居．实用熔模铸造技术［M］．沈阳：辽宁科学技术出版社，2008.